住房和城乡建设部“十四五”规划教材
教育部高等学校风景园林专业教学指导分委员会规划推荐教材

风景园林美学十五讲

Fifteen Lectures of Aesthetics of Landscape Architecture

唐孝祥　编著

中国建筑工业出版社

图书在版编目（CIP）数据

风景园林美学十五讲 = Fifteen Lectures of Aesthetics of Landscape Architecture / 唐孝祥编著. -- 北京：中国建筑工业出版社，2022.12
住房和城乡建设部“十四五”规划教材 教育部高等学校风景园林专业教学指导分委员会规划推荐教材
ISBN 978-7-112-28211-1

Ⅰ.①风… Ⅱ.①唐… Ⅲ.①园林艺术—景观美学—高等学校—教材 Ⅳ.①TU986.1

中国版本图书馆CIP数据核字（2022）第221952号

本书研究对象涉及不同类型的风景园林，包括风景名胜、私家宅园、皇家园林、乡村景观、外国园林、城市景观等。从不同地域、不同类型的角度对风景园林的审美文化特征、审美活动的过程、园林审美的艺术综合性与共通性等问题进行了分析。通过阅读本书，读者将从感性认识出发，了解风景园林背后的人文内涵价值，并能够结合丰富案例，提升风景园林审美能力，探索风景园林审美规律，阐释风景园林审美现象，指导风景园林审美活动。本书适用于高校风景园林、建筑学、城乡规划、环境艺术等专业本科、硕士专业课程教材用书，也可作为对园林鉴赏、风景游憩有兴趣的读者的科普读物。

本书附赠教师课件，如有需求，请发送邮件至 cabpdesignbook@163.com 获取，并注明所要文件的书名。

责任编辑：唐 旭
文字编辑：吴人杰
版式设计：锋尚设计
责任校对：董 楠

住房和城乡建设部“十四五”规划教材
教育部高等学校风景园林专业教学指导分委员会规划推荐教材
风景园林美学十五讲
Fifteen Lectures of Aesthetics of Landscape Architecture
唐孝祥 编著

*
中国建筑工业出版社出版、发行（北京海淀三里河路9号）
各地新华书店、建筑书店经销
北京锋尚制版有限公司制版
北京建筑工业印刷厂印刷

*
开本：787毫米×1092毫米 1/16 印张：15½ 字数：312千字
2022年12月第一版 2022年12月第一次印刷
定价：**48.00**元（赠教师课件）
ISBN 978-7-112-28211-1
（40189）

出版说明

党和国家高度重视教材建设。2016年，中办国办印发了《关于加强和改进新形势下大中小学教材建设的意见》，提出要健全国家教材制度。2019年12月，教育部牵头制定了《普通高等学校教材管理办法》和《职业院校教材管理办法》，旨在全面加强党的领导，切实提高教材建设的科学化水平，打造精品教材。住房和城乡建设部历来重视土建类学科专业教材建设，从“九五”开始组织部级规划教材立项工作，经过近30年的不断建设，规划教材提升了住房和城乡建设行业教材质量和认可度，出版了一系列精品教材，有效促进了行业部门引导专业教育，推动了行业高质量发展。

为进一步加强高等教育、职业教育住房和城乡建设领域学科专业教材建设工作，提高住房和城乡建设行业人才培养质量，2020年12月，住房和城乡建设部办公厅印发《关于申报高等教育职业教育住房和城乡建设领域学科专业“十四五”规划教材的通知》（建办人函〔2020〕656号），开展了住房和城乡建设部“十四五”规划教材选题的申报工作。经过专家评审和部人事司审核，512项选题列入住房和城乡建设领域学科专业“十四五”规划教材（简称规划教材）。2021年9月，住房和城乡建设部印发了《高等教育职业教育住房和城乡建设领域学科专业“十四五”规划教材选题的通知》（建人函〔2021〕36号）。为做好“十四五”规划教材的编写、审核、出版等工作，《通知》要求：（1）规划教材的编著者应依据《住房和城乡建设领域学科专业“十四五”规划教材申请书》（简称《申请书》）中的立项目标、申报依据、工作安排及进度，按时编写出高质量的教材；（2）规划教材编著者所在单位应履行《申请书》中的学校保证计划实施的主要条件，支持编著者按计划完成书稿编写工作；（3）高等学校土建类专业课程教材与教学资源专家委员会、全国住房和城乡建设职业教育教学指导委员会、住房和城乡建设部中等职业教育专业指导委员会应做好规划教材的指导、协调和审稿等工作，保证编写质量；（4）规划教材出版单位应积极配合，做好编辑、出版、发行等工作；（5）规划教材封面和书脊应标注“住房和城乡建设部‘十四五’规划教材”字样和统一标识；（6）规划教材应在“十四五”期间完成出版，逾期不能完成的，不再作为《住房和城乡建设领域学科专业“十四五”规划教材》。

住房和城乡建设领域学科专业“十四五”规划教材的特点：一是重点以修订教育部、住房和城乡建设部“十二五”“十三五”规划教材为主；二是严格按照专业标准规范要求编写，体现新发展理念；三是系列教材具有明显特点，满足不同层次和类型的学校专业教学要求；四是配备了数字资源，适应现代化教学的要求。规划教材的出版凝聚了作者、主审及编辑的心血，得到了有关院校、出版单位的大力支持，教材建设管理过程有严格保障。希望广大院校及各专业师生在选用、使用过程中，对规划教材的编写、出版质量进行反馈，以促进规划教材建设质量不断提高。

住房和城乡建设部“十四五”规划教材办公室

2021年11月

目 录

第一讲 风景园林美学绪论

第一节 风景园林美学的学科定位 002

第二节 风景园林美学的研究对象 008

第三节 风景园林美学的目标任务 009

第二讲 风景园林审美活动

第一节 风景园林审美活动的本质 013

第二节 风景园林审美活动的特征 016

第三节 风景园林审美活动的心理过程 021

第三讲 风景园林审美主体

第一节 风景园林审美主体的本质属性 030

第二节 风景园林审美主体的心理要素 033

第三节 风景园林审美主体的情感作用 036

第四讲 风景园林审美客体

第一节 风景园林审美客体的基本特征 043

第二节 自然风景 047

第三节 社会景观 051

第四节 历史园林 057

第五讲　风景园林美的生成机制

第一节　风景园林美学的哲学基础......................063

第二节　风景园林美来源于客体审美属性...................065

第三节　风景园林美取决于主体审美需要...................069

第四节　风景园林美生成于风景园林审美活动................072

第六讲　风景园林审美与艺术审美的共通性

第一节　审美理想追求的共通性........................080

第二节　审美情感抒发的共通性........................082

第三节　审美氛围营造的共通性........................086

第七讲　外国园林的审美特征

第一节　园圃雏形　农耕园艺.........................092

第二节　神学象征　政教合一.........................094

第三节　理性主义　几何规整.........................099

第四节　文艺复兴　人性追求.........................102

第五节　自然生态　东方品格.........................104

第八讲　中国古典园林的审美特征

第一节　北方皇家园林的审美特征......................110

第二节　江南文人园林的审美特征......................113

第三节　岭南私家庭园的审美特征......................118

第九讲　中国古典园林意境营造的审美维度

第一节　天人合一的审美理想.........................126

第二节　时空一体的设计思维.........................129

第三节　情景交融的意境内涵……133

第四节　有无相生的空间处理……137

第十讲　自然风景审美

第一节　天下名山与地文风景审美……143

第二节　江河湖池与水域风景审美……146

第三节　日月星辰与气象风景审美……149

第四节　国家公园与生态风景审美……153

第十一讲　城市景观审美

第一节　地域环境与城市景观审美……157

第二节　社会时代与城市景观审美……162

第三节　人文品格与城市景观审美……167

第十二讲　乡村景观审美

第一节　平原乡村景观审美……174

第二节　丘陵乡村景观审美……178

第三节　滨海乡村景观审美……182

第四节　河谷乡村景观审美……185

第五节　旱地乡村景观审美……189

第十三讲　世界自然遗产景观审美

第一节　世界自然遗产景观概述……196

第二节　世界自然遗产景观的形式审美……199

第三节　世界自然遗产景观的意境审美……204

第四节　世界自然遗产景观的生态审美……207

第十四讲　世界文化遗产景观审美

第一节　世界文化遗产景观概述……211

第二节　世界文化遗产景观的形式审美……214

第三节　世界文化遗产景观的意境审美……216

第四节　世界文化遗产景观的环境审美……218

第十五讲　我国风景园林审美实践

第一节　风景园林美学与美丽中国建设……222

第二节　风景园林美学与遗产保护发展……224

第三节　风景园林美学与城市双修战略……227

第四节　风景园林美学与乡村振兴战略……229

图片目录……232

参考文献……238

后记……240

第一讲 风景园林美学绪论

第一节　风景园林美学的学科定位
第二节　风景园林美学的研究对象
第三节　风景园林美学的目标任务

本讲提要：

明确风景园林美学的学科定位和研究对象是风景园林美学建立和发展的逻辑前提。风景园林美学是风景园林学与美学交叉而生的新兴学科，风景园林美学研究既要立足于美学理论的创新发展，又要结合风景园林学的学科发展趋势，还要面向并引导风景园林的工程实践需求。风景园林美学研究的基本对象是风景园林审美活动，研究和分析风景园林审美活动是风景园林美学的逻辑起点，是探讨风景园林美的根源之处和揭示风景园林美生成机制的关键所在。风景园林美学研究属于跨学科交叉综合研究，预示着广阔的学术前景和强大的学术生命力。培养风景园林审美能力、探索风景园林审美规律、阐释风景园林审美现象、指导风景园林审美实践，是研习风景园林美学的目标和任务。

第一节 风景园林美学的学科定位

风景园林美学是风景园林学与美学交叉而生的新兴学科。风景园林美学既有哲学美学理论学科的特点，也反映风景园林学综合技术与艺术的特点。风景园林美学研究既要立足于美学理论，又要结合风景园林学应用学科的需求。风景园林美学研究有助于促进风景园林学基本问题的研究和发展，有助于美学理论的深化研究和拓展应用，更有助于这两大学科的交叉综合研究，推动学科创新。

风景园林美学是风景园林学的基础理论，对于风景园林学科发展有至关重要的作用。2011年，《增设风景园林学为一级学科论证报告》中明确风景园林美学理论为风景园林学基础理论之一，是关于风景园林学价值观的基础理论，提供了风景园林学研究和实践的哲学基础。风景园林美学研究涉及的内容纷繁多样，这是由风景园林学和美学学科自身的综合性所决定的。

审美是人类最基本的实践活动之一。史前时期，西班牙阿尔塔米拉洞穴就有用于巫术的壁画，壁画描绘了形态各异、色彩多样的动物形象。这些高水平的审美形式是人类审美情感思维的表达。文字的出现进一步推进了人类审美思维。在古代中国，“美”在上古卜辞和金文中就已出现。中国古代先哲对于审美活动有诸多思考论述，“夫美也者，上下、内外、大小、远近，皆无害焉，故曰美。若于目观则美，缩于财用则匮，是聚民利以自封而瘠民也，胡美之为?”《国语·伍举论台美而楚殆》中记载，楚灵王是春秋时期楚国有名昏君，他以奢华为美，为此他疲敝民力，修建了一座以豪奢著称的章华台。老子对其时代流行的审美现象提出了深入的思辨："天下皆知美之为美，斯恶已。"

风景园林审美活动是人类审美活动的重要表现。中国古典园林雏形起源于商代，早在公元前11世纪就有"囿"和"台"的文字记载，到汉代上林苑园林已具规模（图1–1）；西方的古典园林亦可追溯到古埃及时期关于花园的描绘，具有西方古典园林规则式（图1–2）。以上二者都展现了中西方古典园林的基本特征。

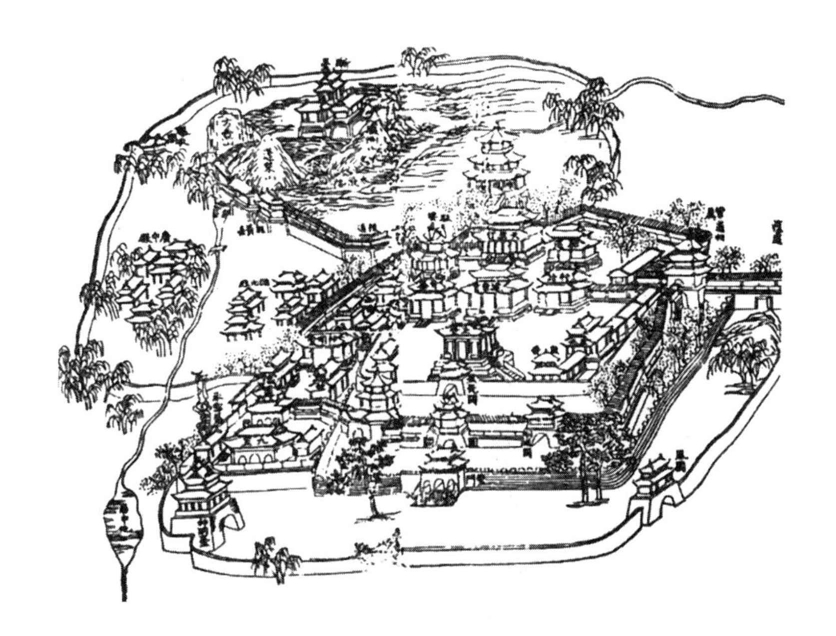

图1–1　汉代上林苑建章宫

图1–2　古埃及阿美诺菲斯三世时代一位大臣陵墓壁画中的奈巴蒙花园，壁画现存大英博物馆

关于美学和风景园林学的历史发展是风景园林美学研究的重要基础，众多风景园林美学的基本问题都浮现于风景园林和审美发展的历史进程之中，如中外古典园林的审美特征问题、风景园林审美与艺术审美的共通性问题、中国古典园林的意境营造问题……这些问题都是风景园林美学研究需要去探索的重要学术理论问题。风景园林美学学科定位聚焦于风景园林学和美学的学科发展以及各自学科特点的结合上。

风景园林学是人居环境科学的三大支柱之一，是一门建立在广泛的自然科学、社会科学和人文艺术学科基础上的综合的应用学科。2001年《人居环境科学导论》出版，提出应当建立多学科的学科群，以建筑、地景、城市规划三者，兼可包括与环境有关的科学技术，构成人居环境科学大系统中的“主导专业”。吴良镛院士提出并持续推动建筑、园林、规划三位一体的学科发展设想，倡导三者要融贯发展。风景园林学与建筑学、城乡规划学三个学科之间的确在不断交流，走向融合。风景园林学已成为和建筑学、城乡规划学并列的一级学科，三位一体的人居环境学科体系格局已经确立，以园林、建筑、规划三大学科为基础，同时综合了地理、环境、生态、哲学、艺术、民俗、历史、土木、心理、社会、经济、交通等众多学科（图1-3）。一级学科成立后，风景园林学学科内容也不断完善发展，“风景园林学学科内涵表述为：综合运用科学与艺术手段，研究、规划、设计、管理自然和建成环境的应用型学科，以协调人与自然之间的关系为宗旨，保护和恢复自然环境，营造健康优美的人居环境（图1-4）。”

在风景园林学的学科体系的层次结构中，风景园林美学隶属于作为二级学科的风景园林历史与理论，被赋予了基础理论研究的定位，同时随着学科不断深化完善，风景园林美学的研究对象亦不断丰富。风景园林空间与形态营造理

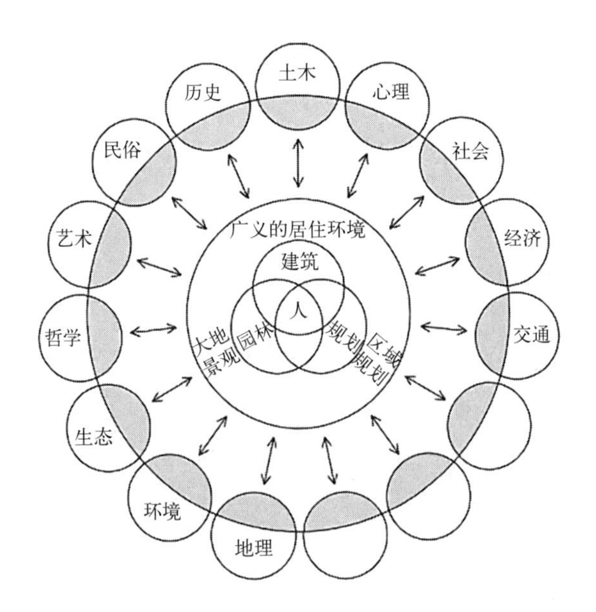

图1-3　人居环境科学学术框架系统

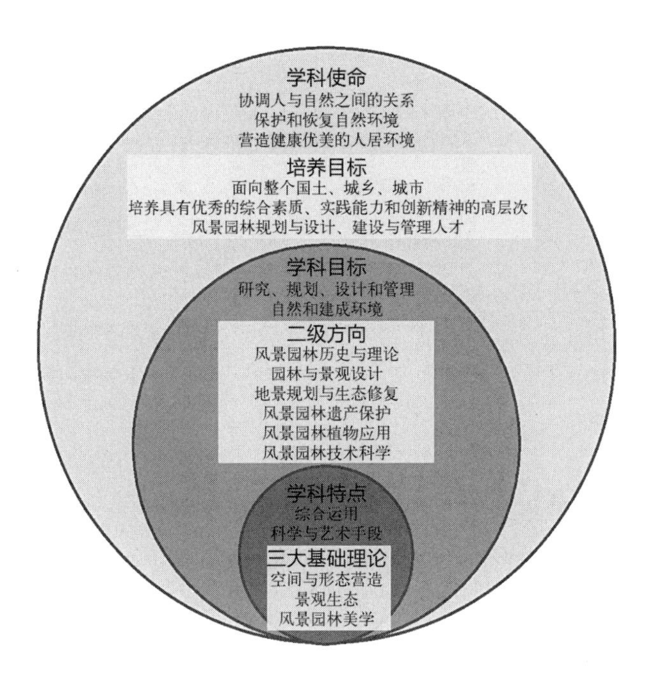

图1-4 基于特点—目标—使命的风景园林学学科内涵

论、风景园林景观生态理论和风景园林美学理论是风景园林学三大基础理论（图1-5）。风景园林美学理论（Landscape Aesthetics）是关于风景园林学价值观的基础理论，反映了风景园林学科学与艺术、精神与物质相结合的特点。风景园林美学融合中国传统自然思想、山水美学、现代环境哲学、环境伦理学、环境美学，提供了风景园林学研究和实践的哲学基础。

中国的风景园林学科在近二十年来获得了长足的发展，尤其是近十年来，国家对生态文明和美丽中国建设的憧憬和推动，诸如国土生态规划和生态修复、乡村振兴、人居环境建设、文化遗产保护等现实问题对风景园林学科都有迫切的社会现实需求，这是风景园林学必须回应的时代问题，也是风景园林美学必须深入探究和科学回答的问题。

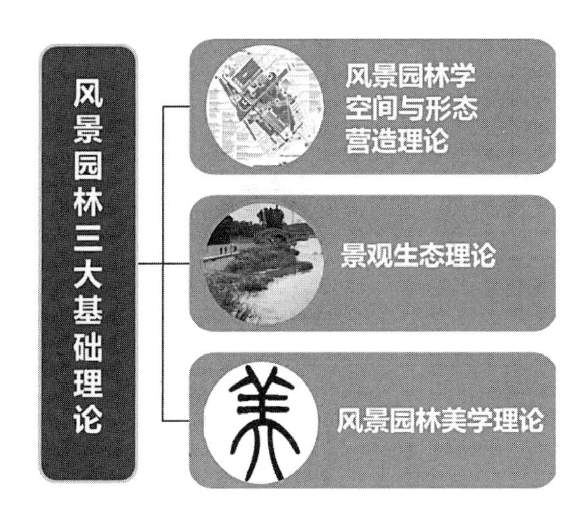

图1-5 风景园林三大基础理论体系

美学是风景园林学这一门应用学科的重要基础理论来源。对于美学而言，风景园林学是其理论面对的具体对象以及广阔的应用领域。

古典美学从属于哲学，美学作为独立的学科诞生于西方的启蒙运动。德国的鲍姆嘉通1750年出版《埃斯特惕卡》（拉丁文Aesthetica，英文Aesthetics）成为美学学科问世的标志，这个词的希腊词（Aisthetikcs）是“感觉”的意思，中国与日本将它翻译成“美学”。鲍姆嘉通首次使用了“美学”这一术语，并称之为“感性认识的科学”。区别于追求逻辑确定性的“理性认识”，“感性认识”追求“明晰的完善”。鲍姆嘉通认为感性认识明晰化臻于完善程度即美。于是，鲍姆嘉通便成为了美学学科发展史上第一个明确美学独立学科地位的人，也因此被称作“美学之父”。

现代美学学科是一门综合的人文学科，其核心关注对象是人类审美情感价值活动。人类现代知识（学术）发展出三大体系：近代物理学形成了以自然客体为对象的自然科学，19世纪中叶产生了以社会客体为对象的社会科学，以及以主体性的人为对象的人文科学。人文科学实质是以人生价值意义为中心并据之引导人生自我意识探索的学术类型。美学属于有别于自然科学学科和社会科学学科的人文学科，并不是指在自然和社会之外另有一个人文的世界，也不是指人文精神和人文学科的领域在人与自然、人与社会的关系之外，而是强调美学所具有的“人文”性质的内容有别于“自然”与“社会”性质的内容。人文学科的领域并不是一个事实的世界，而是一个关于人类生存价值的世界和生命意义的世界，这是一个由人类自己创造出来并确证自己的文化世界。这个文化世界不但不能外在于自然和社会，而且包括自然和社会在内，从人类生存的终极关怀出发来赋予自然和社会以意义，从人类的自由追求出发赋予自然和社会以价值。以人生价值意义为中心的人文科学学术类型包含着不同角度的学科。18世纪独立命名的“美学”即是一门人文学科，它与以概念抽象思辨的哲学、行为价值规范理论的伦理学、人的培养理论的教育学等诸门人文学科共同构成了亲缘知识共同体的人文科学。反过来，人文科学理论对各门人文学科共通特性的概括，又成为各门人文学科的“元理论”亦即基础理论。在审美繁荣乃至泛化的现当代，美学往往被视为实用型学科，被要求解释具体的审美现象，应用于各类应用学科。但是，美学解释审美现象的能力植根于美学的理论性。美学具有明确人文学科特性，审美在根本上是人主体间的情感价值关系，美学对于研究对象的基本态度，不是纯粹客观中立的自然科学态度，而需要起码的体验与认同。这一人文学科特性对于美学的研究对象与方法都具有根本导向意义。明确美学的人文学科特性，对于风景园林美学具有根本性意义。

风景园林学和美学都是综合学科，二者在学科发展过程中交叉综合了各种学科的成果，这也决定了风景园林美学交叉综合学科的学科属性。风景园林美学研究涉及众多学科层面。风景园林美学涉及风景园林学研究和实践的哲学基础与价值观，对于这些基本问题的思考正是哲学研究的传统，哲学美学经历的本体论到认识论再到存在价值论的转型对风景园林美学研究对象讨论和学科发展具有重要启示。风景园林美学的哲学基础和价值观也不是一成不变的，持续性反思是哲学理论的生命源泉，也是风景园林美学作为理论学科的根本立足之处。从时间发展的角度，风景园林审美随时代变化而变化，受到社会政治、经济和文化等多方面的影响。不同时代的风景园林审美问题与历史学和文化学的基本问题密切相关，对于风景园林历史发展和不同时期的审美活动现象都需要与历史学、文化学研究综合。风景园林作为一门综合艺术门类，必然与其他艺术门类一样体现审美共通性规律，因此决定了风景园林美学理论必然要借鉴综合其他艺术门类的理论和实践成果。风景园林美学需要面对具体的社会现实和具体的社会群体，综合社会科学的理论和一般的研究方法。关于风景园林的审美探究，必然涉及个体生理与心理的测量，综合心理学和神经学等实验科学研究的理论与方法。风景园林美学理论具有基本的指导作用，服务于人居环境建设，其根本目的在于满足人们对于美好生活的追求。从实践角度而言，风景园林专业设计实践面对的是具体的生态环境、地理现实和具体空间的处理，这与建筑、规划以及艺术设计等相关的美学理论存在紧密联系，同时也要综合考虑生态学、地理学的科学理论与研究方法。面向大众的风景园林美学研究还要探究风景园林美育问题，主要着眼于风景园林审美活动对于大众的情感价值影响和风景文化的传播，综合教育学和传播学相关学科内容。综上所述，风景园林美学是基于风景园林审美活动的理论与实践的综合统一。风景园林美学与自然科学、社会科学、工程技术科学和人文艺术学科具有广泛多样的联系，它是一门研究内容丰富、涉猎范围广泛的交叉综合学科。风景园林美学研究属于跨学科交叉综合研究，具有广阔的学术前景和强大的学术生命力（图1–6）。

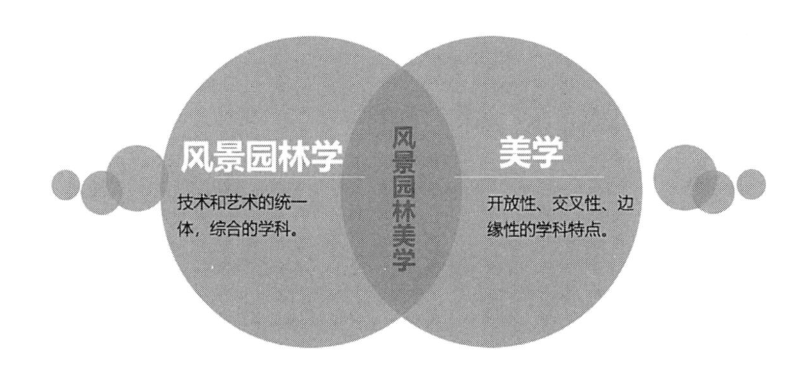

图1–6 风景园林美学学科特点

第二节　风景园林美学的研究对象

对象的确立是任何一项科学研究工作的前提，明确界定风景园林美学的研究对象或主要内容是风景园林美学研究的基础工作，它直接决定了风景园林美学研究的目标、方法和意义。分析和讨论风景园林美学的研究对象，有助于我们更好地理解它的新兴、交叉、综合的学科特点。

认识和理解风景园林美学的研究对象，必须立足于风景园林学和美学所固有的联系。学界有关园林、风景、景观、Landscape Architecture等概念的辨析，本质上是对于风景园林学研究对象的讨论，相关的学术争鸣很大程度地推动了学科的发展。风景园林美学的研究对象并不能简单地理解为风景园林学中具体研究和实践对象。首先，这些对象罗列并未完全囊括风景园林审美对象；其次，相关的研究亦更偏向审美现象的研究。再者，列举思路难以覆盖所有具体对象，同时会导致对象复杂化，难以上升到统一理论问题。当然，相关研究是探析风景园林美学对象重要的基础和内容。

学界关于风景园林美学的研究对象的讨论，主要有以下方面的研究范式和观点。

其一，认为风景园林美学的研究对象是园林的艺术性。把风景园林研究等同于艺术品的研究，以园林的艺术性为研究对象，认为风景园林美学主要探讨风景园林的审美属性和标准问题。有学者认为中国园林艺术作为艺术的一种门类，反映出园林的综合性和其他艺术门类的共通性。传统艺术的门类与理论博大精深，和由此扩展出众多内容。此类研究主要关注中外古典园林，注重挖掘园林的艺术性。

其二，认为风景园林美学的研究对象是风景园林审美经验，基于主体的角度探索风景园林审美经验特征。关于审美经验的表征亦有从生物到文化的不同层面延伸。如基于个体的生理、心理特征的研究，其目的是通过人的审美认知来评价风景美学质量。又如有学者提出，风景园林美学是探讨有关风景园林中人类生理及心理感受、人类行为与环境伦理的理论研究。由个体上升到群体，有学者认为风景园林美学是社会群体层面审美偏好问题。再引入时间因素，研究即转入历史文化范畴，开展不同时代园林审美思潮和文人造园家的审美思想的研究。

其三，认为风景园林美学的研究对象是风景园林美的范畴与历史文化的综合研究。如从园林史的角度研究风景园林审美发展，从园林典籍研究美学思想，有以中国文化发展为基础，分析中国园林物质载体文化因子，有研究景观实践与理论发展过程中反映景观设计与西方哲学艺术美学潮流，以及当代西方景观审美范式研究等。从根本上讲，此方面的研究一定程度上与以上两方面研究有类似性，主要研究风景园林审美时代特征和变化规律。

上述关于风景园林美学的相关研究中展现出美学问题的复杂性，相关研究亦开始主动吸收美学理论研究成果。但是只有部分会直接提及风景园林美学研究对象问题。事实上，风景园林美学研究对象更是没有清晰的界定。美学史上对于美是什么的言说主要基于三个维度：理念（形而上根据）、形式（客观事物）、快感（主体心理），在某种意义上，正是这三个方向，预构了美学展开的三个基本研究领域以及自我批判的基本立场，风景园林美学的研究也不外乎此。作为交叉理论学科，风景园林美学亦应更加积极吸收美学研究的理论成果。

价值论美学提出了美学研究的新范式，标志着美学研究的发展创新。基于美学的哲学基础和研究对象转变的启示，以往以认识论哲学为基础的风景园林美学研究值得我们重新审视。任何对"理念（形而上根据）""形式（客观事物）""快感（主体心理）"进行单独考量的研究都难以解释繁复的风景园林审美现象。

从生存价值论哲学观点看，我们认为风景园林审美活动是风景园林美学研究的逻辑起点。风景园林审美活动的各个方面构成风景园林美学的研究对象，以风景园林审美活动为逻辑起点，可充分联系客观事物与主体心理，使得审美主体和审美客体形成具体的审美关系，并将形而上的理念探讨贯穿其中，实现历史与逻辑的统一。有关风景园林美的生成机制、表现形态，对风景园林审美规律的探索以及一切风景园林审美现象的解释，只有通过对风景园林审美活动的具体分析来获得答案。风景园林美来源于风景园林审美客体的审美属性，取决于风景园林审美主体的审美需要；产生于风景园林审美活动之中。简言之，风景园林美学可以被称为研究风景园林审美活动的学科。

第三节　风景园林美学的目标任务

风景园林美学是风景园林学和美学相交而生的新兴学科，在国内外的研究都尚属起步阶段。美学的和风景园林学的综合性决定了风景园林美学研究在对象上的复杂性、在内容上的丰富性以及在目标上的多样性。

从学科体系建构和学术研究推进看，风景园林美学的目标任务在于学科理论创新、内容体系建构和现实实践指导的统一。风景园林美学是风景园林学和美学交叉而生的新兴交叉综合学科，风景园林美学的学科创建和发展本身就是风景园林学和美学的深化拓展，不仅有助于丰富风景园林学的内容体系和结构层次，有助于夯实强化风景园林学一级学科和风景园林历史与理论二级学科的学科理论基础，有助于加强风景园林审美活动和园林景观设计实践的美学理论指导，而且有助于推进美学理论研究的实践应用和现实关照，有助于拓展美学学科研究的对象范围，丰富美学研究的内容体系。

从高校学生学习研究和社会大众研习参考来看，风景园林美学的目标任务具体可分为以下三个方面：素质目标上，提高人文艺术修养和综合素质，建立科学的审美观，培养正确的世界观、价值观和人生观及具有爱国主义情怀、文化自信和人文关怀的生活态度；知识目标上，追踪风景园林美学研究新进展，知晓风景园林审美维度，掌握客体审美属性、主体审美需要、艺术审美共通性等知识要点；能力目标上，遵循风景园林美学的学科交叉性质，培养学生系统思维和审美思维，自觉学习和运用风景园林审美规律，指导风景园林审美活动，阐释风景园林审美现象，提高风景园林审美能力。

1. 培养风景园林审美能力

无论高校师生还是社会大众，每一个人的日常生活都离不开人居环境景观。培养和提高风景园林审美能力有助于增进生活情趣，提高生活质量。

风景园林审美能力包括风景园林审美感知力、风景园林审美想象力和风景园林审美理解力三个主要方面。风景园林审美活动是以风景园林审美态度的形成为逻辑起点，而风景园林审美活动的真正开始是以风景园林审美主体依据自己的审美需要运用自己的感官对风景园林审美客体的形式属性如形体、色彩、声音等感知。可见，在风景园林审美活动中，主体的审美感知力是风景园林审美能力的最基本的一种能力。风景园林审美想象力是风景园林审美主体推进和展开风景园林审美活动的心理机制和情感能力，分为联想、再造性想象和创造性想象，具有情感性特征和创造性特征。风景园林审美理解力是指在风景园林审美活动中，审美主体以感性的形式对审美对象意蕴进行直接的、整体的领会和把握。感性和丰富性是审美理解力的两个鲜明特征。风景园林审美理解力并不是对风景园林知识的理解力，但离不开知识的获取和积累，是个人后天培养而成的。风景园林审美感知力、风景园林审美想象力和风景园林审美理解力是由于主体的情感作用在风景园林审美活动中依次表现出来的。

2. 探索风景园林审美规律

风景园林审美活动何以可能？这是风景园林美学研究的问题之始。风景园林审美客体包括自然风景、社会景观和历史园林，具有类型多样性和存在广泛性的特点。风景园林审美主体具有社会性、文化性和历时性，是风景园林审美活动的决定者。风景园林审美活动固然是风景园林审美主体和其客体之间的活动，但是这种活动的本质何在？特征如何？这些都是风景园林美学必须解答的问题。此外，探索风景园林审美规律还要研究和把握风景园林审美和其他门类艺术审美共通性规律等诸多问题。如，风景园林审美活动的心理过程，风景园林审美活动的情感作用，风景园林审美评价机制，风景园林审美主体的心理结构和心理要素，风景园林审美的文化机制，风景园林审美客体的类型和属性，中外历史园林的审美特征，人居环境的文化地域性格，风景园林规划设计的美学原理。

3．阐释风景园林审美现象

古往今来，广泛丰富的风景园林审美史实，多姿多彩的风景园林审美现象，表现了风景园林审美的基本原理和内在规律。纵观古今中外，风景园林审美是人们美好生活的重要内容。从人居环境科学和广义建筑学来看，包括景观建筑物在内的所有建筑物都是人为而为人的人居环境。在一定意义上说，人居环境建设和发展的历史，也是风景园林审美的发展史。

研习风景园林美学的一个重要目标就是掌握风景园林审美原理，进而运用风景园林审美原理阐明风景园林审美现象。任何具体的风景园林审美现象，都离不开风景园林审美主体和风景园林审美客体。也就是说，风景园林审美活动总是历史的、具体的，必然表现出地域性、文化性和时代性。阐释风景园林审美现象，既要考虑到风景园林审美主体的审美需要，同时又要分析风景园林审美客体的形象属性。风景园林审美的变化发展始终体现了地域性特征、文化性特色和时代性特点。

4．指导风景园林审美实践

风景园林审美欣赏和风景园林规划设计是风景园林审美实践的核心内容。风景园林美学理论的研习，不仅有助于深入认识风景园林审美活动的本质和规律，更能促使我们有意识地去形成一种积极的审美态度，并以此作为审美实践的出发点，拓展风景园林审美活动，开展风景园林规划设计，创作符合现代人生活及审美习惯的优秀风景园林作品，回应“设计引领美好生活”的时代强音。

就风景园林审美欣赏而言，风景园林美学给人们提供了科学的理论指导和丰富的实践经验。由于审美客体的类型多样性和存在广泛性，我们从自然风景、社会景观和历史园林三种类型进行总体把握，审美主体依据各自不同的审美需要去发掘找寻风景园林审美客体的形象属性，从而展开风景园林审美活动。

就风景园林规划设计而言，风景园林美学具有重要的指导意义。当前，我们国家在大力推进生态文明建设，风景园林规划设计在美丽中国建设、城市双修战略、遗产保护发展、乡村振兴战略等伟大实践中发挥着重要的作用，亟需风景园林美学的理论指导，呼唤风景园林规划设计的理论创新和方法创新。

第二讲 风景园林审美活动

第一节　风景园林审美活动的本质
第二节　风景园林审美活动的特征
第三节　风景园林审美活动的心理过程

本讲提要：

风景园林审美活动是以风景园林审美主体的审美需要为依据和动因的生命体验活动和情感价值活动。风景园林审美活动既区别于风景园林实践活动，具有超功利性特征；又区别于风景园林认识活动，具有主体性特征。合规律性与合目的性的统一是风景园林审美活动的重要本质特征。从历时性特征看，风景园林审美活动的心理过程分为依次递进的四个阶段：风景园林审美态度的形成、风景园林审美感受的获得、风景园林审美体验的展开和风景园林审美超越的实现。其中，风景园林审美感知和风景园林审美体验是风景园林审美活动的主要阶段。

风景园林审美活动是风景园林美学的研究对象和逻辑起点。风景园林美就是在风景园林审美活动中生成的。正是通过具体的现实的风景园林审美活动，风景园林的审美属性和人的审美需要才能产生契合，形成具体的审美关系，从而生成风景园林美。风景园林审美活动根本上就是人的生命体验活动和情感价值活动。

第一节 风景园林审美活动的本质

1. 风景园林审美活动根植于人的生命体验活动

人类一切行为的发生都根植于人生命的直接或间接需求的能动性。探讨风景园林审美活动的发生，风景园林审美活动的本质和特征，以及风景园林审美活动的心理过程应回归到人的生命需求的能动性上。

马克思主义创始人早已指出，人的需要是人内在的、本质性的规定性，“他们的需要即他们的本性”。人是按照特定的需要进行活动的。20世纪50年代，美国人本主义心理学家马斯洛进一步论证了马克思主义关于人的需要的理论。他把人的需要分为五个层次，分别是生理需要、安全需要、归属和爱的需要、尊重需要、自我发展需要。马凌诺斯基（B.K.Malinowski，1884—1942）是英国（文化）功能人类学派的创始人之一，他并没有停留于纯生理层面，而是在肯定人的原始欲求，如谋取食物、燃料、盖房、缝制衣服等，同时也为自己创造了一个新的、第二性的、派生的环境，这个环境就是文化。满足基本需要和派生需要的手段是“组织”（或“机构”“制度”），组织的总和构成文化。

马克思、马斯洛、马凌诺斯基从不同的学科角度分析了人的“需要层次”具有由生理向心理，由有形到无形，由物质到精神，由实用到审美，由有限到无限的发展规律性。归纳起来，人的需要主要分为三个递进阶段：生存需要→享受需要→发展需要。

生存需要是一切需要的原始起点，也是万事万物发展变化的原始内力所在。人类出于生存的需要、种族的繁衍，开展劳动实践活动，在实践活动中除了满足生存需要外，必然产生更高层次的需要。生存、享受、发展需要都是产生审美需要的源泉。但作为高层次的审美需要包含在人的享受需要、发展需要和自我实现需要之中。先秦哲人墨子有言：“食必常饱，然后求美；衣必常暖，然后求丽；居必常安，然后求乐。”墨子所谓的“求美”“求丽”“求乐”，就是指人类在满足生存需要的基础上进一步产生的审美需要。

人的审美需要是随着人发展自身的需要而产生的，是人类表现自己的生命并从这种生命表现中获得享受的需要。人类的审美需要并不是一个独立的层次，它是与人类生命活动的进程中所存在的各种其他需要相联系的。佛兰克·戈布尔说：“审美需要的冲动在每种文化、每个时代里都会出现，这种现象甚至可以追溯到原始的穴居人时代。”当原始人从劳动成果的实用形式上意识到自己的创造智慧、体验到生命的律动，并获得心理情感的愉悦和满足时，原始人才开始进入审美活动。原始人在不断地重复使用工具中，每一次重复都加深了满意的快感与工具的形式感之间的联系，当快感成为独立的心理需求时，审美需要便随之产生。也就是说，人类的审美活动要以审美需要作为动因和根据。风景园林审美需要是人类众多审美需要中的一种。因此风景园林审美活动也应作如是观。

风景园林审美活动的产生是以人对风景园林的审美需要和审美欲望为根据的，但使风景园林审美活动成为现实，是以人对风景园林的审美能力和审美意识的形成为前提的。风景园林审美主体的审美能力是指主体在风景园林审美活动中形成的能使风景园林审美活动得以顺利展开的能力，包括审美感知力、审美想象力与审美理解力。风景园林审美意识是风景园林审美活动产生的重要层面。原始人掘土为穴、构木为巢的实践活动，主要是一种满足自身物质功利需求的实践活动。只有当人类在掘穴构巢的活动中从实践活动成果，即风景园林的形式上意识到自身的创造力并具有生命体验上的满足和愉悦时，只有随着人类改造自然、征服自然能力的提高，人类懂得了如何“按照美的规律来塑造”时，风景园林才不仅仅是为了满足实用功能的需求，同时也成为人类的审美对象。只有当人类的风景园林实践活动不仅是能动的，还是自由的，才能够成为风景园林审美活动，这种活动才具有美学意义。普列汉诺夫关于纯粹饰品的产生过程的论述对于我们不无启发：“那些被原始民族用来作装饰品的东西，最初被认为是有用的，或者是一种表明这些装饰品的所有者拥有一些对于部落有益的品质的标记，后来才开始显得是美丽的，但是，一定的东西在原始人的眼中一旦获得了某种审美价值后，他们就会力求仅仅为了这一价值去获得这些东西，而忘掉这些东西的价值来源，甚至连想都不想一下。”

2. 风景园林审美活动归结为人的情感价值活动

在美学史上，传统美学附属于哲学，受传统认识论（知识论）哲学的影响，探索“美的本质”，追问“美是什么”，一直将审美活动视为一种认识活动。认为审美活动是对美的反映和认识，人类在这个基础上产生美感和审美意识。受此影响，风景园林审美活动也被认为是对风景园林美的认识过程，抹杀了人的生命情感的价值性。这种观点深刻影响了我国美学研究，影响到对风景园林审美活动的理解。如美学界有人把审美活动等同于“审察——美”的活动，将审美活动的“审美”两字拆分成一个动宾词组，认为审美活动即“审察”外在于人而存在的“美”的认识活动，似乎在审美活动之前或者审美活动之外就已经先验地存在着“美”，等着主体去欣赏而已。这种对美学研究的哲学基础的错位和方法论原则的错误，产生了对审美活动误解的逻辑前提。

风景园林审美活动直接根植于人的生命的情感价值活动，起源于人的风景园林审美需要，有着生命的原发性，体现为生命情感的价值性。在风景园林审美活动中，主体才成其为审美主体，客体才成其为审美客体。一切风景园林审美现象，都是在风景园林审美活动中表现出来的。所以从风景园林审美活动与认识活动的发生先后来看，由于风景园林审美活动是一种与人的生命活动同一的活动，它应该先于认识活动而存在。风景园林认识活动是在风景园林实践活动的基础上产生的，风景园林认识关系是一种人与对象之间的知性关系，认识活动是一种理性的、逻辑的活动。而风景园林审美活动中尽管有着对象的认识和反映，本质上却是一种轻松的享受，所以风景园林审美活动不同于风景园林认识活动，而是一种生命情感价值活动。

从人类生存论的哲学基本点出发，风景园林美学研究的逻辑始点是人对风景园林的审美活动。通过风景园林审美活动，一方面，作为主体的人的审美需要可以得到满足，从而也确证人的生存能动性和生命活动自由性、价值性；另一方面，作为客体的风景园林的一些属性激起人的情感愉悦，从而也确证了自身向人生成的审美意义。换言之，正是人对风景园林的审美活动，才使作为主体的人和作为客体的风景园林处在审美关系的实际状态，才使风景园林的审美属性和人的审美需要发生契合，从而作为主体的人方可产生一种精神愉悦感。风景园林审美活动正是这种直接根植于人的生命活动，起源于人的审美需要，体现着生命的原发性，是人生命的情感能动活动、情感自由活动、情感价值活动。

第二节　风景园林审美活动的特征

风景园林审美活动本质上是一种生命体验活动、情感价值活动，与一般的功利实践活动、理性的科学认识活动、痴狂的宗教信仰活动既有区别又有联系。风景园林审美活动具有超功利性、主体性、合目的性、合规律性的重要本质特征。

1. 超功利性特征

人与风景园林的关系主要表现为实用功利关系、科学认识关系、审美情感关系和宗教信仰关系。但是只有在审美情感关系的实践活动中才是向着审美活动的深度进发。黑格尔说："审美带有令人解放的性质，它让对象保持它的自由和无限，不把它作为有利于优先需要和意图的工具而起占有欲和加以利用。"康德在《判断力批判》中进行美的分析时，首先着眼于审美快感与感官上的快感以及道德上的赞许所带来的快感的差异，得出了关于审美鉴赏的第一个结论："鉴赏是凭借完全无利害观念的快感和不快感对某一对象或其表现方法的一种判断力。"我国著名美学家朱光潜也曾对审美活动的本质特征进行了举例说明："面对一棵古松，商人想到的是它能出多少方木料，能卖多少钱；科学家想到的是这棵古松的科学分类及生长年代；而画家却会马上被古松的外形所吸引，沉醉于他的苍翠遒劲。这里，只有画家是在进行审美活动，而商人的活动是功利活动，科学家的活动是认识活动"。以上所体现的便是审美活动的超功利性特征和主体性特征。

风景园林审美活动的超功利性是区别于人对风景园林的实用功利活动的本质特征。这似乎与肯定审美活动本质上是一种价值活动产生了矛盾，因为价值一般被理解为具有功利性。在这里，我们所使用的价值概念不是经济学意义上的，而是哲学意义上的价值，即广义上的功利性。它是指客体或客体属性能满足主体需要的肯定性，是就客体能满足主体需要的"有用性"来说的。风景园林审美活动的追求不是风景园林的物质功利性，而是为了满足人精神愉悦的需要。风景园林审美活动具有满足人的精神需要的广义功利性，超越了物质功利性的考虑。风景园林审美活动的超功利性在于它不需要从实体上占有与拥有风景园林对象，只是欣赏风景园林对象的形式属性，领悟其形象的意义。在风景园林审美活动过程中不掺杂物质功利性，是纯粹的由形式属性激发的情感愉悦，也即英国艺术理论家克莱夫·贝尔所说的"有意味的形式"。由于风景园林审美活动让人对风景园林审美客体"保持它的自由与无限"，也就是主体从有限的、自私的占有欲中解放出来，超越了物质功利性的束缚，获得了一种自由。

风景园林审美活动的超功利性特征区别于纯粹功利实践活动，但它并不意味着对风景园林功能的排斥和否定。如果说风景园林审美活动所关注的是其形象的感性形式，那么，这种感性形式是以风景园林的功能要求和风景园林的表现形式的和谐统一关系为本质内容的，绝不是不顾风景园林功能要求的唯形式主义。

2．主体性特征

风景园林审美活动的主体性特征主要表现在人对风景园林审美选择的自主性和能动性，以及主体在风景园林审美活动中的自由性和超越性。诚然，在人类的各种风景园林实践活动中，作为主体的人是有一定的自主性、能动性和自由的，体现了一定的主体性。但在风景园林审美活动中，人的自主性、能动性和自由目的性则更为突出、更加强烈。风景园林审美活动是对主体性的发挥最少局限和制约的活动，人的自主性、能动性在审美活动中能得到最充分的体现，审美活动也因此表现出精神的充分自由。从风景园林规划设计活动来看，建造一处景观精品要受到各种条件的限制，但这并不意味着人是被动的，相反，由于景观的相对性，景观创作不存在唯一的答案。比如同样是假山，北方皇家园林给观者大气、端庄之感，而江南园林的假山呈现的则是典雅、温婉之风，岭南园林的假山则呈现绚丽、世俗之气。

哲学家说，人的全部活动“既受客观世界规律的制约，又受客观世界提供的物质条件的制约，永远不能摆脱自然、社会和思维规律的制约”。但是在主客体关系中，人按照自己的目的实现对客体的改造，把自己的力量、能力对象化，确证自己是活动的主体，这是人的主观能动性，即主体性。在具体的风景园林审美活动中，主体能够任凭情感的驱使，随意地想象，这种想象更具有自主、能动、自由的特点。对同一个景观，审美主体随情感根据各自的感觉、想象和理解，使同一审美客体展现着不同的风采风貌，构成一个个迥异其趣的审美对象。位于美国亚利桑那州的大峡谷国家公园由于风吹、日晒、雨淋、水冲，形成丰富的峡谷景观形态，不同观者形成不同的审美认知，或似宝塔，或像础石，或如奇峰等，也因此人们给予“狄安娜神庙”“波罗门寺宇”“阿波罗神殿”等神话般的称呼，进一步增强其审美感染力（图2-1）。这说明在风景园林审美活动中主体不仅按照自己的意愿、情趣、爱好、经验等选择对象，同样也按照它们去“建造”对象，这种“建造”除了主体的内在要求之外没有任何规定与局限。主体对风景园林审美对象的建造只受到主体自身条件的制约，个人先天生理与气质的差异和后天的文化差异，使其对风景园林的审美判断无疑也各不相同。因而，建造本身是能动的、自由的，是主体的创造。这正是风景园林审美活动的主体性的体现。

图2-1 美国大峡谷国家公园

3．合目的性特征

风景园林审美活动本质上是一种生命情感价值活动，要合乎人生命的感性要求的目的。在风景园林审美活动中不仅要合乎审美主体对风景园林形式感的追求，而且要合乎审美主体对风景园林文化意义的要求，即“合目的性”。亚里士多德认为“美是一种善，其所以引起快感正因为它是善”。在美学中，善一般理解为“合目的性”。康德提出“美是一对象的合目的性的形式，”认为只有这种没有目的性而又合目的的形式符合主观认识功能，引起他们的和谐活动，从而产生一种愉快时，才是美。在我们日常生活中“善”主要是伦理活动方面的肯定性评价，符合伦理规范就是美的、善的。从这个意义讲“美善同义”“美善相乐”。因此不论是“善”也好，“合目的性”也罢，其既有功利性，又有愉悦性。以上美学观点与风景园林审美内涵相契合。在风景园林审美活动中审美对象能满足审美主体的实际功利需求，能够引起感官的快适，获得原始生命的情感愉悦，引导风景园林审美主体审美态度的形成。高层次看则是在风景园林审美活动中审美对象符合审美主体对人生、生命、宇宙真谛的理解，与审美理想相契合，自然引起审美主体高层次的情感愉悦。

风景园林审美活动的出发点是合乎感性生命的需要。风景园林审美活动总是伴随着情感，这是欲望、兴趣、个性的具体的心理表现，也是风景园林审美客体能否满足自身欲望的评价。在风景园林审美活动中审美主体总是被审美客体的造型、色彩、空间布局、环境、功能等物质要素所构成的“形式感”所刺激、吸引。《水经注·易水》记载燕国的仙台，“东台有三峰，甚为崇俊，腾云冠峰，高霞翼岭，岫壑冲深，含烟罩雾。耆旧言，燕昭王求仙处。”这里仙台的形式属性吸引、刺激着燕昭王，契合其审美目的。不同的风景园林审美主体按照自己的情感要求和情感规律，展开审美想象，去完形建构，创造新的合乎自己情感目的的形象。通过想象，风景园林审美主体可以进入现实中难以达到的情景，突破现实中的“形式”局限，从而实现更高层次的审美目的。在《诗经》有关周文王灵台的赞词：“经始灵台，经之营之。庶民攻之，不日成之。经始勿亟，庶民子来。王在灵囿，麀鹿攸伏。麀鹿濯濯，白鸟翯翯。王在灵沼，於牣鱼跃。”灵台为我国史传最古之公园，其修建在于“与民同乐”，达到彰显周文王“仁政”之目的（图2-2）。在风景园林审美活动中，审美主体的最高审美目的是体悟，通过体悟获得对人生、宇宙最高真谛以及对生命与人生的内在意义的最深切的理解。可见，风景园林审美活动的合目的性涵盖了审美心理的不同层次，但无论是低层次还是高层次的情感愉悦，都表现为合目的性的美学企图。

图2–2 灵台图

4．合规律性特征

风景园林审美活动与认识活动既有区别又有联系，认识活动以“求真”为旨归，表现为“合规律性”。在风景园林认识活动中需尊重审美规律，在实践活动中需合乎审美目的。狄德罗曾说：“真、善、美是紧密结合在一起的，在真和善之上加上某种罕见的、令人注目的情景，真就变成美了，善也就变成美了。”

风景园林审美活动的合规律性可从“艺术对现实自然的生态美学关系”和“艺术与科学的审美联系”两个方面进行分析。前者主要是合乎自然之真、生态之美的规律，求的是“自然之真趣”。所谓“道法自然”（《老子·道德经》）、“法天贵真”（《庄子·渔父》）、“外师造化（《历代名画记》）”等表达的就是这个观点。黑格尔也提出“让自然事物保持自然形状，力图摹仿自由的大自然”。自然的特征表现为自由生动，所以这类风景园林突出表现在中国传统园林上，“以假拟真，有若自然”是其秉持的合规律性法则。白居易诗曰“引水多随势，栽松不趁行”（《奉和裴令公新成午桥庄绿野堂即事》），王维提出“肇自然之性，成造化之功”（《山水决》），陈继儒有云“居山有四法：树无行次，石无位置，屋无宏肆，心无机事”（《岩栖幽事》）。明代造园家计成倡导“虽由人作，宛自天开”（《园冶》）的理念，强调摹拟自然，效仿真山真水，以假拟真。可见，“循自然之道，取生态之美”是以中国传统园林为主的东方园林的审美、创美标准，是合乎天地自然之规律的。后者主要是合科学规律性，求科学之真、理性之美。正如金学智先生说的在园林中处处呈现“平面的、立体的几何形，一切景物，无不方中矩，圆中规，体现出精确的数的关系”。这一“合科学之规律”主要体现在西方风景园林的审美活动中，这迥异于“合自然生态之道”的传统东方园林，并深刻影响到近现代以来世界各地的风景园林的发展，使其呈现出中西融合的特点。风景园林审美活动“合科学规律”与西方文化一脉相承。西方最早的美学家源自古希腊的毕达哥拉斯学派，他们认为“数的原则是一切事物的原则”，艺术作品的成功要依靠许多数的关系。在风景园林中，景观设计师将数理关系体现得淋漓尽致。黑格尔分析到：“最彻底地运用建筑原则于园林艺术的是法国的院子，他们照例接近高大的宫殿，树木是栽成有规律的行列，形成林荫大道，修建得很整齐，围墙也是用修建整齐的篱笆来造成的。”车尔尼雪夫斯基与黑格尔观点一致：“园艺要修建、扶植树木，使每一株树的形状完全不同于处于林中的树木；正如建筑堆砌石块成为整齐的形式一样，园艺把公园中的树木栽成整齐的行。”整体看，西方风景园林在结构、布局上规整严谨、秩序井然，如法国的沃勒维贡特庄园（图2-3）、凡尔赛宫，意大利的甘贝拉伊别墅园等处处彰显着几何、数、秩序、匀称、整齐、轴线对称等体现数理关系的形式美法则，符合科学之道、园林之美的规律。

图2-3　沃勒维贡特庄园

第三节　风景园林审美活动的心理过程

风景园林审美活动如同其他一切审美活动，是一个审美主体与审美对象往返交流的心理过程，是一种具体的、复杂的、动态的个体心理活动，它必然呈现出阶段性和历时性特征。风景园林审美活动的心理过程依次表现为四个主要阶段，即风景园林审美态度的形成、风景园林审美感受的获得、风景园林审美体验的展开和风景园林审美超越的实现。

1. 风景园林审美态度的形成

风景园林审美主体对待风景园林的态度由日常态度向审美态度的转化是主体进入风景园林审美心理过程的标志。自此，审美感觉、审美知觉、审美联想等心理因素便发挥作用，主体进入审美感知活动阶段。风景园林审美态度指审美地对待风景园林的态度，是指唯有风景园林审美时才出现的一种奇特的心理状态。从积极的方面来讲，风景园林审美态度是一种充满着情感渴求和期望的态度，而且是一种积极主动追求风景园林的感性形式特征和整体形象意义的情感态度。

风景园林审美态度的心理表现是风景园林审美注意的出现。风景园林审美注意指主体在审美期待的心理推动下，运用相应的感官，使意识指向或集中于特定的风景园林或特定的风景园林属性。同时，此风景园林周围的其他景观和事物都处于注意的边缘（或称背景）。有的心理学家把这种心理倾向称作“注意的中心化”。风景园林审美注意的指向性反映出主体对风景园林的情感选择。不同审美兴趣和审美需要的主体会选择不同的风景园林形式作为审美对象。安徽人独钟情于白墙灰瓦的徽派乡村景观，文人雅客欣赏江南园林的含蓄雅致，朝圣者一生仰视布达拉宫的金光顶和圣洁的雪山……在这种意义上，风

图2-4 形态丰富的西南山地乡村景观

景园林审美注意的情感选择是主体对风景园林的审美欲望和审美需要的一种外在表现形式。在风景园林审美中，被具体的主体所选择的对象，成为这个主体的审美对象。审美对象是具体的主体审美注意中的对象，它不能离开具体的审美主体和审美活动而存在。

具体的审美主体所表现出的审美期待、审美兴趣、情感要求因人而异，作为具体审美对象的风景园林审美客体，在整体形象、风格特点、空间组织、环境氛围等同样呈现出丰富多样性，有烟雨朦胧的江南水乡景观、丰富多姿的西南山地民族村寨（图2-4），有庄重大气的皇家园林、含蓄雅致的江南园林、绚丽多姿的岭南庭园，有又高又尖的哥特式教堂、恢宏雄伟的罗马角斗场，有静看樱花飘落的日本茶室、傲然俯瞰平原的法老陵墓景观等。

当风景园林审美注意产生时，一切与审美无关的因素从主体的视线中消失，只有具体的风景园林的形象特征和感性形式凸显出来，清晰地呈现在充满着情感渴望的主体之前。主体本身也排除了风景园林的实用性、材料、价格等功利目的的干扰，积极而专心地投向了审美客体。此时，主体与风景园林之间的审美关系才真正建立，风景园林审美活动才可能真正展开。所以，风景园林审美注意的产生是风景园林审美活动的必要前提，是风景园林审美活动的准备阶段的完成。

2. 风景园林审美感受的获得

风景园林审美感知阶段是风景园林审美活动的真正起点。主体对风景园林的形象特征和感性形式形成知觉完形，把握风景园林对象的情感表现性，在此基础上，通过审美联想、审美想象等对风景园林审美属性进行情感选择、情感加工和情感建构，达到对客体的整体直观把握，实现与风景园林的交流。与此对应的心理状态便是风景园林审美感受。风景园林审美感受的获得标志着风景园林审美活动初始阶段的完成。

风景园林审美感知的特点可从完整性、主动性、情感性三个方面把握。审美感知的完整性在风景园林审美中表现得更加明显。当我们欣赏一处景观时，并不是把色彩、线条、形状等感觉到的审美属性简单地相加达到感知，而是一种完整的组织形式迅速构成某种整体形象，从而感受和理解风景园林的感性形式、情感表现和内在意蕴。美国格式塔心理学家阿恩海姆指出："这种整体性不仅可以直接知觉，而且必须被确定为基本的知觉现象，它们似乎是在把握视觉对象更多的特殊细节之前就已映入眼帘。"风景园林审美感知的这种整体性是先在的，作为一种心理框架制约着感觉。

风景园林审美感知的过程是主体主动去感受对象、协调感官和其他心理功能，对风景园林形象进行组合和选择的创造性活动过程。在此过程中，主体将自己的兴趣、爱好、审美标准等带入风景园林审美客体而达到一种个人认同。同一个审美主体会产生这样的多个联想，不同的审美主体会有更多不同的联想。审美主体根据自己的兴趣、标准、生活经验等主动对风景园林审美客体的形象特征和感性形式进行加工、建构，形成多种意象。

审美心理过程的一个重要特点，就是"贯注在一个愉快的情感上"。中国古代美学思想中关于"感物而动""即景生情"等论述，说的都是审美心理的情感性特点。情感性是风景园林审美感知过程的突出特征。风景园林承载、激发了主体的情感。广州白天鹅宾馆中庭的"故乡水"设计让侨胞萌生游子归家的亲切感；法国凡尔赛宫对称严谨，规模宏大，体现君权统一，几何形构图凸显了西方的理性主义，强化了"人定胜天"的美学理念（图2-5）。

在风景园林审美感知阶段，风景园林客体的形象特征和感性形式激发着主体情感，获得感性的愉快。同时，在风景园林审美感知过程中，主体也按照自身的情感模式实现对风景园林形象的"建构"和知觉完形。正是通过这个过程，主体对风景园林形象特征和感性形式的知觉完形从而使之转化为审美对象，并通过情感加工、情感转换和情感建构来实现。由

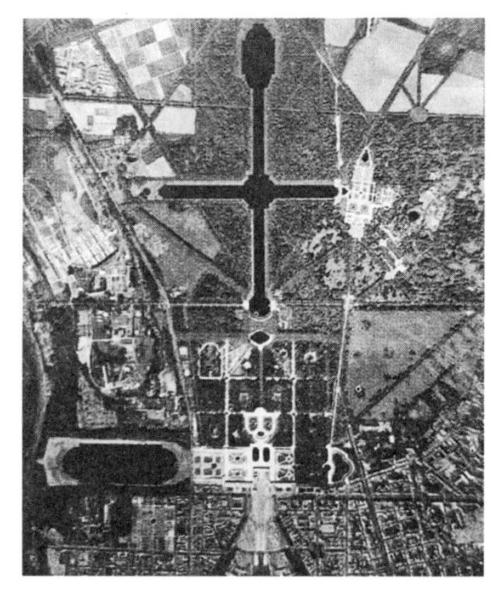

图2-5 凡尔赛宫平面图

于情感的主体性特征，同一景观经过主体的审美感知而表现为具有差别性的审美对象。再经过审美想象的作用，又使主体进入个体化的审美体验之中。在风景园林审美感知阶段，审美领悟和审美理解是渗透其中的理性因素。审美领悟是主体用某种感性的方式，在知觉水平上领会并把握了该景观的直接意蕴和情感特征。中国园林艺术的借景、对景、隔景、分景等造园手法都是为了组织和扩大空间，园林的连廊、景窗、亭、台、楼、阁都是为了得到和丰富对空间的审美感受，创设意境。如苏州留园的冠云楼可以远借虎丘山景，拙政园的宜两亭把隔墙的景色尽收眼底，颐和园的万寿山与前面的昆明湖构成山与水的对景关系（图2-6）。审美主体通过中国园林艺术的这些特殊表现，可以理解中国传统园林审美特征。如沈复在《浮生六记》中所说的“大中见小，小中见大，虚中有实，实中有虚，或藏或露，或浅或深”。阿恩海姆也指出：“知觉活动在感觉水平上，也能取得理性思维领域中称为‘理解’的东西。任何一个人的眼力，都能以一种朴素的方式展示出艺术家所具有的那种令人羡慕的能力，这就是那种通过组织的方式创造出能够有效地解释经验的图式的能力。因此，眼力也就是悟解能力。”

在风景园林审美感知过程中，主体审美感官都会全力选择符合自己要求的风景园林审美属性，在此过程中经常出现通感现象。歌德在圣彼得大教堂前广场的廊柱散步时，感觉到了音乐的旋律。审美主体借助景观艺术造型、线条、色调的变化等联想到音乐节奏。由于通感的作用，风景园林审美主体所获得的心理快感更为全面、丰富，一般审美者都能达到获得审美感受、感性的愉快。但是，人的审美活动应该由审美感知阶段进入更高的阶段。审美愉快并不只是感性的愉快，感官层次的满足也不是最后的审美满足。所以，风景园林审美感受与感性的愉快在审美情感的作用下必然走向审美活动的深入阶段。

图2-6　颐和园：山与水的对景关系

3．风景园林审美体验的展开

风景园林审美体验是风景园林审美心理过程的深入阶段和中心环节，是风景园林审美感受的主体化、内在化和理性化。在这个阶段中，主体的想象活动全面展开，并以审美想象为媒介，以审美体验的方式从对象的外在形式进入对对象的形式意蕴和意义层次的把握和理解，从而从想象所创造的审美世界中体验到自身的生命活动，获得更高的审美愉快。

审美体验是沟通审美主体与风景园林审美客体，深化审美情感与审美想象，促使客体情感化、主体对象化的媒介。观四川成都杜甫草堂，整体素雅古朴，装饰简洁和谐，正如杜甫一生为国为民的纯朴之心，身住茅屋却心系天下黎民。此时，草堂作为一个媒介，沟通了审美主体情感与园林的文化意蕴，深化了主体对园林的理解。在风景园林审美体验中，主体通过情感和想象等心理机制，实现了主体和客体的沟通和交融，从心物交感进入"物我同一"的境界。换言之，风景园林的存在和意义就在于它外化了主体的生命情感。

风景园林审美体验的展开是以风景园林审美感受为基础的。如果说风景园林审美感受是对风景园林形象的知觉性感知，那么，风景园林审美体验则是对风景园林意蕴的知觉性领悟，主体是自己置身于意义的世界和情感的世界，通过想象，调动自己的生活经历、知识水平和审美修养等多方面的因素参与体验，从对风景园林的形式、形象的感知进入其内在意蕴、意味的层次，进入了意义的世界、情感的世界，从而得到极大的心理满足和情感愉悦。

在风景园林审美体验阶段，审美想象占据主导地位，它使体验得以发生并完成。同时，主体的经验、理解等因素也逐步得到充分的调动和发挥，主体开始起决定性的作用。在风景园林审美活动中，主体的想象是自由的，又是与情感互为动力、互相促进的。

风景园林审美体验阶段想象的两种基本类型：联想与创造性想象。在风景园林审美中，联想即指由风景园林的造型、环境、意境等想到相关事物的心理过程。创造性想象是比联想更为复杂的一种心理活动，它把各种知觉心象和记忆心象重新化合，孕育成一个全新的心象，即审美意象，并激发起更深一层的情感反应。在风景园林审美中，主体通过创造性想象不仅达到对风景园林意义的感性把握，而且加深对风景园林价值的理性认识。在风景园林审美体验阶段是要达到对风景园林文化精神的进一步把握，指向于创造意义的世界。这时，风景园林审美客体不再作为纯客观的现象表象存在，而是作为某种文化精神的表象相对审美主体存在着，因此审美体验中的风景园林审美客体的形式、形象等往往具有象征性。在风景园林审美体验阶段，主体建构起与风景园林形象特征和感性形式具有情感同构性的心灵世界，达到物我同一。风景园林审美体验使主体审美达到了一个高潮，获得了巨大的情感满足，但这并不意味着风景园林审美心理活动的结束，审美主体会在风景园林审美体验中产生一种强烈的情感追求和精神向往，希冀由内心情感体验向精神的无限自由的境界升腾，从而实现审美超越，进入风景园林审美心理活动的最高阶段。

4. 风景园林审美超越的实现

风景园林审美超越是风景园林审美的最高境界。在这个阶段，审美主体超越了风景园林审美客体的形象，完全沉浸在通过审美体验而产生的意义世界和情感世界之中，沉浸在对透过风景园林审美客体形象并凭借主体想象而传达出来的宇宙感、历史感和人生感的理解和体悟之中。

审美主体对风景园林体验越深，领悟越透，就越能理解到风景园林的意义和底蕴。审美超越植根于人的审美需要之中。人永远不会驻足于有限的存在，而总是企求某种超越。唐代美学家张彦远在他的《历代名画记》中有十六个字："凝神遐想，妙悟自然，物我两忘，理性去智"，这十六个字可以看作是对审美超越的很好的描绘。经历了前面几个审美阶段的通感、想象、体验、物我合一，审美超越实现的是体悟之后的升华，是李泽厚先生所说的"悦志悦神"，意境更为深远和广阔。当然，审美的超越离不开一颗审美、敏感、勇敢、探索的心灵，只有投入全部的身心和生命，才可唤起悦志悦神的审美享受。在中国传统园林的品赏中，体现为天人合一审美理想的实现：人的个体存在具有现实时空的有限性，于是在审美活动中期待超越这个有限，追求超越自身感性的个体存在，寻求那永恒的超越和不朽。

在这一阶段，审美主体的生活经历、知识修养和人生体验发挥重要的作用。范仲淹作为一个进步的政治家，为国为民，革新图治，他登临岳阳楼之际，引发了追求"先天下之忧而忧，后天下之乐而乐"的仁人之心，这与"迁客骚人"的审美体验——"淫雨霏霏"时的感伤心情和"春和景明"时的开阔胸怀——不同，在此审美阶段，范仲淹超越了岳阳楼之物之景的限制，达到了对岳阳楼意义世界的更深领悟，和理想之境与自身生命活动的瞬间统一，这与他的生活经历和人生理想直接相关。

风景园林审美超越的发生与实现都是以理性为基础的，此过程是理性大于感性的过程，达到风景园林审美超越要以审美理解为基础。此处的理解不是想象、移情、体验，不是完全进入对象和与对象合二为一，而是了悟、把握，是主体从风景园林审美体验中所达到的意义世界中获得难以言传的审美意蕴后，升腾到一个更广阔深邃的境地。

中国古代文人儒、道、释三位一体的思想对造园影响颇深。儒家追求天道，"以天合人"，探求人的生命和生存之道，道家主张"以人合天"，以达到常乐的至境，认为人在宇宙之中，宇宙也在人心之中，人与自然浑然一体。在

图2-7　王维辋川图（局部）

中国的传统园林中，主要体现为对意境的追求。辋川别业是王维心灵寓所，也是其心中净土，辋川诗的终极内涵，不仅是山水自然形象，更是作者心境的反映（图2-7）。园林意境酝酿处处体现着造园者的深思熟虑，从各座名园的空间处理和人文氛围的意境营造中，我们可以体悟到厚重深情的历史人文情怀。

在园林境界内，人与人、人与自然、人与物是平等和谐的，人们惬志怡神，澄怀观道，处处洋溢着天人和谐，物我相望的情境。日本安龙寺石亭深受禅宗影响，营造人与自然融为一体的氛围，简单的石亭、白沙、石头、苔藓等元素却营造出超脱尘世的景象。世界文化遗产梵净山是善众的梵天净土，著名诗人王心鉴在《过梵净山》写道："近山褪俗念，唯有竹声喧。栖心皈净土，推云步梵天。禅雾入幽谷，佛光上苍岩。海内循道者，多来续仙缘。"阐述了"山是佛，佛是山"的超越境界（图2-8）。苏州网师园《网师小筑吟》描述天人和谐的境界："物谐其性，人乐其天。临流结网，得鱼忘筌"，此情此景，实为"真趣"，是园林品赏审美心理的至高境界。

风景园林审美超越是一种旨在超越人生的有限性以获得人生的终极意义和生命精神的审美活动阶段。王勃在对滕王阁凝神观照时，盛赞它"飞阁流丹，下临无地""落霞与孤鹜齐飞，秋水共长天一色"，此千古绝唱，尽写三秋时节滕王阁的壮美而又秀丽的景色。在审美体验中，王勃联想到整个社会不够革新、开放，自己虽有积极进取的雄心，却又深感步履维艰，壮志难酬。王勃在失望与希望的情感交织中漫游时，引发出"天高地迥，觉宇宙之无穷；兴尽悲来，识盈虚之有数"的哲理性感悟。

图2-8 世界自然和文化遗产梵净山

在风景园林审美超越阶段，审美主体在对风景园林意义、文化精神等了悟的同时，又超越了风景园林意象，升腾到一个精神无限自由的境界。它是风景园林审美活动的最高阶段的标志，表明一切风景园林审美活动在此时、此地、此人身上的最高层次的完成。此时，风景园林实现了自己最高的审美价值，使主体获得了最高的审美愉快。这是对宇宙本体、人生意义、生命精神的理解后滋生于心中的愉快，它伴随着主体升腾到永恒和无限，使主体感到自己的精神和肉体与自然浑然一体的自由感，感到自己与宇宙同在的崇高感，精神获得宁静与空灵，从而实现感性生命个体的自由。

第三讲 风景园林审美主体

第一节　风景园林审美主体的本质属性
第二节　风景园林审美主体的心理要素
第三节　风景园林审美主体的情感作用

本讲提要：

风景园林审美主体是风景园林审美活动的发出者和承担者。风景园林审美主体在风景园林审美活动中以情感的态度关注审美客体，对风景园林审美客体进行情感选择、情感加工和情感建构，在获得风景园林审美感受并得以强化之后，凭借主体审美情感的广阔想象和丰富联想，深化和拓展能动自由的审美体验，从而实现风景园林审美超越。风景园林审美主体是情感的主体、自由的主体和体验的主体。认识和分析风景园林审美主体的本质属性、心理要素和情感作用，有助于理解风景园林审美活动的本质特征和风景园林审美规律。

风景园林审美主体即风景园林审美活动的发出者和承担者。风景园林审美活动的特点决定了风景园林审美主体既具有与认识主体、实践主体、伦理主体相一致的一般规定性，又具有与认识主体、实践主体、伦理主体相区别的特殊规定性。揭示风景园林审美主体的本质属性，探讨风景园林审美主体的心理要素，分析风景园林审美主体的情感作用，对于理解风景园林审美活动的特点和风景园林美的生成机制，具有重要意义。

第一节　风景园林审美主体的本质属性

在风景园林审美活动中，审美主体是活动的发出者、推动者和主导者。唐代的柳宗元有云："美不自美，因人而彰。"法国的罗丹也有名言："生活中不是没有美，而是缺少发现美的眼睛。"这些都是肯定和强调审美主体在审美活动中的地位和作用。

风景园林审美活动是情感价值活动，是生命体验活动。风景园林审美主体是情感的主体、自由的主体和体验的主体。情感性、自由性和体验性是风景园林审美主体的三个基本属性。

第一，风景园林审美主体是情感的主体。如前所述，审美态度的形成是审美活动的逻辑起点和真正开始。在开始风景园林审美活动时，审美主体总是以情感态度面对自然风景、社会景观和历史园林的。这是风景园林审美主体与认识主体、实践主体、伦理主体的根本区别。风景园林审美主体以情感态度关注风景园林审美客体，表明风景园林审美态度的形成。审美主体的情感状态和情感特点决定了在风景园林审美活动中对审美客体的形象要素的选择、加工和建构，从而表现出审美主体的情感作用。陶渊明以情感态度关注武陵人生活和桃花源美景，写下了著名的《桃花源记》以表达自己对美好生活的向往和对现实生活的不满。庐山五老峰峭拔优美，风光秀丽，激发了诗仙李白的审美情思：庐山东南五老峰，青天削出金芙蓉。九江秀色可揽结，吾将此地巢云松（图3-1）。朱熹以情感态度关注如镜的方塘，抒发自己的读书体会并留下了脍炙人口的哲理诗篇："半亩方塘一鉴开，天光云影共徘徊。问渠那得清如许？为有源头活水来。"1936年2月毛主席和彭德怀率领红军长征部队胜利到达陕北清涧县袁家沟，准备渡河东征，毛泽东为了视察地形，登上海拔千米白雪覆盖的塬上。面对北国雪景，毛主席情思涌动，诗兴大发，写下了《沁园春·雪》的壮美诗篇。诗句"山舞银蛇，原驰蜡象，欲与天公试比高"体现了化静为动的浪漫想象，更是对北国雪景这一自然风景的赞美。2021年11月中旬，在中国空间站工作的我国宇航员王亚平从太空拍摄祖国长江和黄河，抒发了中国宇航员的爱国情愫和审美情思（图3-2）。

风景园林审美主体必定是情感的主体，无论是个体审美主体还是群体审美主体。虽然审美主体具有地域性、时代性和文化性的差异，但只要进行风景园林审美活动，总是以对待风景园林的审美态度的形成作为起始的标志的，而审美态度的实质就在于情感关注。

图3-1　庐山五老峰

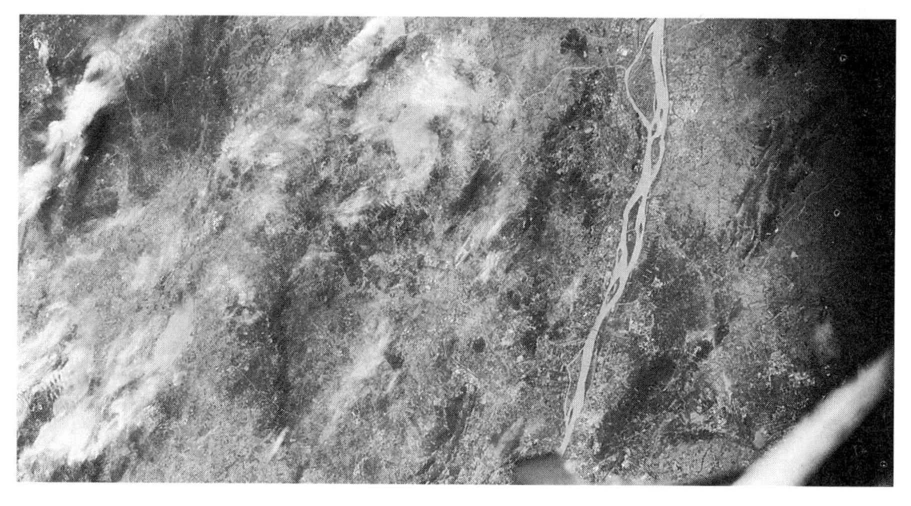

图3-2　我国宇航员王亚平从太空拍摄祖国的长江和黄河

第二，风景园林审美主体是自由的主体。风景园林审美主体是充满情感期待的主体，更是情感自由的主体。在风景园林审美活动中，审美主体在自身情感的驱使下，展开丰富的想象和广阔的联想，体现了风景园林审美活动的自由性和能动性特点。我国南北朝时期的文论家刘勰在《文心雕龙·神思》中所谓"登山则情满于山，观海则意溢于海"就指明了风景园林审美主体的情感自由的特点。在审美活动中，审美主体在情感的驱使下，自由驰骋审美想象，自由展开审美联想。2022年北京冬奥会吉祥物"冰墩墩"的名字就来自于设计团队关于糖葫芦（糖墩儿）的审美联想。而在《2022中国诗词大会》第九场"千人千问"环节，选手、导师和百人团的代表们运用诗词的元素，为"冰墩墩"起名为冰冰、佳梦宝宝、壮壮、心心、天天、白白、笑笑，体现了审美主体经由联想和想象而展现出来的情感自由的特点。

审美主体的自由性特点与审美主体的个体差异性密切相关。在审美活动中，审美主体存在审美趣味、生活阅历、知识结构等方面的个体差异，即使面对同一个审美客体，也会有相异的审美评判。正所谓"仁者乐山，智者乐水"，亦如莎士比亚的名言：一千个读者，就有一千个哈姆雷特。人们在日常生活中流传着很多民谚，如"情人眼里出西施""萝卜白菜各有所爱"，实质上是强调了审美主体在审美活动中的决定性地位，肯定了审美主体的自由性特点与审美主体的个体差异性。

风景园林审美主体的自由性体现在风景园林审美活动的全过程。从风景园林审美态度的形成，到风景园林审美感受的获得，再到风景园林审美体验的展开，直至风景园林审美超越的实现，都体现了审美主体的情感自由性。

风景园林审美主体的自由性也与审美活动的超功利性密切相关。关于审美活动的超功利性的核心内涵，我们必须指出并强调，审美活动的超功利性是指超越物质功利的属性，审美活动的超功利性不是说审美活动具有非功利性的特点。审美活动可以满足人们的审美需要，增进人们的审美感受，深化和拓展人们的情感体验，从而表明审美活动的功利性属性，进一步确证审美活动的本质在于情感价值活动和生命体验活动。著名美学家朱光潜先生曾以古松为例，阐释审美活动的本质和属性（图3-3），论证了审美活动的超功利性特征。审美活动的超功利性表明审美主体在审美活动中能动自主地进行情感选择、拓展审美感受，自由自在地放飞审美情感、驰骋

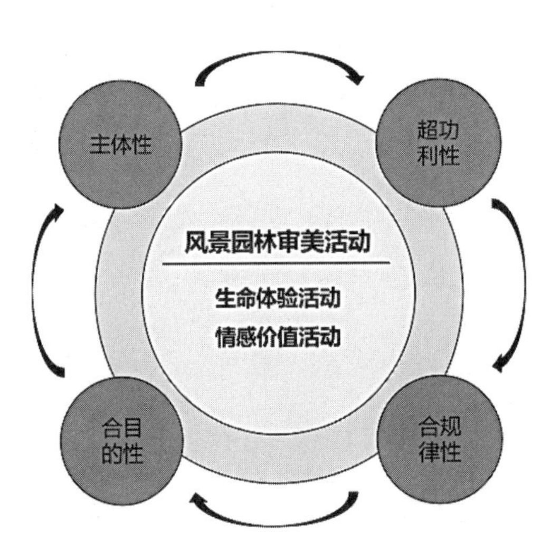

图3-3 审美活动的本质和属性

审美想象，陶然自乐地强化审美体验、实现审美超越。

第三，风景园林审美主体是体验的主体。审美体验是审美主体在审美活动中经由审美感受实现审美超越的关键环节，成为审美心理过程中最重要的阶段。审美体验在本质上是审美主体在审美活动中的生命体验，以主体内心情感体验经由风景园林审美客体而引发的关于生命的价值和生活的意义。

风景园林审美体验是审美主体在获得风景园林审美感受并得以不断深化拓展之后，通过情感联想和审美想象来展开推进的。在中国古代的审美理论中就有丰富的相关论述。刘勰《文心雕龙》曰："寂然凝虑，思接千载；悄焉动容，视通万里。吟咏之间，吐纳珠玉之声；眉睫之间，卷舒风云之色。其思理乏致乎！故思理为妙，神与物游。"阐明了审美联想和审美想象的重要作用。宗炳在《画山水序》中提出的"澄怀味象"畅神论强调了审美主体在审美体验时应澄清胸怀和涤除俗念。中国古代美学"水玉比德说"的内在含义并非止于将自然事物的属性特征与人的道德精神品质做形象比拟的一般理解，实质上也是强调审美主体的领悟和体验，即所谓"逝者如斯夫，不舍昼夜"的千古感叹、情感体验和生命领悟。被誉为"秋思之祖"的马致远《天净沙·秋思》"枯藤老树昏鸦，小桥流水人家，古道西风瘦马。夕阳西下，断肠人在天涯"描绘了乡村景观的美丽画卷，以情景交融的手法抒写了飘零天涯的游子哀愁，极度地激发了欣赏者的情感想象和审美体验。

风景园林审美体验与审美主体的审美感受、审美理解、审美联想和审美想象等密切相关，因此风景园林审美体验是因人而异、因时而异、因地而异的。无论是自然风景审美，还是社会景观审美，抑或历史园林审美，审美主体总是通过审美体验来深化审美理解和实现审美超越的。

第二节　风景园林审美主体的心理要素

探讨风景园林审美主体的心理要素的功能结构及其主要机制，对于揭示风景园林审美活动的秘密和风景园林审美心理的特殊性是十分重要的。

探讨和揭示审美主体的心理过程的特殊性，是西方美学史上的重要内容。不少美学家为此曾企图在审美主体身上寻找一种特殊的审美感官。古希腊时期柏拉图提出"灵魂"，古罗马美学的最后一位代表人物普洛丁提出"内心视觉"，英国经验主义美学家夏夫兹博里及其学生哈奇生则称这种特殊的审美感官为"内在的眼睛"或"内在感官"。毫无疑问，一切企图从普通心理之外去寻找特殊审美感官的做法都是不现实的，但值得注意的是这种对审美心理过程的特殊性的肯定。

包括风景园林审美活动在内的一切审美活动，是一种以主体的内在审美需要为根据和动因的情感价值活动和生命体验活动。风景园林审美活动具有一般

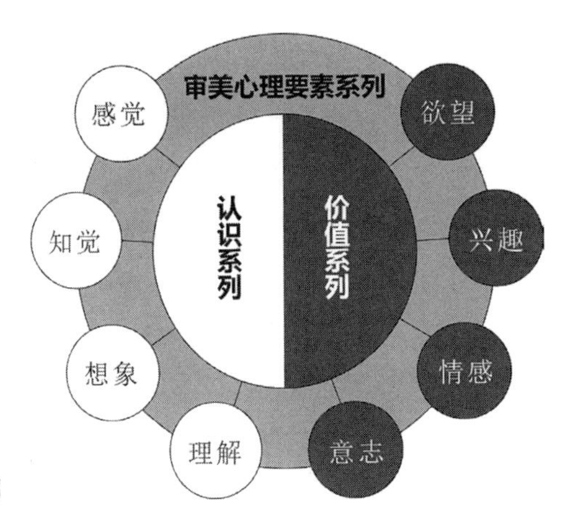

图3–4 审美心理要素系列

认识活动的规律性，但更显示出价值实践和情感体验的特殊性。风景园林审美活动的主体心理要素既包括审美认识心理的系列要素，又包括审美价值心理的系列要素。

关于审美主体的心理分析，传统美学研究往往局限于认识论框架，将审美心理因素概括为感知、想象、情感、理解四要素。事实上，在审美活动中发挥作用的心理要素除了感觉、知觉、想象、理解等审美的认识心理要素外，还有欲望、兴趣、情感、意志等审美的价值心理要素（图3–4）。传统美学的片面性决定了它不可能全面真切地揭示人类审美心理过程与主体审美心理要素。

从审美认识心理的系列要素来看，虽然在字面上还是一般认识活动中讨论的感知、想象、情感和理解，但它们的意义和功能已截然不同。在风景园林审美过程中，主体的感觉出于主体的生命欲求，对风景园林的形式属性如形象、色彩、布局、环境等做出自发选择，选择的结果即欲望的满足和审美兴趣的产生以及情绪的激动。而在一般的风景园林的科学认识活动中，感觉对风景园林这一客体信息的接受则力求全面以避免主观认识的片面性，并且尽可能不带情绪色彩以保证认识的客观性。审美知觉与一般知觉活动的区别在于前者一般并不与认识和实践的目的相联系，而往往只与情感目的相联系，因而，审美知觉所指向的往往只是与主体情感模式相联系的对象本身的感性形式。当代最著名的现象学美学代表，法国著名美学家杜夫海纳（Mikel Dufrenne）曾对此进行过较为深刻的论述。在他看来，审美知觉所指向的，并非关于对象与对象之间相互关系的真理，而是对象本身所构成的那个审美的形相（形象）世界，这个世界也包含某些真理，但这种真理是通过富于表现力的感性形象直接显现出来的。格式塔心理学派美学持相似的观点，认为选择、建构和完形正是审美知觉的特征所在。

在风景园林审美活动中，想象作为审美认识的心理机制同样发挥着价值选择和评价的功能，而且较之于审美感知更自由、更富于创造性。由于园林景观构图的抽象性，人们不通过想象便无法解读建筑景观的意义和艺术韵味。歌德正是通过审美想象而将圣彼得大教堂前广场的廊柱的排列节奏与音乐的旋律联系起来。如果没有审美想象的创造性，梁思成先生也不会为天宁寺砖塔的立面谱出无声的乐章。同样，如果没有审美想象的创造性，黑勒·肖肯也不可能绘制出关于朗香教堂的五种意向建构（图3–5）。

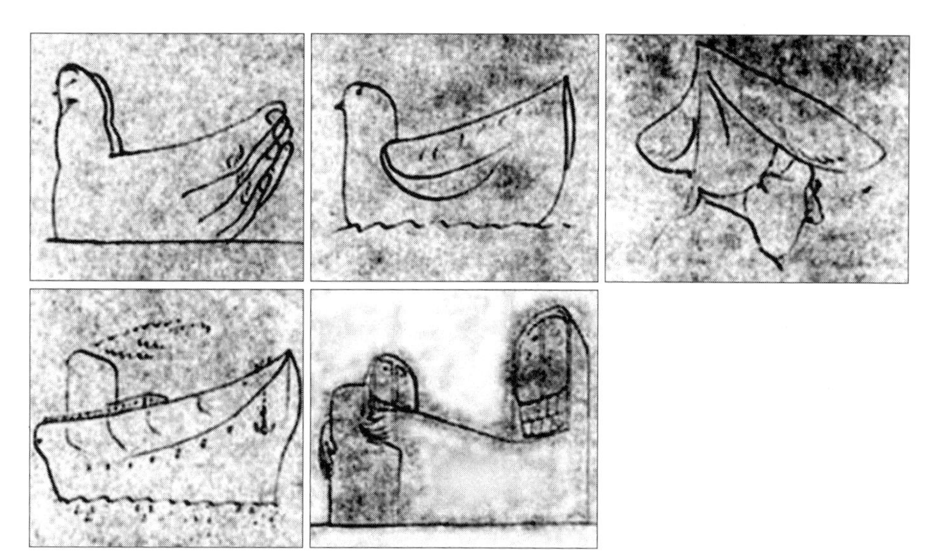

图3-5　朗香教堂的五种意向联想

审美情感是审美主体在风景园林审美活动中的心理基本需求，我们可以从认识心理和价值心理两个方面来理解。情感反映着审美主体对审美客体的认识态度和认识观念，影响审美主体的价值判断和价值选择，影响审美主体的审美体验和审美创造。丰富深刻的情感推进审美主体更全面、更深入地认识审美客体，发掘审美客体。

审美理解是贯穿整个风景园林审美过程的心理因素。风景园林审美活动中的理解不是一个独立的理性思维阶段，不同于科学认识活动中的概念、判断、推理的过程，主要表现为对对象形式意味的直觉把握，有似禅宗的"顿悟"，即通过审美主体的独特感受及体验，领悟到风景园林的某种意义，直至宇宙感、历史感和人生感。如在对客家聚居建筑的审美活动中，人们透过那点线围合的布局方式、礼乐相济的空间布局、整体有序的建筑组合，便可感悟到客家人慎终追远、耕读传家的文化理想和价值追求，从而也丰富深化了关于客家聚居建筑的审美感受（图3-6）。当代西方解构主义建筑思潮影响下的建筑，以其断裂、扭曲、残缺、怪诞的形式诉诸鉴赏者的视觉，使人体会到当今社会所面临的不少危机和种种挑战。

审美主体的心理要素的另一个系列是审美价值心理。审美价值心理是由主客体之间审美关系的价值特性所决定，因此也可以说是审美价值关系的心理表现，包括审美的欲望、兴趣、情感和意志等。

在风景园林审美活动中，风景园林审美欲望是主体进行审美

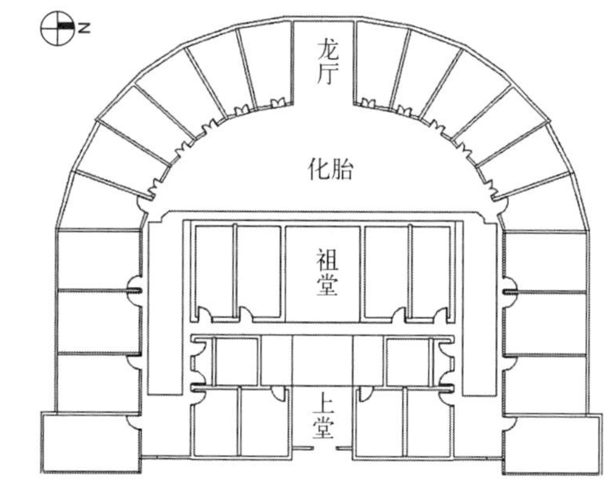

图3-6　增城派潭镇汉湖村河大塘围

活动的内在心理动因，是使风景园林审美得以实现的重要的心理机制。在具体的审美过程中，表现为一种无意识的、强烈的价值追求。正是有了这种价值追求，主体才会有审美的激情和冲动。所以，如果说审美欲望在风景园林审美的过程中主要表现了审美的价值追求和审美取向，那么，审美兴趣则呈现为风景园林审美过程的价值选择。相对于个体的审美而言，并不是所有风景园林存在都能成为审美对象。只有当某一具体风景园林审美属性引起特定主体的兴趣，才能进入个体的审美视野，从而满足人的审美欲望和审美需求。可见，审美兴趣是人与风景园林审美客体建立审美关系的重要中介，是风景园林审美客体之所以成为审美对象的必要条件。

审美兴趣在风景园林审美活动中又表现为一种初步的肯定性态度。从审美主体方面来说，兴趣的产生过程也就是主体对风景园林审美客体形成肯定性态度的过程。这种肯定性态度的进一步的心理表现，就是对风景园林审美客体的审美情感。因此，与兴趣在审美过程中表现为一种审美的价值选择相比，情感在审美过程中则表现为一种审美的价值评价。当风景园林审美客体的某些形相属性能够满足审美主体的审美需要时，主体便以内在体验的情感（爱、憎、亲、疏）、外露的表情（喜、怒、哀、乐）和情绪状态（兴奋、激动、平静、颓丧）来表示对这一价值的评价。

情感是审美心理中最活跃的因素，在风景园林审美活动中，始终发挥积极的能动作用，直接影响到主体的审美感受。从最初的审美感知，情感因素就介入其中。至于审美想象和审美理解，更少不了情感的作用。关于风景园林审美活动中的情感作用，下文还有专门讨论。

意志也是审美价值心理中不可忽视的因素。在审美过程中，意志在情欲和理智之间起着调节作用，集中反映了审美活动的主体性特征。人对风景园林审美客体的审美欲望随意志的作用得到强化或弱化，人对风景园林审美客体的审美兴趣和审美情感随意志的作用而激发或抑止。在这里，意志的调节作用不是一种理性自觉，而是一种潜在意向性。正是这种意向性作用，风景园林审美活动才成为一种高度自由的自主性活动，成为一种合规律性和合目的性相统一的活动。

第三节　风景园林审美主体的情感作用

审美活动是自由、自主、能动的情感价值活动和生命体验活动。无论在建筑审美活动中还是在风景园林审美活动中，情感是活跃且最为重要的审美主体心理因素，发挥了显著的作用。对此，学界给予充分关注和高度重视。建筑学家吴良镛院士在其《广义建筑学》中曾指出，建筑是“人为且为人”的。“人为”，表明建筑是人的情感的外在表现形式；“为人”，表明在某种意义上，建筑满足了人的情感需求。芬兰建筑大师阿尔瓦·阿尔托说："只有当人处于中心地位时，真正的建筑才能存在。"美国著名美学家苏珊·朗格更是"情感"表现论者，"由建筑师所创造的那个环境，则是由可见的情感表现（有时称作'气氛'）所产生的一种幻象。""幻象"之说明确地指出建筑艺术所具有"情感表现"功能。

审美活动，包括建筑审美活动和风景园林审美活动，是一种以主体的审美需要为根据和动因的情感价值活动和生命体验活动。在风景园林审美活动中，审美主体是自主、自由、能动的，在这些心理特性的作用下，审美主体对风景园林审美客体形成情感关注的态度及进一步的心理表现，就是风景园林审美情感。主体的审美态度使风景园林存在从认识客体转化为审美对象，主要通过情感选择实现；而审美主体对风景园林存在的知觉完形从而使之转化为个性化的审美对象，主要通过情感加工、情感建构来完成。

第一，情感选择。风景园林审美活动的开始，是以主体在审美兴趣和情感的驱使下对特定风景园林存在产生审美注意为标志的。在风景园林审美活动中，审美主体对风景园林审美客体的选择实质上是一种情感选择。

审美主体的生活背景、知识修养、兴趣爱好、情感取向等构成了主体的情感选择的依据和动因，审美主体根据自己长期形成的审美标准和特定的情境，能够自主地选择符合自己审美需要的风景园林的审美属性（感性形象及表现特征）作为审美对象，而不受实际功利和其他外在因素的影响。审美主体的自主性决定了主体对风景园林审美客体的情感选择的差异性。面对不同的风景园林审美客体，同一主体的感受和理解不同。不同的审美主体对其感性形象及表现特征的情感选择也呈现出差异性。正如杜威所说："艺术是选择性的……因为在表现行为中情感在发挥作用。任何主导情感都会自动地排斥与自己不一致的东西。"中国民谚所谓"情人眼里出西施""萝卜白菜各有所爱"也是强调审美主体的情感选择的关键作用。

在风景园林审美活动中，审美需要对人的审美情感有激发、定向选择功能。审美主体因审美兴趣和审美需要的不同，会选择不同风格或不同特点但又契合自己的审美需要的风景园林审美客体作为审美对象。富甲一方的盐商黄志筠钟爱于竹及其所象征的"本固""心虚""体直""节贞"，而有个园的文人之风、雅正之气；黄鹤楼承载着与友人分别的记忆，引发诗人崔颢的"烟波江上使人愁"之叹。贝聿铭追忆姑苏似水年华，称自己的最后一件作品苏州博物馆新馆为"中国小女儿"。主体审美注意的出现正如中国古代美学思想中所说的，是"感物而动""即景生情""哀乐之心感，歌吟之声发"。诗圣杜甫的诗句"两个黄鹂鸣翠柳，一行白鹭上青天。窗含西岭千秋雪，门泊东吴万里船"，既有对如画的自然风景的细腻描写，又有对社会景观的情感关注，以清新秀丽的盎然春景寄托诗人内心复杂的情绪，创设了一个辽阔统一的意境。

风景园林审美情感不是先验的、孤立的、自生自灭的内心运动，它同其他心理形式一样，总是被特定的风景园林所刺激所激活。所谓的“人禀七情，应物斯感”“触景生情”“情由境发”也适应了对风景园林审美情感产生契机的描述。情感选择的过程也是审美主体对风景园林表现形式的情感肯定和开始感知的过程，是风景园林审美活动中主体经由风景园林审美态度的形成走向风景园林审美感知的获得的心理节点。

第二，情感加工。审美主体在情感的驱使下，通过审美想象和审美联想的作用来丰富、深化审美体验和审美理解，对自然风景、社会景观和历史园林中某些形式属性、环境因素进行情感关注、忽略，或进行情感想象去比附别的形式因素，使风景园林审美客体对主体更具有感官的吸引力和更强烈的情感表现性，即情感加工。这是风景园林审美心理活动的主要阶段。同一风景园林审美客体经过审美主体的情感加工而表现为丰富多样的个性化的审美对象。

情感加工是审美活动的主体性特征的又一重要确证。在情感加工的过程中，审美主体用全部的精神感觉去“占有”风景园林审美客体，具有高度的自主性和自由性。主体凭借审美想象力，可以打破法则的限制和时空的限制，创造出新的审美意象。杜牧在《阿房宫赋》中描绘了“五步一楼，十步一阁，廊腰漫回、檐牙高啄，各抱地势，钩心斗角”等一连串的建筑意象，计成在《园冶》中描述了“山楼凭远”“竹坞寻幽”“轩楹高爽”“窗户邻虚”“奇亭巧榭”“层阁重楼”等大量富有诗情画意的园林建筑意象（图3–7）。

在风景园林审美活动中，情感加工作用是继情感选择之后凭借审美理解、审美联想和审美想象而发挥的，表现为风景园林审美体验的持续和深化。主体的审美体验不仅是沿着主体对风景园林的想象的展开，更是遵循主体的情感路线而深入。在构建个性化的审美对象的过程中，主体的审美想象也是自主、能动、自由的，主体能够任凭情感的驱使，随意地想象，就自己的情感选择对象进行情感加工。想象因情感而无限展开，不仅创造出现实中已有或可能有的风景园林形象，也创造出现实中根本不可能有的风景园林意象；而情感则因想象而得到充分表现，得到一切可能需要的满足。情感和想象的相互激荡正是审美活动中情感加工的主要内容。

图3–7　圆明园四十景之四宜书屋图

郑板桥曾这样描写一个院落：“十笏茅斋，一方天井，修竹数竿，石笋数尺，其地无多，其费亦无多也。而风中雨中有声，日中月中有影，诗中酒中有情，闲中闷中有伴，非唯我爱竹石，即竹石亦爱我也。彼千金万金造园亭，或游宦四方，终其身不能归享。而吾辈欲游名山大川，又一时不得即往，何如一室小景，有情有味，历久弥新乎！”这是让郑板桥怡情养性的园林意境之美妙。其空间流动变化，其竹石有味有情（图3-8）。美不自美，因人而彰。园林意境的审美属性因为满足人的情感需要而被确证。人们在园林审美鉴赏中，凭借自由的联想和想象，进行自主的情感加工，丰富审美感受，深化审美体验，实现审美超越。

图3-8 《竹石图》

登临“天下第一关”山海关，北望长城蜿蜒山间，南眺渤海波涛浩淼，古战场的铁蹄声仿佛又到耳边，金戈铁马如在眼前。临四川眉山的三苏祠的抱月亭，如见苏轼独坐亭中，把酒问月，“明月几时有？把酒问青天。不知天上宫阙，今夕是何年。”审美主体还可借助风景园林的造型、线条、色彩的变化等联想到绘画、音乐、书法等。梁思成先生说中国园林是一幅立体的中国山水画；歌德说他在圣彼得大教堂广场的廊前散步时，感觉到了音乐的旋律。审美主体在情感的驱使下，驰骋审美想象，深化审美体验，加速情感加工和情感建构。

需要指出的是，风景园林审美活动中的情感加工并不排斥主体的理性认知，甚至是以主体的理性认知为基础的。

类似于“一千个读者就有一千个哈姆雷特”，经过审美主体的情感加工，风景园林审美客体的某些形式属性或整体形象由于审美主体情感的差异而具有了个性化的特点，再经过情感建构的作用，风景园林审美客体将形成千差万别的个性化的审美对象。

第三，情感建构。情感建构，指主体在审美感知过程中，按照自身的情感需求对客体（风景园林）的知觉（特别是幻觉创造），或称知觉完形。审美客体由此而成为具体的审美对象。情感建构是情感加工的必然结果。审美主体在情感加工的基础上，通过想象、理解，或联系自身的际遇等形式，从特定的角度把握风景园林审美客体的深层文化内涵，建构尽可能传情达意的、更符合主体的审美理想的审美对象。

王勃在对滕王阁凝神观照，在失望与希望的情感交织中漫游时，由“落霞与孤鹜齐飞，秋水共长天一色”的自然风景意象比兴引发出“天高地迥，觉宇宙之无穷；兴尽悲来，识盈虚之有数”的哲理性感悟，从滕王阁的意义世界上升到对自己的人生意义和价值的思考之中，由风景园林审美体验升华到风景园

图3-9 《落霞孤鹜图》

林审美超越（图3-9）。

在情感建构过程中，审美主体积极主动地调动自己的知识和情感记忆，把各种知觉心象和记忆心象重新化合，孕育成一个全新的心象，即审美意象，并激发起更深一层的情感反应。在风景园林审美活动中，主体一方面通过情感建构不仅达到对风景园林审美客体的意义的感性把握，而且加深对风景园林审美客体的价值的理性认识，另一方面通过情感和想象、理解等心理机制在对象中看到了自己，实现了主体和客体的沟通和交融，从而得到极大的心理满足和审美愉快。在这种情况下，风景园林审美客体的存在和意义就在于它外化了主体的生命情感，显现了主体的生命情感。

情感建构过程中，主体的理性上升，超越了风景园林审美客体的形象，更深地理解了风景园林审美客体的意蕴。主体沿循情感的路线，沉浸到宇宙感、历史感和人生感的理解和体悟之中，即风景园林意境之体悟。用著名美学家叶朗先生的话："超越具体的、有限的物象、事件、场景，进入无限的时间和空间，即所谓'胸罗宇宙，思接千古'，从而对整个人生、历史、宇宙获得一种哲理性的感受和领悟。"

通过情感建构，审美主体达到对风景园林文化精神的进一步把握，指向于创造意义的世界。这时，风景园林审美客体不再作为纯客观的现象表象存在，而是作为某种文化精神的表象对审美主体存在着，如苏州园林如画如梦的鬼斧神工之中蕴含中国历代文化经营所创造出的建筑哲学，山西的晋商大院、平遥古城，体现着中国历史上商人所遵从的建立在儒家哲学基础上的人生哲学，北京四合院的风水营建中融入了中国古代的建筑环境哲学，广州陈氏书院的装饰装修印证了岭南独有的文化精神等（图3-10）。因此，经过情感建构的审美对象与实存客体相似而又不同，是审美主体心灵中的对象，往往具有象征性。

风景园林审美活动始终伴随、弥漫着审美情感，这种情感是自由自主、差异多样且变化发展的。在审美活动中，由情感选择而情感加工至情感建构的这一过程，是审美主体将情感由主观化转变为客观化的过程，即审美主体对内心体验的情感进行了选择、提炼之后，通过塑造的审美意象而外化的过程，表明了情感作用的历时性特征的内容。在风景园林审美活动中，情感选择、情感加工、情感建构是相互联系、依次递进的。情感选择标志着风景园林审美活动的实质性开始，情感加工展示了风景园林审美活动的深广内容和主体性特征，情感建构体现了风景园林审美活动的情感作用结果。

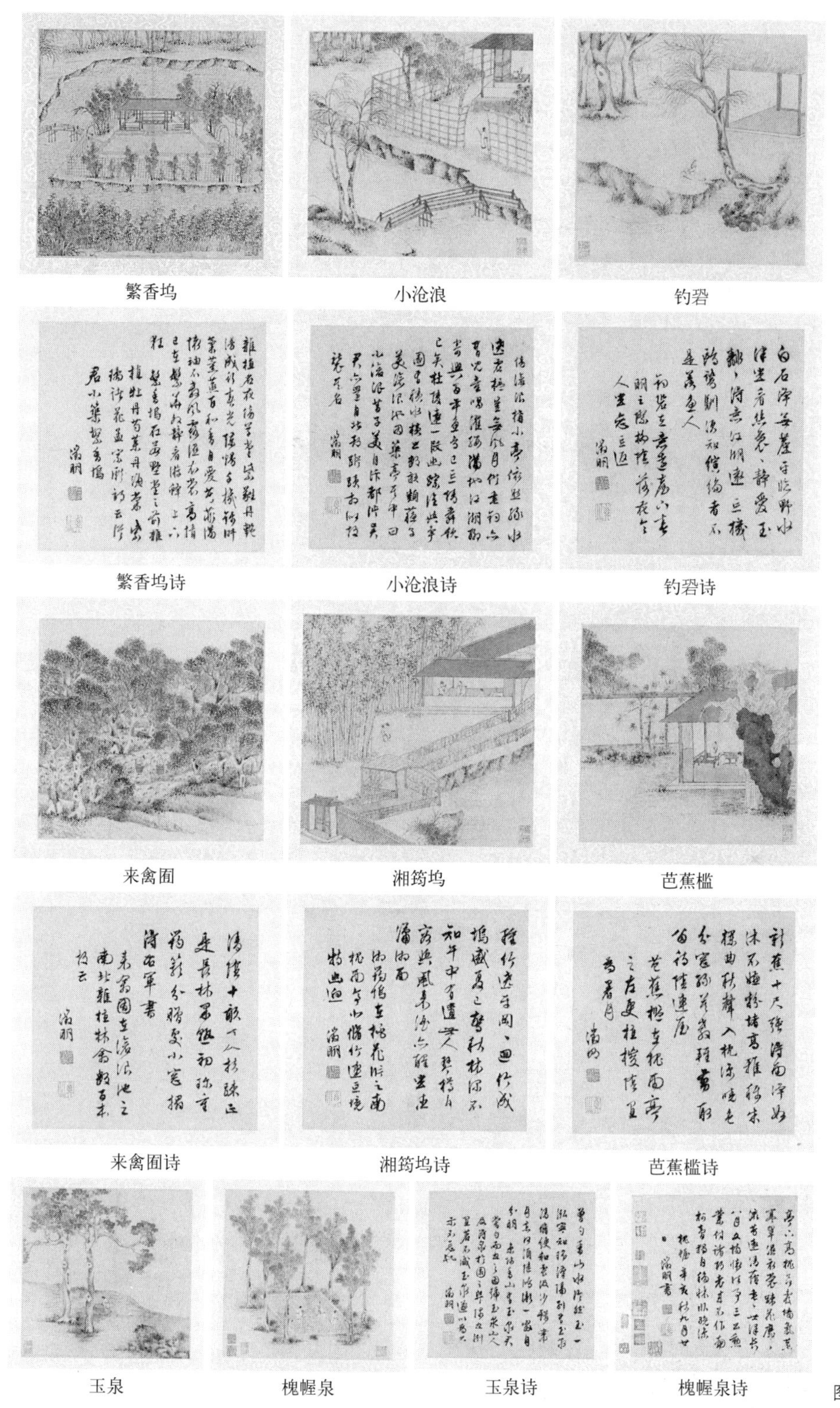

图3–10 《拙政园十二景图》

第四讲　风景园林审美客体

第一节　风景园林审美客体的基本特征
第二节　自然风景
第三节　社会景观
第四节　历史园林

本讲提要：

风景园林审美客体是指在风景园林审美活动中与审美主体相对的对象性存在，往往以其形象属性和形式特征得到审美主体的情感关注和审美观照。风景园林审美客体存在广泛、类型丰富，总是与风景园林审美主体相伴而生、相辅相成，共同构成具体的风景园林审美活动。理解风景园林审美客体的基本内涵与本质特征，把握风景园林审美客体的主要类型与基本特征，是研习风景园林审美客体的核心内容和重要目标。

风景园林审美客体是风景园林审美活动中不可或缺的一方，正确理解风景园林审美客体是把握风景园林审美关系的必要条件。风景园林审美客体是人的一种对象性的存在，是在风景园林审美活动过程中，一切被审美主体审视感知、体验的，具有审美属性的客体对象。风景园林审美客体是审美价值的物质载体，是具有形象表现性、可以追问意义的客体。这种本质决定了风景园林审美客体的总体特征：形象性、感染性与综合性。风景园林审美客体主要包括自然风景、社会景观、历史园林等类型。

第一节　风景园林审美客体的基本特征

风景园林审美客体总是与风景园林审美主体相伴而生、相辅相成，风景园林审美客体与主体在具体的风景园林审美活动中缺一不可。风景园林审美客体的基本内涵可以从三个基本层面进行探讨。

其一，风景园林审美客体是风景园林审美活动中相对于审美主体的一种对象性存在，从而与一般意义上的客观性存在区别开来。

风景园林审美客体与任何客体一样，必须属于“人化的自然”，它是人在风景园林审美活动中所指向的对象，是相对于风景园林审美主体而言的。风景园林审美客体是相对于全人类的实践活动的，而不是相对于个体的。马克思曾说：“从主体方面来看，只有音乐才能激起人的音乐感；对于没有音乐感的耳朵来说，最美的音乐也毫无意义，不是对象，因为我的对象只能是我的一种本质力量的确证，也就是说，它只能像我的本质力量作为一种主体能力自为地存在着那样对我存在，因为任何一个对象对我的意义都以我的感觉所及的程度为限。”这段话清晰地说明了审美客体相对于作为个体的审美主体而言只是一种条件。正如园林被建造出来后即是一种客观存在，具有审美属性的风景园林无疑可以是人们的审美客体，但对于个体的审美主体来说，具有审美属性的园林是不是审美对象，既要看是否契合审美主体的审美需要，更要看主体自身的条件，即主体是否有审美能力。当代现象学美学家杜夫海纳则说得更明确：“是否说博物馆的最后一位参观者走出之后大门一关，画就不再存在了呢？不是。它的存在并没有被感知。这对任何对象都是如此。我们只能说：那时它再也不作为审美对象而存在，只作为东西而存在。如果人们愿意的话，也可以说它作为作品，就是说仅仅作为可能的审美对象而存在。”同理可见，风景园林审美客体是由风景园林审美主体规定的，没有风景园林审美主体，就没有风景园林审美客体。

其二，风景园林审美客体是审美价值的物质载体，区别于没有审美属性的客体。

一般客体对主体有用，在于主体对客体的价值的肯定，而价值的形成以客体所具有的客观属性为前提，物的属性充当着价值的物质载体。风景园林审美客体对风景园林审美主体有用，在于它满足了主体的情感需要，人对园林的生命情感活动代表作为主体的人与作为客体的风景园林的审美属性之间的价值关系进入实际存在。所以风景园林审美客体要具有审美属性，且必须是审美价值的物质载体。风景园林的审美属性应契合人的审美需要、审美标准。从主体方面看，风景园林审美属性必须是一种“令人愉快”的、“为人而存在”的属性。风景园林的“形式美”法则，就是从客体的审美属性中总结出的符合主体审美需要的对形式的审美标准，运用对称、平衡的布局，和谐、适宜的比例；讲究材质与色彩的丰富与统一；注意整体和局部、个体和群体、内部空间和外部空间及环境的协调等。实际上，这类形式正因为达到与人的生命要求的形式的“同构”与融合才引起了人愉快的感觉。园林中的经典如中国的颐和园、拙政园、留园，法国的凡尔赛宫，奥地利的米拉贝尔花园无不以其和谐的形式、奇特的造型、优美的环境等外在形象使人们在风景园林审美活动中展开审美感受、发散审美情思、进行审美体验、获得审美享受。

其三，风景园林审美客体是具有形象表现性、可以追问意义的客体，这是审美价值的核心。

风景园林审美客体既然是在人类的实践活动中成为相对于人的审美客体的，那么它的形成所包含、所象征的意义也是主体能够理解的。当风景园林审美客体作为一种整体形象出现时，其形象必然会具有一种表现性，这一点是由主体的审美需要决定的。主体的审美需要具有层次性，不仅有感官层次的要求，还有心理与精神层面的审美要求，这决定了风景园林审美客体的形象表现性能以形式引起主体的审美注意，能引起主体的思索、表现情感，由此展开联想和想象。中国美学史上有与风景园林形象审美欣赏相关的大量记载。《梦粱录》形容杭州西湖“春则花柳争妍，夏则荷榴竞放，秋则桂子飘香，冬则梅花破玉。四时之景不同，而赏心乐事者与之无穷也。”吴自牧把景和人都置于时间的流程之中，自觉或不自觉地体现了欧阳修《醉翁亭记》中“四时之景不同而乐亦无穷”的美学思想，计成在《园冶》中赞叹园林“拍起流云，觞飞霞伫”的飞动气势，至于《醉翁亭记》《饮湖上初晴后雨》更是关于风景园林的久负盛名、脍炙人口的美文。

形象不仅能引起主体的审美注意，还蕴含一定的意义。这是由主体审美需要的高级层次，即心理意识与精神人格方面的审美需要所决定的。风景园林审美主体能从风景园林所蕴含的意境意蕴中悟出审美境界与审美理想。梁洽在其《晴望常春宫赋》中用“视河外之离宫兮，信寰中之特美；飞重檐之杳秀兮，撩长垣而层趾”四句直抒自己的审美情思。法国的凡尔赛宫以均衡、对称的基本形式，表现出一种向上飞升，超脱尘世的气势美和威严神秘的宗教意蕴。凡尔赛正宫前面是一座风格独特的法兰西式大花园，园内树木花草的栽植别具匠心，景色优美恬静，令人心旷神怡。站在正宫前极目远眺，玉带似的人工河上波光粼粼、帆影点点，两侧大树参天，郁郁葱葱，绿荫中女神雕塑亭亭而立。而近处是两池碧波，沿池的铜雕塑丰姿多态，美不胜收。可见，风景园林艺术不仅具有形象表现性，而且体现了一定的精神内容与审美理想。

风景园林审美客体的本质内涵决定了风景园林审美客体的总体特征：形象性、感染性和综合性。

一是形象性。风景园林审美客体既然要以形象来表现象征意义，就必须要直观地、具体地表达能为人的感官直接感知的存在。比例、尺度、序列、体量、色彩、光照、材质以至诸如“黄金分割”等，风景园林审美客体的形象性由此体现，并以此吸引着主体的审美注意。英国美学家鲍山葵在《美学三讲》中曾经提出两个相反的命题：一个对象的形象既不是它的内容或实质，又恰恰就是它的内容或实质。他认为这两个命题都是对的，因为形象不仅仅是轮廓和形状，而是使任何事物成为事物那样的一套层次、变化和关系，形象是对象的生命、灵魂和方向。鲍山葵说的形象一方面是外部形象，即客体的外在轮廓形状；另一方面指内部形象，即事物内在的结构层次。北京紫禁城御花园小型井亭的红柱黄瓦以及上部华饰犹如瑞莲盛开组成的独立形象，主要靠汉白玉栏杆使之与繁杂的外物间隔，其浓丽绚烂的形象美也靠四周栏杆的白色加以承托。彼得·沃克设计的哈佛大学唐纳喷泉实现了现代园林与自然环境的完美结合，简洁而细腻，浪漫又理性，体现了风景园林审美客体的形象性，其造型既融合于环境，又脱离于环境，给审美主体带来赏心悦目的审美感受和审美体验（图4–1）。

二是感染性。风景园林审美客体不仅具有形态、色彩、材质、线条等审美属性，而且有着深厚的蕴涵，能打动人的心灵，又可追问意义，能引发主体的思索、联想和想象。风景园林以游赏功能为主，其造型可以构成许多富有精神

图4–1 彼得·沃克设计的哈佛大学唐纳喷泉

内涵的感人的形象，足以打动人的情感。风景园林审美客体的感染性特征是明显的，它总是像磁石一样吸引人们的审美注意力，激发人们的情感，引起人们心灵甚至意识层次的愉悦反应。宗教园林少林寺禅苑中，当人们拾级而上，首先映入眼帘的是一尊气定神闲、与世无争的禅定佛像，仿佛抛弃了尘世间所有的烦恼和无明，禅苑竹子的水中倒影营造的淳朴天然的气氛一同构筑了禅宗的意境。竹子是中国文人气节的象征，具有虚怀若谷、清新秀逸的文化精神。当人们身临此境，被建筑与环境的气氛所感染，不觉联想起中国古代的墨竹，联想起中国文人直抒胸臆的潇洒，顿时感觉轻松自在。彼得·埃森曼设计的欧洲被害犹太人纪念馆是世界上最能打动人心的纪念性园林之一，2751块长2.375米、宽0.95米、高从0.2米到4.8米的水泥方碑，造型简洁、纯粹，色调沉稳、肃穆，容易引发审美主体的联想，想起犹太人真实的墓碑。方碑与方碑之间的过道仅容一人通行，人们穿行其间，能够强烈地感受到每个人都只能孤独地直面生与死，每个人都必须深刻反思第二次世界大战中法西斯曾经犯下的弥天大罪。当人们将注意力移向天空时，会发现四周的方碑形成了一个个十字架形的天际线，又不禁为万千无辜死去的犹太亡灵祈祷，祈求他们安息（图4–2）。

三是综合性。风景园林审美客体不仅包括树石、山水、草花、亭榭等物质因素，还包括人文、历史、文化等社会因素。作为一种高级的综合性艺术，园林艺术从一定意义上可以说是一种绘画。因园主长期受到深厚的哲学、美学的陶冶，风景园林审美客体经过各种成熟的艺术——诗词、绘画、工艺美术和建筑交融渗透后，发展成了一个形态完备的独立艺术部类。以现代人的审美眼光来看，建筑多而密的上海豫园并不完全符合现代人的审美情趣，但在“上海唯一留存的明代园林”这一历史因素的作用下，仍有成千上万中外游客去游园欣

图4-2　欧洲被害犹太人纪念碑

赏。对比中外园林，“诗情画意”是中国古典园林追求的审美境界，法国园林则是“最彻底运用建筑原则于园林艺术的”。西方园林运用科技手段，将自然建筑化，表现出抽象性的人工技艺创造；中国园林则更与绘画为缘，将建筑自然化，表现出形象的天然韵律。西方园林开阔坦荡，以整体对称图案见长；中国园林则曲径通幽，以追求诗画意境为胜。

风景园林审美客体作为人居环境的组成部分，存在广泛，类型多样，历史悠久，不断发展。根据人类对于自然的干预程度或称“自然的人化”程度，风景园林审美客体可以分为自然风景、社会景观、历史园林三大类。

第二节　自然风景

自然风景的形成依赖地质、水文、气候等自然因素，人类活动并未产生太多影响，诸如山岳、湖泊、沼泽和峡谷等地区。这一类的环境中有时也有人工构筑物，但并没有影响到总体的自然景观风貌。随着人类活动范围的不断增大，这类自然风景已越来越少，越来越珍贵，它们是地球上的自然遗产，具有不可替代的价值。依据观察自然风景的不同尺度，可以从宏观、中观、微观三个方面进行阐述。

1. 地文风景

宏观自然风景是丰富的自然资源之一，是比较广大的、具有高度美学价值的自然风景。地形、地貌风景主要是在自然环境的影响下由地球内力和外力共同作用形成的。地表各种自然风景的形成和演变直接受地层和岩石、地质构造、地质动力等因素的影响与控制。黄土高原的地貌特征经过漫长的风力和流水侵蚀而形成，大自然的鬼斧神工在起伏的高原表面留下了千沟万壑，具有比较典型的地貌特点有壶口瀑布、太行山脉、高原腹地的黄土塬、黄土柱、黄土桥等，独特的地貌特征形成了黄土高原独特的自然风景（图4-3）。按照我国古代老子、庄子思想的认识，崇尚自然、天人合一、无为而治正是一种最高的审美境界，这种审美理想就是对不加修饰、不加造作、未经人工雕琢的自然风景的最好诠释。辽阔的东非大草原上的坦桑尼亚热带草原上阳光强烈，生长旺盛的野草丛中稀稀拉拉地点缀着高大的金合欢树、猴面包树、纺锤树等非洲特有的耐旱树木，形成典型的热带稀树草原景观。茂盛的林地间环绕着河流、湖泊，滋养着无数热带野生物种，呈现出生物多样性，彰显着坦桑尼亚自然风景的野性（图4-4）。

图4-3

图4-4

图4-3　黄土高原
图4-4　坦桑尼亚热带草原

从多变的气象景观、天气现象、区域气候资源等方面来看，天象气候景观资源包含了岩石圈、水圈、生物圈旅游景观，其中包括能满足身体和心理需要的，可用于避寒的，良好、健康、宜人的气候资源；大气降水形成的雨景、雾景、冰雪景观资源；极光、佛光、幻影、奇异的日月景观等具有偶然性、神秘性形成的独特的天象奇观资源。太阳是和人类有着密切联系的一种天体。万物生长靠太阳，古人对太阳的崇拜有着一种与生俱来的本能反应，这种发自内心的反应当然也会出现在人类在对太阳的审美后主观创造的作品中。太阳所带给人们的灵感，让审美主体可以在其中尽情地发挥。“一百四十年，国容何赫然。隐隐五凤楼，峨峨横三川。王侯象星月，宾客如云烟。斗鸡金宫里，蹴鞠瑶台边。举动摇白日，指挥回青天。当涂何翕忽，失路长弃捐。独有扬执戟，闭关草《太玄》。”李白用“白日”指代帝王，不仅意象甚是恰当，从颜色上讲，一白一青也恰好形成对照，给人以强烈的审美感受。《神曲》中，误入人生困惑的但丁在象征理性的维吉尔的引导下，经过种种苦难和磨炼，最后在象征信仰的贝雅特里齐的带领下来到金碧辉煌、光芒四射阳光笼罩下的上帝所在，让迷途者进入一种至上至美的人生境界。

2. 水域风景

名山大川、江河湖海是中观自然风景审美客体的主要组成部分，其审美价值主要表现在形式属性方面。庄子在《知北游》中说到“天地有大美而不言，四时有明法而不议，万物有成理而不说”，号称“山中宰相”的南朝名士陶弘景也曾写道：“山川之美，古来共谈。高峰入云，清流见底。两岸石壁，五色交辉。青林翠竹，四时俱备。晓雾将歇，猿鸟乱鸣夕日欲颓，沉鳞竞跃。实是欲界之仙都，自康乐以来，未复有能与其奇者。”这些山川、清流等自然风景的审美形态及其特征的呈现，给人以耐人寻味的审美联想。一般来说，不同存在形态的自然风景在审美价值上表现出不同的层次。首先是以形、色、声、味等因素构成的外在感性形式属性，其次是在自然环境因素与风物传说作用下表现出的动态属性，再就是具有人文内涵和体现人文理想观念的象征属性。

闻名遐迩的中国第一大瀑布贵州黄果树瀑布，夏秋季节水量丰沛，瀑布如黄河倒倾，峭壁震颤，谷底轰雷，十里开外，也能听到它的咆哮。由于水流的强大冲击力，溅起的水雾可弥漫数百米以外，给人以宏伟雄浑之感（图4–5）。18世纪发展起来的阿尔卑斯山自然风景审美中，诗人用褒扬的词语赞扬山脉，画家和诗人促成了公众对山地审美态度的改变，成为崇高的典范，山地自然风景也成了景观绘画十分流行的主题之一，J·H·卡斯的《温特沃斯瀑布、蓝山、新南威尔士》、尤·金·冯圭拉德的《米尔弗德峡湾、新西兰》都反映并影响了对山岳自然风景的审美欣赏。

图4–5 贵州黄果树瀑布

3. 森林植被风景

微观自然风景主要涵盖了奇峰怪石、木林植被，审美主体在心境、物我之间互相转化，心在高远之时可以到达心游，可以得到物我两忘的境界。自然山水千奇百怪、无规律可循的特点，观赏对象的时空变化以及领略奇峰怪石风光时的距离和视点，对审美体验的获得具有重要的影响。苏轼《题西林壁》诗云："横看成岭侧成峰，远近高低各不同。不识庐山真面目，只缘身在此山中。"说的就是移步换景的道理。观赏山岳景物，人们大抵采用远眺、近察、正视、侧视、仰望、俯瞰等各种审美观照方式。由于距离不同，视点相异，审美体验每每大异其趣。有的风景适合远望，倘若距离太近，便看不到其全貌和整体；有些山景必须仰视，否则不能感悟它的巍峨雄壮、挺拔崇高；有些山景又必须俯瞰，否则就不能宏观、全面地把握它的审美价值。还有些峰峦风光，非从一定的角度、在一定的光线下观看，不能发现其审美属性。例如傍晚暮色中的雁荡山灵峰，从正面观看似一对相偎相抱的情侣，故被命名为夫妻峰；沿着蜿蜒的山路从侧面观看，则酷肖健美女性的乳胸，故又称双乳峰；而在白昼阳光下的不同角度远远望去，灵峰还可被冠以"老鹰峰""合掌峰"之名……这便是"步移景移，景随步换"的生动写照（图4-6）。

图4-6 雁荡山灵峰

另一方面，主体通过对植物生长习性和姿貌形态的仔细揣摩与品味，经过内心移情和外植而展开审美心理活动。森林是人类生存环境的主角，也是社会文化创造的重要生态土壤。艺术社会学理论中，气候和地理环境，如海洋、河流、湖泊、森林生态系统等，是一个民族性格乃至民族文化形态建构的重要动因。以德国文化和森林的相关性为例，德国格林童话如《白雪公主》《灰姑娘》《森林中的三个小矮人》《森林里的房屋》等，都以森林为背景；德国音乐的创作源泉之一也是森林，莫扎特的单簧管所刻画出来的自然景观常有德国森林迷

图4–7 德国黑森林

人的色彩和氛围；森林还是德国诗歌的重要主题和德国哲学的摇篮，是“森林间的孤寂”，“森林才能营造出来的那种深沉而甜美的宁静”，培育了哲学家走向内心进行深刻反思的逻辑品格（图4–7）。

第三节 社会景观

社会景观是人类生产生活改造后的自然，表现在景观方面是文化景观。人类由于生存的需要，在遵循自然规律的前提下，对土地、植被等自然资源施加了各种影响，进行了一定的改造。尽管第二自然的形成以生产和实用为目的而非视觉和美学，但往往是顺应并融合了第一自然的，与人类活动联系在一起的，体现了人与自然和谐共处的关系。按照人居环境的属性类别可以将社会景观划分为乡村景观、城市景观、遗址景观和人类伟业景观。

1. 乡村景观

乡村景观显现出的具有地域性、时代性和文化性特征的审美风格，在不同地区的地理差异下表现为地理、文化和空间关系的多样性。海德格尔以人的存在作为基点审视诗意的栖居：“只有理解了人类的生存本质，才能理解人类的生存空间。”长久以来，人地关系表现的基本实质是人类的生存，乡村审美观念的深层实质基于人地互动本质的表现。乡村景观审美客体的主要类型按照这种本质属性可以划分为生态性景观、生产性景观和生活性景观。

乌鲁的聚落位于南美洲的喀喀湖边，喀喀湖是世界上海拔最高且大船可通航的高山湖泊。这里群山环绕、空气清冽、阳光充足、水域广阔，盛产一种被称为“托托拉”的芦苇，湖西南岸边漂浮着51个金黄色的“托托拉”浮岛。远远望去，水天一色，天际线舒缓而悠远，一望无际的芦苇丛中有纵横交错的水道，浮岛点缀其间。

在华兹华斯的诗歌《强者沉默不语》中，人们对于自然的描绘丝毫没有脱离春耕时节的真实状况。“风一阵紧过一阵从农场吹向农场，但却没有吹来人们希望的浪漫风气。也许在另一个世界多少有点风尚，但强者在看到它之前会沉默不语。”在劳作中，生产性景观催生了人的审美想象，令人萌发诗歌创作的灵感，实现了眼睛、心灵和头脑的审美统一。

我国西南地区的傣族村寨择水而居，沿路而聚，其干栏式建筑，简洁大方（图4-8）。聚落具有人神共居的原始理性精神和独特的景观建造方式。傣寨外，青山环翠、绿水淙淙，傣寨内，花繁似锦、绿树成荫，可谓“房前屋后绿，满园花果香。林中栖白露，江鱼跃斜阳”。傣族将对自然和生活的热爱落实在村寨的营造建设中，创造了和美安宁、生机勃勃、和谐亲切，处处充满美，时时体现人性的傣寨。中国古代农耕生活与历史文化交融演替形成的共在景观，孕育了中国乡村生活性景观的素雅审美模式。托拉加族的传统聚落一般分布于地势较平坦的区域，他们的居所是一种被称为“船型屋”的东南亚传统高脚木屋。船型屋规模形式相近，成行排列、相对而立、秩序井然；造型表现夸张、线条流畅；长脊短檐，脊部两端翘起，檐下装饰着牛头骨，不仅满足了防雨遮阳的居住需求，更被赋予了自然的象征意义，与船、鸟、牛角等形象相联系。相传，托拉加族的祖先以船渡海，千里迢迢从印度等地移居而来，因

图4-8 傣族村寨

此，船型的建筑是他们对故土以及迁徙历史的纪念和追忆，也是信仰和精神的寄托。

我国的乡村景观具有突出的多样性和丰富性。就中国传统村落而论，全国已有六批共8171个传统村落入选中国传统村落名录。这些传统村落地域分布广泛，风貌特色鲜明，不仅展现了中国农耕文化的生存智慧和生活理想，是世界文化遗产的多样性存在和丰富性发展的优秀范例，而且在乡村振兴的战略推动和绿色发展的创新实践之下，构建并呈现了更加丰富多样的美丽中国乡村景观。

2．城市景观

城市景观使人们在城市生活中具有舒适感和愉快感，是人居环境景观的又一种社会景观形态。对“城市”的理解一直以其人文性与功能性内涵作为核心要义。城市景观作为一座城市的物质形式外观，必然以人文景观为主导，以满足人的功能需求为根本目的。

城市景观审美客体主要包括现代城市建筑、城市公园、城市广场、历史文化街区等，在先进的工业文明和发达的科学技术的推动之下建立起来的现代城市中有高耸入云的摩天大楼、气势恢宏的城市广场、车水马龙的繁华街道……这些都是城市的标志性景观，象征人类最高端的智慧和最奢华的享受。广州塔给人强烈的感官刺激的同时，也给人强烈的美感，“是一种筑基于高科技与工业生产的美”，只有在注重功能性与人文性的城市景观中才能充分体现（图4–9）。

城市公园增添了多样化的城市景观审美视角，既有对乡土田园的诗意歌咏，又有对城市人性异化的批判意象，还有对城市文明进程的怀疑与焦虑。崇尚自然，贴近自然，让自然在城市中自然地生长，将城市建设成山水园林城市，使原生自然风景与城市人文景观和谐并存，在景观中实现人与自然的和谐相处，才是景观极致。这是城市景观美学的终极追求。纽约中央公园，在林立的高楼大厦间如同一片宁静的世外桃源，秋日午后的斜阳洒在林间，如同一道道金色的

图4–9 俗称“小蛮腰”的广州塔景观

光瀑，让穿梭其中的人们忘却钢筋水泥的城市，如同置身于自然丛林之间。日本的圆山公园，秋季满地萧瑟与红枫飒爽，道路上铺满了熟透的枫叶，将整个场地都铺成一片红色的花海。徜徉在红色的天地之间，嗅着它的迷人芬芳，游人沉醉于这个梦幻世界。英国海德公园绿草如茵，花团锦簇，远处天际一线，为公园的氛围增添了一份情趣。天空中飞过的鸟群发出悦耳的声音，在林荫大道上享受迎面吹来的微风，一切都显得幽宁清静。伴随公园内悠扬的音乐声响起，公园里的人群像脱了缰的野马，尽情沉醉于这动人的音乐。正如散文《解读公园》里所说："音乐喷泉、雕塑、画廊、拱桥、楼台亭榭等人造景观与绿树、花香碧波、白鹭、夕照等自然风光共生共荣，城市就是一个大花园，人们有幸在花园式的环境中生活着，是一种奇缘和幸福。"

历史文化街区在人类城市发展史上由来已久。古罗马、古印度和中国隋唐的长安城都以网格为城市布局，虽然形态相似，但精神内涵和审美意象却各不相同。罗马的城市是以公共广场为核心的城市思想，印度是以神庙为核心的城市思想，而长安则是以宫殿为核心的城市思想，分别代表着不同的城市空间观念和审美追求，即民权的世界观、神权的世界观和王权的世界观（图4-10）。

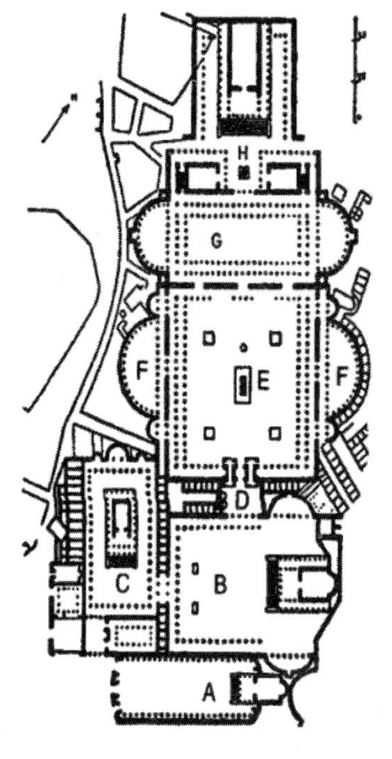

罗马的帝王
A 奈乏广场（Forum of Nerva，公元90年）
B 奥古斯都广场（Forum of Augustus，公元前30年）
C 恺撒广场（Forum of Casar，公元前40年）
D 图拉真广场前的凯旋门
E 图拉真像
F 广场内的市场
G 巴西利卡
H 图拉真纪功柱

图4-10 罗马城的帝王广场群

3．遗址景观

遗址景观给人类以近距离了解遗址文化的机会，提高了空间的历史审美文化品位。遗址景观的生命力建立在不可复制的文化积淀上，触动人们心底最真实的情感去体会它、呵护它和利用发展它，能使遗址文明能生生不息地流传下去，还能挖掘更多的艺术潜力与资源，为公众带来审美情趣。遗址景观按照影响因素多元化可以划分为宗教遗址景观、政治遗址景观、古城遗址景观和文化交流景观。

吴哥窟宗教遗址景观被称作柬埔寨国宝，历时三十多年才完工，是世界上最大的庙宇类建筑，最早的高棉式建筑。如今站在吴哥窟面前，我们能感受到千年前吴哥窟的恢弘壮美，这便是人类伟业之魅力（图4–11）。政治遗址景观哈德良长城是古罗马世界最长的墙，也是古罗马人有史以来建造的最大建筑，位于英国的不列颠岛上，极尽可能地利用天然资源增加防御等级，完整地代表了罗马帝国时代的戍边系统，展现了古代人民在军事防御方面的伟大智慧。平遥古城始建于周宣王时期，还较为完好地保留着明清时期县城的基本风貌，是中国汉民族地区现存最为完整的古城遗址景观，被称为世界“保存最为完好的四大古城”之一，是以整座古城申报世界文化遗产成功的两座古城市之一。平遥古城为人们展示了一幅非同寻常的文化、社会、经济及宗教发展的完整画卷（图4–12）。西方著名的古城遗址景观有庞贝古城、玛雅城邦、雅典卫城等。庞贝古城位于意大利南部那不勒斯附近，是一座背山面海的避暑胜地。这里的历史遗存为了解古罗马社会生活和文化艺术提供了重要资料。

图4–11

图4–12

图4–11 吴哥窟宗教遗址景观

图4–12 平遥古城街景

始建于公元前486年，包括隋唐大运河、京杭大运河和浙东大运河三部分的大运河，至今已延续了2500余年，是中国古代劳动人民创造的一项伟大的水利建筑，是世界上开凿最早、规模最大的、最长的运河。其中京杭大运河作为南北的交通大动脉，历史上曾起过“半天下之财赋，悉由此路而进”的巨大作用，也成为连接不同地域、不同民族文化的纽带。全长360公里，连通大西洋和地中海的法国米迪运河始建于国王路易十四时期，是17世纪最宏大的土木工程项目之一，整个航运水系涵盖了船闸、沟渠、桥梁、隧道等328个大小不等的人工建筑，创造了世界现代史上最具辉煌的土木工程奇迹。运河设计师创造性地将运河与周边环境巧妙地融为一体，产生和谐自然的审美效果，堪称建筑技术史上的瑰宝。

4. 伟业景观

伟业景观塑造了人化自然的形象，以创新性成果丰富和美化人居环境建设，创造了新的社会景观形态。人类伟业景观包括农林工程景观、水利工程景观、工业景观、交通工程景观和社会工程景观等。

红河哈尼梯田位于云南省红河州，是以哈尼族为主的各族人民创造的农林工程景观文明奇观，它具有面积大、地势陡、级数多、海拔高的特征。同时由于水源丰富、空气湿润、雾气变化多端，山谷和梯田显得尤为含蓄生动。哈尼族先民自隋唐之际进入此地区就已开垦梯田种植水稻，梯田景观展现了他们巨大的想象力、创造力以及惊人的智慧和勇毅。菲律宾北吕宋的高山梯田以悠久的历史、广袤的面积和令人叹为观止的建筑技术而闻名世界，同样显示了古代人民辉煌的文化和高超的技艺。

港珠澳大桥是力学、化学、桥梁建造工艺与美学相结合的经典水利工程景观，它是由来自天南海北的、数以万计的建设者们共同完成的“超级工程”，堪称人类桥梁建造史上的新典范。港珠澳大桥展现了“超级工程”“中国制造”背后的国魂匠心，是最鲜活、最动人的中国故事，是改革开放40年来国家发展繁荣的缩影，是中国精神、中国智慧和中国力量的绝佳诠释和生动呈现（图4–13）。

弗尔克林根钢铁厂位于德国萨尔佛尔克林根，拥有百年以上的历史，它在1994年成为联合国教科文组织指定的世界文化遗产，是第一个世界文化工业纪念物，代表了钢铁工业的黄金时期。弗尔克林根钢铁厂见证了早期的科学技术史和工业文明史，其所在城镇的历史和命运也从此与工业时代休戚相关、密不可分，因此可以激发出人们对工业文化的无限审美联想以及丰富的审美想象。

奥地利东部的塞默林铁路位于维也纳至的里雅斯特的丛山峻岭间，线路落差439米，是世界上第一条完全使用镐头等工具在高山上开凿的铁路，也是世界上第一条被列入世界文化遗产的铁路，被世人誉为“欧洲最伟大的工程之一”。

为探索太空而修建的中国天宫空间站景观（图4–14），可持续发展背景下的新能源光伏电站景观，信息时代中宏大的计算机中心城景观……都是在高新技术发展下产生的新型景观类型，通过对这些景观的审美学习，可以感受到人类不断探索、不断追求的理想以及敢于创新的精神品格和文化精神。

图4–13 港珠澳大桥景观

图4–14　中国天宫空间站景观

第四节　历史园林

历史园林是人们按照美学规律和审美原则而建造的景观，往往模仿第一或第二自然而建造，是对这两者的再现或抽象，东西方各种风格的传统园林都属于这一范畴。按照园林的权属性和文化性可将历史园林分为皇家园林、宗教园林和私家园林。

1. 皇家园林

皇家园林必然反映皇室威仪、四海统一、皇权巩固的主旨，它们的主人或是东方的皇帝，或是西方的君王。从本质上讲，皇家园林重国家政治，少个性化主题，更多地体现了皇权至上、天下一统的政治文化意义。皇家园林在园林的规划设计、建设施工、景点设置等方面都体现了皇家的生活规制和审美追求。

中国的皇家园林虽然追求山林野趣、鸢飞鱼跃的自然风景，恰如“翳然林水，便自有濠、濮间想也”，“若夫崇山峻岭，水态林姿，鹤鹿之游，鸢鱼之乐，加之岩斋溪阁、芳草古木，物有天然之趣，人忘尘市之怀。”“凿池观鱼乐，坦坦复荡荡。泳游同一适，奚必江湖想”但这只是皇家园林截取私家园林中的片段移植而成，像古代西方那样震慑一切的神权在中国相对皇权而言，始终是次要的、从属的地位。在中国，有一整套突出帝王至上、皇权至尊的礼法制度渗透到与皇家有关的一切政治仪典、起居规则、生活环境之中，表现为所谓皇家气派，而园林作为皇家生活环境的一个重要组成部分，由此形成了有别于其他园林类型的皇家园林。圆明园是以水为主的大型园林，园中人工湖泊罗布，水道纵横，主次脉络分明。乾隆五十年（1785年）英使马嘎尔尼来华游览圆明园时说："此园为皇帝游息之所，周长十八英里。入园之后，每抵一处必换一番景色，与吾一路所见之中国乡村风物大不相同。盖至此而东方雄主尊严之实况，始为吾窥见一二也。园中花木池沼，以至享台楼榭，多至不可胜数。"全园利用开挖水系的土堆山，制造人工山林，结合水系分布而透迤起伏，形成犹如天然图画的山水空间，为布置功能与形式各异的建筑创造理想环境（图4-15）。

图4-15 圆明园盛时鸟瞰图

朝鲜昌德宫是第三代王朝太宗五年（1405年）作为景福宫的离宫修建的。昌德宫在自然地形上种花植树，修建莲花池，使建筑与以自然景观为背景的园林相互融合。昌德宫建制的思想是"山是宇宙的基本，岩石是其骨架；水是其血液，树木和花草是其毛，雾又是其气味"的自然观，意图使人同化在自然之中，彰显长生不老的神仙思想和自然主义思想（图4-16）。

2. 宗教园林

宗教园林往往历经成百上千年的持续开发，积淀着宗教史迹与名人历史故事，记录了历代文化雅士题刻的摩崖碑刻和楹联诗文，蕴含着丰厚的历史和文化游赏价值。寺观园林是中国历史园林的一个分支，论数量，它比皇家园林、私家园林的总和要多得多；论特色，它具有一系列不同于皇家园林和私家园林的特长；论选址，它突破了皇家园林和私家园林在分布上的局限，广布在自然

图4-16 昌德宫景观

环境优越的名山胜地。正如北宋赵抃诗道，“可惜湖山天下好，十分风景属僧家”，也如俗谚所说，“天下名胜寺占多”。寺观园林的优势在于自然景色优美，环境景观独特，天然景观与人工景观的高度融合，内部园林气氛与外部园林环境的有机结合。隆兴寺作为宗教寺庙与园林艺术的结合体，无论是建筑布局、园林空间，还是雕像、壁画、匾额、碑碣等艺术品，审美价值丰厚（图4–17）。

国外比较著名的宗教园林有瑞士圣高尔大教堂、罗马圣保罗大教堂、巴塞罗那圣家族大教堂（图4–18）、意大利米兰帕维亚修道院等。圣高尔教堂于公元9世纪初建在瑞士的康斯坦斯湖畔，全院由三部分组成，西部、南部的仓库、食堂作坊等附属设施与东部的菜园、果园、僧房、医院围绕着中央的教堂及僧侣用房以及院长室，这样的布局是教会神权至上的集中反映。由于基督教提倡禁欲主义，反对追求美观和世俗享乐，因此装饰的美化效果极弱，园林更多的是营造庄严静谧的空间氛围，以保持宗教的神秘性。

3．私家园林

私家园林的建造大多与生活享乐有密切关系，经过历代匠师的创造，以人工设计建造天然优美的景物，点缀环境，形成了独具风格的传统文化审美特

图4–17

图4–18

图4–17 京外名刹隆兴寺

图4–18 巴塞罗那圣家族大教堂

色。中国私家园林虽有依托自然山水形基础上稍加经营而成的山水园，但多为城市宅园，面积不大，代表作有诗人王维的辋川别业和作家司马光的独乐园。但就是在这小小的天地中营造出了无限的境界，正如明代文震亨总结的那样“一峰则太华千寻，一勺则江湖万里”。著名的江南私家园林有无锡的寄畅园、扬州的个园、苏州的拙政园、留园、网师园和环秀山庄狮子林等。北方私家园林则有翠锦园、勺园、半亩园等。“江南四大名园”之一、素有“金陵第一园”之称的瞻园对自然山水的移缩模拟达到了浑然天成的效果，远可观其势，近可赏其质，体现了“天人合一”的审美理想。瞻园通过对自然要素的概括、提炼，成功地营造出“虽由人作，宛自天开”的意境。园中，“天人合一”的审美理想表现为山水仿写自然，建筑融于自然。瞻园假山叠石的处理如同一幅写意山水画，三山各具特色，兼顾了景观效果与游赏需求。远观北山，其势高远；近观南山，前后层次深远；登西山观南北，两山平远。山上设置登山小径，曲径通幽；水体模仿溪涧、幽池、飞瀑、平潭等自然水景，紧密配合山体骨架，山水相绕、灵动多变，达到了“山得水而活，水得山而媚”的境界；山间有竹林、梅岗、松浪、碧桃、红枫，季相变换，落英缤纷，复返自然。园林建筑在全园的占比较少，因地制宜，建筑风格古朴雅致，细部装饰通透灵巧，与周围环境融为一体（图4-19）。

兰特庄园是规则式布局为主的巴洛克风格的私家园林，设有小径和喷泉，其空间形态与花园紧密联系、相互呼应。就轴线和比例而言，轴线鲜明，布局对称，其平面构图上各园林要素间存在比例关系，且被有秩序地进行设置。方形水池周围一面为建筑，另三面皆以树篱进行边界围合，将游览视线以水池为

图4-19 金陵第一园——瞻园

中心转入猎苑林园。因台地园高低落差，园林的视线较为开阔，整体空间视觉效果开敞明朗。就点景水法而言，水景设计精良而又节制，每个喷泉都有故事，台阶坡道上叠水层层最后落入底部半圆形河神泉池，哗哗流动的水声和四溅的水花打破了整个花园的静态，使得兰特庄园园林更为活泼灵动（图4-20）。

图4-20 兰特别墅园林景观

第五讲 风景园林美的生成机制

第一节　风景园林美学的哲学基础
第二节　风景园林美来源于客体审美属性
第三节　风景园林美取决于主体审美需要
第四节　风景园林美生成于风景园林审美活动

本讲提要：

风景园林美学研究必须立足于科学坚实的哲学基础之上，理当反思传统美学研究的认识论（又称知识论）哲学基础，借鉴价值哲学的研究成果，植根于生存论哲学美学基础。风景园林美不是预先存在的，不等于风景园林审美客体或其属性，也不是风景园林审美主体的主观感受，而是在风景园林审美活动中生成的。风景园林美是风景园林审美客体的审美属性与主体的审美需要在风景园林审美活动中契合而生的一种价值。离开具体的审美活动和审美关系，离开特定的审美主体和对应的审美客体，美就无从谈起。风景园林美的生成机制包括三个要点：来源于风景园林审美客体的审美属性，取决于风景园林审美主体的审美需要，产生于风景园林审美活动之中。

第一节 风景园林美学的哲学基础

风景园林美学理论研究必须立足于科学而坚实的哲学基础。我国的美学研究长期以来沿袭欧洲古代以来的认识论（知识论）哲学。美学研究的认识论哲学基础和认识论化倾向必然地导致了对认识论研究模式的套搬，极大地影响了中国美学的研究目标、研究方法、研究范式等，甚至导致了美学理论品质的贫瘠和学术品格丧失。因此，在讨论风景园林美的生成机制时，我们应反思美学研究的哲学基础并做出新的选择。

美学研究的哲学基础是生存论哲学，而非认识论（知识论）哲学。在生存论哲学看来，人作为“在世之在”，首先生存着；在人的生存和发展过程中，人相对于周围世界的关系首先是一种意义关系，而不仅仅是一种抽象的求知关系。审美作为人的生存方式之一，其秘密只能从人的生存中加以破解。也就是说，美的存在和意义的获得，是以人的存在为前提的，是与生存着的人不可分离地关联在一起的，是在人的生命活动中显示出来的。因此，只有返回到人的生存状态中去，美的秘密才会被揭示出来。

从人类生存论的哲学基点出发，风景园林美学的研究对象和逻辑始点是风景园林审美活动。通过人对风景园林的审美活动，一方面，作为主体的人的审美需要可以得到满足，从而确证了人的生存和生命活动；另一方面，作为客体的风景园林审美客体属性激起人的情感愉悦，从而确证了自身向人生成的审美意义。正是人对风景园林的审美活动，才使作为主体的人和作为客体的风景园林处在审美关系之中，才使风景园林的审美属性和人的审美需要发生契合，从而使作为主体的人产生一种精神上的愉悦感。由此可见，人对风景园林的审美活动本质上是一种价值活动，风景园林美就是在这种活动中产生或形成的一种价值。

依据价值哲学，价值来源于客体，取决于主体，产生于实践。价值来源于客体，客体作为人的生存和发展的客观条件，具有满足人的物质、文化需要的属性；价值取决于主体，价值虽是来源于客体的一种属性，但它绝不取决于客体，也不等同于客体的属性，而是在客体属性与主体需要发生一定关系时产生的。可见，主体需要是价值生成的关键条件；价值产生于实践，说明价值产生于主体与客体的实践关系中。价值存在于人类价值关系的运动之中和存在于人类的价值活动中。价值活动是一种主体性的活动，主体的需要是动力、根据，客体是主体所选择的对象和价值载体。没有主体的需要，就不会有人的实践活动。人的实践不仅因自身的目的性，既满足人的需要而选择了具有特定价值属性的对象或价值载体，而且还推动人的需要的发展并产生新的需要。任何价值都不是一种实体性存在，既不是主体，也不是客体。任何价值都离不开主体，也离不开客体。

价值哲学认为，客体本身无所谓美、丑、好、坏之分，如英国哲学家罗素所言："在价值的世界里，自然本身是中性的，既不好，也不坏，既无需赞美，也无需谴责。创造价值的是我们，授予价值的是我们的欲望。"风景园林本身亦无所谓美、丑、好、坏之分，风景园林美本质上是人对风景园林的情感肯定的价值。立足于人对风景园林的生命情感活动，我们不仅可以求证出风景园林美实质上是风景园林的审美属性与人的审美需要契合而生的一种价值，而且我们可以更清楚地认识到，风景园林美学研究的最为重大而艰巨的任务在于探究人对风景园林的生命情感活动何以可能，也就是说，在于深入研究人对风景园林的生命情感活动的两个关系项，即风景园林审美活动中作为客体的风景园林审美属性和作为主体的人对风景园林的审美需要。

风景园林美本质是风景园林的审美属性和人的审美需要在风景园林审美活动中契合而生的一种价值。风景园林美不是预成的，而是生成的。风景园林美的生成机制包括三个要点：风景园林美来源于风景园林的审美属性，取决于人的审美需要和审美趣味，产生于人对风景园林的审美实践活动之中。也就是说，风景园林的美之所以产生，既不能脱离风景园林审美对象，也不能单纯地归结于审美主体，只有二者协同作用才能产生风景园林审美效应。风景园林美的生成机制表明，风景园林美不等于风景园林的审美属性。风景园林的审美属性，如风景园林的自然适应性、社会适应性和人文适应性，是风景园林美生成的必要条件，但不是充分条件。人对风景园林的审美需要和审美趣味是风景园林美生成的关键，没有主体的审美需要，或者说，风景园林的审美属性不与人的审美需要结合起来，就不会有风景园林美的生成，这种结合的过程就是人对风景园林的情感价值活动和生命体验活动。

第二节 风景园林美来源于客体审美属性

风景园林美的生成来源于作为审美客体的风景园林的审美属性。审美属性主要包括形式属性、表现属性和启示属性三个方面。形式属性指的是风景园林客体的色彩、造型、比例、尺度、体量、空间等人的感官直接感知的属性；表现属性指的是与主体的审美需要结合、相近、相关的属性；启示属性则是强调能够激发审美主体对生命轨迹、宇宙本源等问题的感悟和思索的属性。审美属性归根到底就是客体可以使主体展开情感体验并享受情感愉悦的属性。

1. 形式属性

形式属性是风景园林审美属性的基本表现。以客观的形式要素存在，能够使审美主体在感官层次上产生情感愉悦的属性，称之为审美客体形式属性。在风景园林审美客体的审美属性中，具体地表现为风景园林审美客体的形态、体量、肌理、色彩、尺度、韵律等视觉要素，自然声调、音色、节奏等听觉要素，以及不同层次香景组成的嗅觉要素。线条、色彩以某种特殊方式组成某种形式或形式间的关系，能够激起我们的审美情感。不同的材质给人以不同的审美感受，混凝土给人以粗犷质朴之感，大理石光滑、典雅而坚硬，木材温和平实，金属则表现出强烈的工业感和时代感。如在中国传统园林和山水绘画中，对石头的审美便有：瘦、透、漏、皱、丑、拙、雄、峭的姿态差异。不同的色彩给人的审美感受亦有所不同，南、北园林建筑色彩有明显的区别，北方皇家园林色彩富丽（图5–1）、南方私家园林色彩淡雅（图5–2）。此外，景观的尺度和韵律也传达出不同的视觉感受，中国西南的梯田景观以阶梯的形态给人以韵律感（图5–3），华北平原的农业景观通过平缓自然的斑块给人以辽阔无垠的空间体验感（图5–4）。

图5–1 富丽的北方皇家园林——故宫

图5—2 淡雅的南方私家园林——留园

图5—3 云南元阳哈尼梯田

图5–4　华北平原农业景观

2. 表现属性

审美客体的表现属性是与主体的审美需要相合、相近、相关的属性，是客体能够引发主体情感体验和情感愉悦的属性。20世纪初，克罗齐提出了艺术表现论，认为美的本源在直觉，直觉是心灵自主的活动，是心灵创造力的表现。柯林伍德提出，艺术的本质在于情感的表现，艺术的审美价值在于欣赏者在想象中体验到创作者的真情。中国文人园林中，诗人种上一株梅花，是把她当作情人来爱护的；养几只鹤，是把她当作亲人来关心的。宋代诗人林逋隐居杭州孤山"种梅养鹤"，后人称他过的是"梅妻鹤子"的生活。他的咏梅诗《山园小梅》后四句"霜禽欲下先偷眼，粉蝶如知合断魂。幸有微吟可相狎，不须檀板共金樽"把梅花当作恋人的一片痴情，便是诗人将爱慕恋人的无限深情，倾注到梅花身上，融合了二者的精神距离。在中国古典园林中，石头的审美艺术都是有呼吸和脉搏的客体表象。例如苏州留园中的冠云峰（图5–5），我们从她在浣云沼的倒影中可以看到，冠云峰的整体外形酷似一位水边出浴后化妆的少女，园主用浣云沼洗涤冠云峰，其实就是在隐喻自我洗涤，修身养性。苏州怡园"石听琴室"庭院里的许多太湖石特别设置立石（图5–6），都是在倾听诗人弹琴的文人雅士的抽象雕塑。

图5–5　苏州留园冠云峰

图5-6 《怡园图册·石听琴室》

园林植物配置中，“梅兰竹菊”四君子、岁寒三友等被广泛运用，根本原因在于它们作为审美客体而具有的表现属性。从北宋诗人林逋的咏梅《山园小梅》：“众芳摇落独暄妍，占尽风情向小园。疏影横斜水清浅，暗香浮动月黄昏。霜禽欲下先偷眼，粉蝶如知合断魂。幸有微吟可相狎，不须檀板共金樽。”到毛泽东读了陆游的《卜算子·咏梅》再续一首与陆游的词风格不同的咏梅词：“风雨送春归，飞雪迎春到。已是悬崖百丈冰，犹有花枝俏。俏也不争春，只把春来报。待到山花烂漫时，她在丛中笑。”前者赞颂了冲寒盛放的冬梅暗香疏影的幽雅韵致、秀朗风情和清丽身姿，借喻超尘绝俗的高尚情操；后者讴歌了坚韧不拔的形象和威武不屈的精神。

3．启示属性

在审美活动中审美主体总是追求无限，通过审美联想和情感想象，希望超越现实的审美客体，超越时间和空间的限制，在瞬间中领悟到永恒的境界。并不是所有的风景园林存在都具有启示属性，但能够亘古流传的风景园林审美客体，都必然蕴含着一定的深义，让人能够在其中感受到生活的本质，引发对生与死的思索和感悟。自然界里的日月星辰与气象景观、江河湖池与水域景观、天下名山与地文景观结合审美主体的无尽想象，其启示属性都可以变得深刻、阔达。作为气象因素的雨景，使得平常的景物有了虚实、动静、藏露之韵味，往往营造出微妙深远、生机勃发的雨境。我国许多地方都有雨景胜迹，如蓬莱十景之一“漏天银雨”、峨眉十景之一“洪椿小雨”、桂林“訾洲烟雨”等，

图5-7　南迦巴瓦大桑树冥想台

借雨造景的有拙政园“听雨轩”、嘉兴“烟雨楼”等。烟雨朦胧，如诗如画，是最让人向往的脱俗离尘的意境。佛光，是山峰上云雾对小水滴的折射和衍射作用造成的一种光学现象。佛家说宝光是普贤菩萨向凡夫俗子显露真容，随缘应化，因此佛光也承载了人们的宗教信仰。蜃景，常出现于沙漠和沿海地带。宋代沈括在《梦溪笔谈》中就提及到“海市蜃楼”。海市蜃楼一般都会让人联想到仙山、神仙，如白居易的诗句“忽闻海上有仙山，山在虚无缥缈间”就将蜃景描绘成虚无缥缈的仙境之景。彼得·沃克极简主义景观通过几何的韵律启发人们在有限中思考无限。张珂的南迦巴瓦大桑树冥想台通过桑树、岩石、石凳和白色碎石的景观要素在三角形地块的有机组织，引导观者坐立其中，完成一次从表及里、从物质到精神的冥想行为（图5-7）。正所谓：“观者在其树，精者在其置，各尽其用。”

第三节　风景园林美取决于主体审美需要

审美主体，是审美行为的承担者，有着内在审美需要，并与审美客体结成一定审美关系的人。美不可能离开审美主体而存在，它本质上是客体的审美特质与主体审美需要之间的一种契合，可以说，主体在审美活动中发挥着至关重要、甚至决定性的作用。只有当被审美主体选择的客体的审美属性满足了主体的需要并引起审美主体情感愉悦的时候，其属性的价值才是被确认或肯定的，这正是美的生成机制主体性特征所在。

风景园林美是作为客体的风景园林的审美属性与主体对风景园林的审美需要契合而生的一种价值，是客观地存在着的一种“价值事实”。风景园林美作为一个价值事实，是在风景园林审美活动中生成的，是主客体之间价值运动的产物，既离不开风景园林的审美属性，更取决于主体的审美需要。

在风景园林审美活动中，主体的需要是动力和根据，客体是主体所选择的对象和价值载体。风景园林审美主体即风景园林审美活动的承担者，有个体和群体之分。主体的审美需要具有差异性、多样性、层次性、历史性、时代性、地域性等特点。值得注意的是，一方面风景园林审美主体审美心理结构的时代性、民族性、地域性必然导致风景园林审美的差异性，另一方面，也正是风景园林审美主体审美心理结构的时代性、民族性、地域性决定了风景园林审美的共同性。

当主体在面对审美对象时，必然会基于自身的认知、理性和想象力对它做出一定的判断，从而形成一种相对固定的标准，久而久之构成一种规律。这虽然具有主观性，却是主观的普遍性，对于每个人而言都是必然的。正如亚里士多德曾经说过："美的主要形式是'秩序、匀称与明确'。"实验心理学也证明，人类的视觉天生偏向秩序。反映在风景园林审美活动中，就是审美主体更容易欣赏均衡对称、虚实相映的作品。雅典卫城均衡的整体布局至今让人叹为观止，过目不忘。帕特农神庙（Parthenon Temple）魁伟恢宏（图5-8），与它相对的则是小巧轻盈的厄瑞克忒翁神庙。厄瑞克忒翁神庙建有南北两个柱廊，平面布局自由活泼。南面柱廊立6个女像柱子，婀娜端庄。神庙前不远，就是高达11米的雅典娜青铜雕像，起到统筹全局的作用。因此在雅典卫城的建筑群布局中，既有大小主次之分，又兼顾了视觉上的均衡；既有柱式和风格上的遥相辉映，又有方正规整与灵活多变的审美差异，形成了对立统一的和谐之美。千百年来，来雅典卫城观摩的人们络绎不绝，都折服于布局的均衡美，柱廊的韵律美，大理石的材质美。位于罗马斗兽场西侧的城市地标性景观君士坦丁凯旋门（图5-9），是古罗马凯旋门中最大、最著名，也是保存最完好的一座。这座凯旋门为三拱式，门高21米，宽度超过25米，中拱高而大，侧拱矮而小，均以哥林多式石柱作为框饰，同时还将以前古罗马纪念门上的雕像和浅浮雕装饰在此门上。三拱式的门洞突出了凯旋门的中心性，中拱大两侧小，通过尺度对比的方式突出主从的秩序。希腊哲人毕达哥拉斯曾经说："美是和谐与比例。"德谟克利特宣扬："美的本质在于整齐、和谐和数字比例。"这些富有哲理性的思考，反映出人类作为审美主体对秩序、和谐、匀称的永恒追求。

中国传统建筑及城市轴线规划的构图，集中体现了象天法地、规矩方圆的文化理念。清华大学王南研究表明北京紫禁城大量单体建筑的平、立、剖面设计中，从整体到局部皆运用了基于方圆作图的一系列经典构图比例，尤其是$2^{1/2}$和（$3^{1/2}$）/2。这些方圆作图比例的运用，使得紫禁城的建筑群获得了内在的和谐——尤其是中轴线上一系列主体建筑，蕴含着丰富多样的方圆作图比例，从而形成变化多端又整体和谐的艺术效果。同理，北京中轴线从整体规划到重要标志性建筑的设计，皆运用了基于规矩方圆作图的一系列构图比例，尤

图5-8　帕特农神庙

图5-9　君士坦丁凯旋门

其是$\sqrt{2}$与$\sqrt{3/2}$比例——这是中国古代都城规划、建筑设计中长期沿用的重要手法，其背后蕴含着中国古人“天圆地方”的宇宙观、“象天法地”的规划设计理念和追求天、地、人和谐的文化观念。北京中轴线可谓是这套规划设计手法的集大成者，尤其是中轴线上主要标志性建筑丰富多样的正立面总轮廓构图比例，“寓变化于统一”，最终形成了北京中轴线空间高低起伏、左右开阖、起承转合之如同交响乐般的效果。

主体的审美需要有共同性，也有差异性。主体的审美需要本质上是一种情感需要，既然是情感，就有着千差万别，由不同的情感生发出不同的审美体验，从而产生不同的审美需要。康德说过：“鉴赏没有一个客观的原则。”出于各自不同的情感总会产生不同的标准，不同的标准引发不同的情感体验。受时代、地域、个人生活经验、文化修养等众多因素的影响，主体的审美需要是有差异的。总的来说风景园林审美主体的审美需要有时代差异、地域差异和个体差异。

风景园林审美主体的审美需要有时代性差异。从原始社会至今，世界的经济飞速发展、政治体制不断转变、文化艺术的风格也各领风骚，致使每一个时代或阶段的审美主体产生不同的审美需要。17世纪的人们倾向于古典主义的典雅高贵，于是将法国宫廷园林凡尔赛宫苑（Versailles）视作当时全世界园林艺术的典范，认为其美得无与伦比。到18世纪中期，伏尔泰在其《哲学辞典》中引用中国宫廷画师王致诚的话对圆明园极尽褒奖。从此，欧洲人一反对西方整形式、几何式园林的迷恋。中国自然式园林的魅力在欧洲风靡一时，以致震撼了整个欧洲园林界。时代的变迁，经济的发展，文化的繁荣使人类的审美需要产生极大的变化，从而彰显了每个时代的精神特质。

风景园林审美主体的审美需要有地域性差异。在广袤的大地上生存着众多的民族，即使人类的生理结构、居住环境都大致相似，但每个民族总有异于其他的独特文化，在此基础上形成不同的审美需要。中国古人营造了山环水绕、意境深邃的古典园林，烟柳画桥，榕堤竹坞，虽由人作，宛自天开。英国人喜欢风景式园林，侧重于蜿蜒的河流，自然的草地和灌木，一切以大自然作为创作的源泉。法国人则热爱规整式的园林，平面布局采用几何图案进行组织，强调人工美，是园林风景几何化的典型表现。日本园林深受海洋文化的影响，孕育了赞誉自然的美学观，有别于中国园林“人工之中见自然”，而是“自然之中见人工”，着重体现和象征自然界的景观，避免人工斧凿的痕迹，创造出一种简朴、清宁的致美境界。

风景园林审美主体的审美需要有个体性差异。后天的生长环境、人生经历、文化修养等因素都会极大地影响个体的审美标准，使个体产生不同的审美需要，呈现出个性化的特征。在审美需求的类型上，不同的风景园林审美客体相对审美主体产生了雄浑、细腻、神圣、崇高、典雅、简洁、粗犷等审美类型。在审美需要的层次上，有些审美主体满足于感官上的愉悦；而有些审美主体则对审美客体所表达的精神内涵反复玩味；有的审美主体评价对象美不美主要靠感官的判断，只要能产生感官愉快就满足了；而有的主体则希望能够从对象中体悟到具象以外的情感诉求和精神内涵，只有这样才能感受到情感的愉快。在审美需要的时间上，有些风景园林审美主体长年累月地保持着审美的热情；而有些风景园林审美主体的审美需要则时断时续。在审美需要的强度上，有些审美主体有着强烈的情感需要，达到正如柏拉图所说的诗人的那种“迷狂”状态和忘我的状态；而有的主体则生成一种深厚、坚定的情感需要，既有内心涌动的热情也有理性的思考。

第四节　风景园林美生成于风景园林审美活动

风景园林审美活动植根于人的生命活动，出自人的欲望、兴趣、情感、意志等感性生命的需要，是为了满足人对风景园林的审美需要而进行的活动。在风景园林审美活动之中，审美主体与审美客体形成具体的审美关系，客体的审美属性与主体的审美需要相契合，从而产生风景园林美。苏轼《琴诗》：“若言琴上有琴声，放在匣中何不鸣？若言声在指头上，何不于君指上听？”启发我们理解美的生成机制，正确认识到美是在审美活动之中生成的。

风景园林审美活动是人对风景园林情感价值活动和生命体验活动，是一种具体的、复杂的、动态的个体心理活动，呈现出主体和客体交融的特征。风景园林审美活动的主体情感价值，从其内在的特征及相互间关联性来看，主要表现为四个阶段，即风景园林审美态度的形成、风景园林审美感受的获得、风景园林审美体验的展开和风景园林审美超越的实现。从审美客体的角度来考察，风景园林审美活动可以分为自然风景审美活动、社会景观审美活动和历史园林审美活动。

1. 自然风景审美活动

自然风景审美活动是审美主体发现、感受、理解、评价和再创造自然风景的过程，包含了审美意识、审美需求、审美经验、审美素养、审美感受等身心感受和想象力等多种因素的组合。自然风景的审美活动，呈现出由浅入深相互联系的三个层次。首先是对自然风景诸如形象、色彩、声音、光影、气味等形式感知，引发感官的愉悦；形式审美之后进入主体的审美经验与文化素养、心里追求结合的情景交融阶段，刺激身心的愉悦；进而通过感性和理性相统一的综合心理活动，升华为精神愉悦的审美状态。感官愉悦是人对视觉刺激的一种满足，身心愉悦是借景生情、寓情于景的心理寄托，精神愉悦是审美活动的最高境界，通过移情、想象的审美过程，达到陶冶心灵、升华志趣的审美效果。

重峦叠嶂、桃红柳绿、鸟语花香等都是自然景观的形、色、音等客观表象带给人的感官愉悦及情感体验。感官愉悦是客体信息传递到主体感官系统所产生的直观反映，还没有形成主客体的交往，主客体之间尚未建立审美情感的交流。身心愉悦是审美主体在感官愉悦的基础上，获得大量的风景信息，在自然风景的审美经验基础上，经过对比、联想等心理活动，赋予客体人格，在主体处于超脱的状况下，进行主客体之间的审美感情交流，从而达到寄情山水、情景交融的境界。如孔子提出的“智者乐水，仁者乐山”的山水比德说，将自然山水审美属性与人的品德进行类比。精神愉悦是审美主体在感官愉悦和身心愉悦的基础上，结合自身性好山水、高情志远的审美经验所达到的思想境界；是审美主体深入自然、心领神会的心理活动所产生陶然物外、主客融合的审美想象；是审美主体的审美意识与自然风景美的规律产生了共鸣，进而领悟其深层意蕴，使山水景象的审美活动提升到一定的哲学高度。

自然风景审美活动的过程多以诗歌、绘画、传说等艺术形式呈现。诗人通过诗词活动、画家通过绘画活动、百姓通过神话传说，将价值灌输到景观之中，这些价值包含了主体丰富而有创造性的想象、联想、移情等心理活动，呈现出人与景合，情景交融的特征。辛弃疾将山水视为自己的同类：“我见青山多妩媚，料青山见我应如是。”李白留下“举杯邀明月，对影成三人”的审美名句。人们以文艺形式为媒介，来表现自然景观所触发的审美情感，极大地丰富了自然景观的审美内涵。如孟浩然：“人事有代谢，往来成古今。江山留胜迹，我辈复登临。”江山造化在自然造化的基础之上因人的审美活动代谢而增加其美学内涵。车尔尼雪夫斯基说：“自然界美的事物，只有作为人的一种暗示，才有美的意义。”这句话道出了自然风景审美是一个审美发现和自我发现的过程，只有在审美活动之中将主体的情感倾泻在审美对象之中，才有更加广泛的审美联想和丰富的审美想象。

2．社会景观审美活动

社会景观审美活动是人们最普遍的风景园林审美活动，因为社会景观是一种与人类的生产生活联系最为密切的风景园林审美客体。社会景观类型丰富，多姿多彩，记录了历史变迁，反映了社会思潮，体现了时代精神。水利工程景观就是一种典型的社会景观，其以一定规模的水利工程为依托，在此基础上开展观光、娱乐、休闲或科学教育活动，形成了丰富多样的审美特征。从水利工程的功能和技艺等实用性出发是开展审美活动的基础。如以黄河小浪底水利枢纽工程为代表的水利景观强调了水利景观的坚固与技术之美；以杭州西湖为代表的城市水利系统强调了水利景观的树艺及游艺之美；以都江堰为代表的水利工程逐渐形成了都江堰的城市文化，强调了水利景观的人文化育；以河南安阳的红旗渠为代表的农业生产水利工程强调了气壮山河红旗渠精神；以南水北调工程为代表的水利工程强调了科技、人文和生态的融合创新并造福民生。这些水利工程景观已经不是单纯的一项水利工程，它们已成为一个民族精神的象征，其审美活动是文化性和社会性的综合结果。

人们日常生活、活动的城乡聚落景观是又一类重要的社会景观类型。城市景观是城市范围内人地关系和社会关系的综合，城市景观是以原生自然景观为基底，经过人类长期物化劳作后所形成的城市物质环境，包含了建筑物及其外部一切的人工的、自然的景观要素。城市景观具有丰富的审美内涵，包含社会、政治、经济、地理、地方风情、技术生态和工程方法的时代精神和生活智慧。

根据凯文·林奇的《城市意象》，人们对城市景观的审美活动是从区域、节点、边界、道路、地标这五个方面逐级展开的，总体呈现出自然协调性、功能复合性、历史层叠性、文化多元性等审美活动特征。如广州珠江新城是典型的现代城市景观，在30年的发展中依然保留了猎德村原有的水乡肌理，呈现出其历史层叠性。此外，其高度复合的文化中心、金融中心、体育产业等功能，呈现了其功能的复合性。广州塔、双子塔、广州大剧院、广州图书馆、花城广场等新时代文化的置入，展现了区域的文化多样性。广州城市新中轴线串联了沿线的系列绿地，形成了广州城市中的绿色珠链，而花城广场就像绿色珠链上的华彩篇章，体现了其自然协调性。

社会的发展进步必将推进社会景观类型不断丰富，必将促进审美领域的拓展和审美标准的发展变化，必将推动主体审美能力提升和审美范围的扩展。从久远历史走来，在世界范围内广泛分布着城市街区景观、城市广场景观、城市公园景观、城市地标景观、传统村落景观、乡村住区景观、乡村产业景观、各类遗址景观、人类伟业景观等，凝聚了人类的创造才能和生存智慧，展现了社会景观审美客体的差异性、多样性和丰富性，呈现了意蕴深厚的社会景观审美内涵。

3. 历史园林审美活动

历史园林审美活动古已有之，中西皆然。我国的《诗经》在《郑风·将中子》记载："无逾我里，无折我树杞；无逾我墙，无折我树桑；无逾我园，无折我树檀。"据《苏州府志》等文献记载，公元前5世纪，吴王夫差在苏州和无锡两地兴建梧桐园、会景园时就曾"穿沼凿池……所植花木，类多茶与海棠"。在欧洲，最晚于公元前8世纪就已经出现了凿池储水，筑台植树的园林建造和审美实践活动。

有关中国历史园林审美活动的著述十分丰富，白居易《草堂记》、欧阳修《醉翁亭记》、苏舜钦《沧浪亭记》、王世贞《古今名园墅编》、计成《园冶》、李渔《闲情偶寄》、曹雪芹《红楼梦》等堪称名篇，既是古典园林审美经验的总结，又为后世开展古典园林审美活动提供了借鉴和参考。

中国古典园林虽有北方皇家园林、江南文人园林和岭南庭院的类型区分，但中国古典园林的时间性设计、景观构筑技艺、空间处理手法等，追求的是蕴涵意境，即超越当下、超越有限而使人产生哲理性的宇宙感、历史感和人生感。在不断地发展积淀中，形成了以壮观富丽的北方皇家园林、精巧素雅的江南文人园林和绮丽世俗的岭南私家庭园为主的园林审美文化。

外国历史园林同样是其文化精神的体现，地理环境格局、生产方式格局和社会组织格局是推动历史园林形成和发展的文化格局层次。外国历史园林审美活动一方面要认识到外国历史园林审美客体的地域特征、时代特点和文化特色，又要提升审美主体的审美能力，优化审美主体的知识结构，从而在历史园林审美活动中，展开审美想象，深化审美体验，实现审美超越，获得审美愉悦。

构思、创作、欣赏是历史园林审美活动的三个重要途径，构思是以创作者生活经验和审美理想为主导的自由联想，是意在笔先的逻辑关照，也是传统园林美生成的首要环节；创作是以艺术的方式重现审美主体构思的过程，是创作者审美情感投射到客体的关键环节；欣赏是以游客为审美主体、园林为审美客体的审美活动，欣赏者结合自己的情感呼应创作者的思考，经由情感想象和情感体验获得审美愉悦。

从创作的角度来看，中国古典园林通过多种造景手法和构景艺术的综合运用强调意境的营造，从而达到情景交融、诗情画意的境界。如对景是一种从不同观赏点互相对望欣赏的构景手法，颐和园昆明湖上的南湖岛和十七孔桥，是万寿山的对景，而以南湖岛和十七孔桥为主体，万寿山就成了对景，这是从审美主体的欣赏视角出发构思的景观审美营造。借景是在审美活动中将目之所及的好景色通过园林视线的组织手法引入到园林的审美活动范围内，起到收无限于有限之中的妙用。借景在多个视觉维度上让游人扩展视觉和联想，以小见大。如北京颐和园的“湖山真意”远借西山为背景，近借玉泉山，在夕阳西下、落霞满天时赏景，景象曼妙，有意识地把园外的景物“借”到园内视景范围中来。苏州拙政园西部假山上设宜两亭，邻借拙政园中部之景，一亭尽收两家春色。留园西部舒啸亭土山一带，近借西园，远借虎丘山景色。沧浪亭的看山楼，远借上方山的岚光塔影。山塘街的塔影园，近借虎丘塔，在池中可以清楚地看到虎丘塔的倒影。借景丰富了园内审美活动的内容，突破了园林审美的界限，是中国历史园林审美活动关于意境营造的智慧。

从欣赏的角度来看，中国历史园林审美活动的动态展开，强调行望居游的动态综合，包括身临其境的游赏活动、动态序列的游赏方式、穷形尽相的五官综合参与、澄怀味象的审美态度、文化素养的审美经验、天时良辰的审美状态、好句频读的审美引导等审美活动要素的综合作用。审美活动紧密结合主体产生的审美发现与创造，达成主体与客体统一于自然的形式之中。而日本枯山水园林的审美活动则是静观，通过其“真”“象”“逸”“素”的审美形态，突出“空灵”“闲寂”“幽玄”“雅致”审美特征。中国传统园林以动观的方式强调了审美思考的过程性，也就是“妙悟”的愉悦，而日本的传统园林以静观的方式强调的思想的升华，即“顿悟”的审美境界。而这些审美感受的获得，就直接地有赖于创作者的构思及欣赏者的审美活动。历史园林是兼具自然生命力、人工艺术魅力和审美价值的一种景观环境。关于中外园林审美特征的分析讨论，下文还有专讲展开。

第六讲 风景园林审美与艺术审美的共通性

第一节 审美理想追求的共通性
第二节 审美情感抒发的共通性
第三节 审美氛围营造的共通性

本讲提要：

风景园林审美与其他艺术形式审美的共通性是艺术审美的基本规律，是风景园林美学的重要研究内容。本讲主要对风景园林审美与诸多其他形式艺术审美的共通性进行论述。众所周知，广泛性是诸多艺术审美共通性的重要特征，这一特征使得风景园林审美和艺术审美之间有了更为深入的联系。两者广泛的共通性不仅丰富了风景园林的美学内涵和审美属性，而且也为不同审美主体在风景园林审美活动中感发审美情思、驰骋审美想象提供了多样化的条件和契机。风景园林审美与诗歌、书法、绘画、音乐等多种艺术形式，在审美理想追求、审美情感抒发、审美氛围营造三个方面具有广泛普遍的审美共通性。

风景园林审美是一项综合性的文化现象和情感价值活动，这可以从构成风景园林审美关系的审美主体和审美客体两个方面来说明，从审美主体来看，风景园林审美是一个复杂的心理过程，是诸多审美心理因素综合参与的过程，如感觉、知觉、想象、理解等审美认识心理因素，又如审美需要、审美欲望、审美情感等审美价值心理因素。从审美客体来看，风景园林艺术是一门综合性艺术，是融入了中国传统文化精神的艺术形式，其营造与构建始终按照和体现中国传统文化的重整体、重体悟的系统思维方式，并注重与其他门类艺术之间交叉、渗透、相通和融合。

各种艺术之间的共通性与综合性是中国传统艺术发展的一个重要规律，《建筑美学十五讲》以“势”“韵”“境”“意”概述了建筑艺术与书法艺术、音乐艺术、绘画艺术、诗词艺术的客体审美属性的共通性。本讲主要对风景园林审美与其他艺术形式间的审美共通性进行论述。

风景园林艺术是以静态为主的融入人文因素的综合性艺术形式，也是构成人居环境的重要组成部分。与诗词、书法、绘画、雕塑、音乐等艺术形式的相互作用、相互补充、相互渗透、相互生发，给人以审美上的愉悦感和满足感，这种情感体验是多种艺术审美活动共同作用的结果，并来源于多种审美活动的共通性。故此，探讨和研究风景园林审美与其他多种艺术形式的审美共通性对于丰富审美体验、提高审美质量、完成审美创作表达都具有一定的现实意义和启发作用。

在研究风景园林审美与其他艺术门类审美共通性之前，首先要了解风景园林审美的独特性。对于一种艺术形式而言，审美独特性是体现其艺术特征的重要因素，绘画、书法、音乐、诗词等都因其艺术表现形式的不同而具有不同的审美途径和审美理想，风景园林审美更是如此。

风景园林审美的独特性主要表现在以下几个方面。第一，风景园林审美具有较强的参与性，是指审美主体要与审美客体有全方位立体的沉浸式审美体验。漫步在园林之中，亲身感受园林艺术给我们的各种感官的体验，鸟语、花香、流水、曲径、叠石、亭台、透窗等构成元素给我们的影响，这种听觉、嗅觉、视觉、触觉等全方位的沉浸式体验是任何一种艺术形式所不能及的。这种体验也使审美的主客体之间有了更深入的交融，使审美主体在审美过程中获得独特的审美满足感。第二，风景园林审美是多种艺术形式的综合性审美体验，如在园林审美中融入材料、图像、构成等。园林中的造景所用材料的质感、肌理、色彩都从各个角度体现了园林营造时的匠心独具，如花岗岩石材的纹理、各种木料的色泽和触感、修竹和苍松姿态等都将材料之美饱满地体现出来。园林中漏窗的各种图样，如“井”字纹、冰裂纹、“寿”字纹、“万”字纹等各种极具中国传统艺术风格的纹样图形，也是园林审美的重要部分，透过不同图样的窗格使观者看到丰富的形式美，也扩大了审美客体的表现力。第三，风景园林审美具有一定的时象性。一年四个季节，同一季节的不同天气情况，一天的各个时间段等各种因素的差异，也会有多样审美体验。印象派画家莫奈的《干草堆》（图6–1），就是对不同时间和光影下的同一对象所展示出的视觉变幻美感的观察，使观者可以体验到“时间”这一超出视觉形象本体之外的因素在艺术审美中的体现。风景园林审美也是如此，对相同的审美客体在融入时间概念之后，会产生极为不同的观感，进一步提升审美客体的表现力和审美的层次感。这些独特的审美体验是风景园林审美的魅力所在。

风景园林审美所具有的独特性与其他艺术形式审美活动相辅相成，二者之间相互作用、相互贯通。他们之间的共通性体现了风景园林审美并不是独立于其他艺术门类之外的审美体验，而是构成人类审美体系的一个重要组成部分。这种不同类型艺术审美共通性主要表现在以下几个方面。第一，审美理想追求的共通性。审美理想是各种艺术形式的审美主体所追求的终极目标，中国传统画论有“无形而神存”“应目会心”“以形写神”等艺术主张，把山水画看作是开拓人的精神世界的艺术形式，提出对精神世界的追求是山水画创作的审美理想，风景园林审美也是如此。第二，审美情感抒发的共通性。情感的抒发是各种艺术形式的审美主旨，是沟通创作者和欣赏者的纽带，也是双方通过作品得到审美活动满足的共同追求。绘画作品通过画家对笔触、构图、墨色、形

图6–1 《干草堆》

体的主观把控来表达情感；书法家通过运笔的节奏、通篇的章法、笔锋的露藏来表达情绪；音乐家用音调和节奏来抒发情感；雕塑家用材质的选择、形体的夸张和结构的变化来表现情感。观赏者则通过对画面、形体、声音的体会来得到情感的共鸣。在情感抒发的过程中，审美主体情绪也起到重要的作用，它影响整个审美过程和审美活动的层递性推进，是审美活动中主客体互动的重要因素。绘画审美过程中，审美主体的情绪在与审美客体中所表达的情绪会产生共鸣或相悖的情感传递，即主体与客体之间情绪的共通性。音乐审美共通性体现在审美主体情绪与客体情绪表达通过迅速消逝的声波、频率及旋律表现出来的情绪相互作用。第三，审美氛围营造的共通性。审美氛围的营造是各种艺术形式在艺术表达过程中根据自身的艺术特点而体现出来的独特艺术魅力。绘画通过墨色变化、色调选择、疏密关系来营造画面气氛，音乐用音调和乐器的音色来构成乐曲的氛围。

通过上述对风景园林审美的特征及与其他艺术门类的共通性分析，不仅有助于我们对风景园林审美态度的形成，也有助于深化风景园林审美的感受和体验，对风景园林的创作也起到一定的启发和借鉴作用。

第一节　审美理想追求的共通性

审美理想是人们对于审美的最高要求和愿望。它是人类审美意识高度发展的产物，是在审美感受基础上形成的憧憬和向往，是一种指向未来、指向人的生活远景的创造性想象的成果。它既是具体的、形象的，又蕴含着人的系统化的理性需求。审美理想一经形成，便会渗透于审美感受之中，对一定时代、一定民族和一定阶层审美的欣赏和创造，起着能动的指导作用和规范作用。艺术作品是审美理想的集中体现，反映出审美理想上的时代性和民族性，具有强大的艺术魅力和生命力。审美理想的确认会因审美主体的不同而体现出差异性，这种差异主要是指在阶级社会中所处阶级在不同历史发展时期对美的追求的不同。在阶级社会里不同的阶级集团会体现出不同的审美理想，如文人士大夫集团与广大的劳苦民众的审美理想就会有很大的差异。这种差异性在不同的艺术形式之中均有体现。

众所周知，书法是中国传统艺术的一个重要门类，它的审美理想主要体现在技法（结体、章法、运笔）、时代特征和审美标准三个方面。六法是汉字主要的构成法则，而在六法以外，书法审美主要体现在点划的构成和线条的韵味，如卫夫人《笔阵图》有云："横，如千里阵云，隐隐然其实有形。点，如高峰坠石，磕磕然实如崩也。撇，如陆断犀象。折，如百钧弩发。竖，如万岁枯藤。捺，如崩浪雷奔。横折钩，如劲弩筋节。"她提出的汉字书法笔画的审美要求充分体现了对"势"的审美意趣而获得的感悟，这种感悟和古建园林中的“廊腰缦回，檐牙高啄；各抱地势，钩心斗角”中对“势”的表现相互辉映，这种追求因“势”象形的审美感悟体现了二者在审美精神上的一致性。这种一致性的追求也是对中华文化之道的审美追求和对生命活力的崇尚。除了对“势”的追求以外，风景园林审美与中国书法审美的共通性还表现在对构成要素及细节的精益求精。书法的“提按”是指对一笔一画的精益求精，“行气”是在笔画和结构精细的基础上对作品宏观艺术气息的把握，体现在风景园林审美中就表现为对各种造园元素的精挑细选和不同构成元素之间的科学合理组合。具体表现为对材质、图形、尺寸、色彩是否符合审美要求，是否契合审美主体的审美需求，达到形神的高度统一。

绘画艺术是重要的艺术门类之一，根据现有考古资料，在距今5000多年的红山文化女神庙中就出现了绘画和建筑的结合。风景园林审美与建筑审美交相辉映，建筑艺术中也体现出风景园林审美的特征。而中国传统绘画艺术是以体现作者的审美情操和体现天人合一的审美理想为终极追求目标。中国传统画论“外师造化、中得心源”就是对“天人合一”的审美理想的高度概括。作为其姊妹艺术的中国造园艺术的审美理想就是人与自然的高度和谐，这一点与中国传统绘画的审美理想完全一致，从历代的绘画中都有所见。对“意境”的追求是二者审美共通性的集中体现，中国园林审美主张以山石、亭台、水景、花木等元素来营造山水之间、返璞归真的意境，使审美主体游历其中能够切身体会到如入山林之间的审美体验。在中国传统绘画中，经常出现的“倚杖行者”“蓑衣渔夫”“林中对弈”等人物形象，就代表了作者及观者的视角和体验，引导审美主体以画中人物的视角去体验画面给人的意境之美。北宋范宽的《溪山行旅图》（图6-2），以宏大的视角表现了旅者在崇山幽谷中穿行的情景，通过对远、中、近景的描绘，营造宏伟、幽深的意境，使观者达到身临其境的审美体验。南宋夏圭的《松溪泛月图》（图6-3），采用半边式构图，用精密的构思辅

图6-2

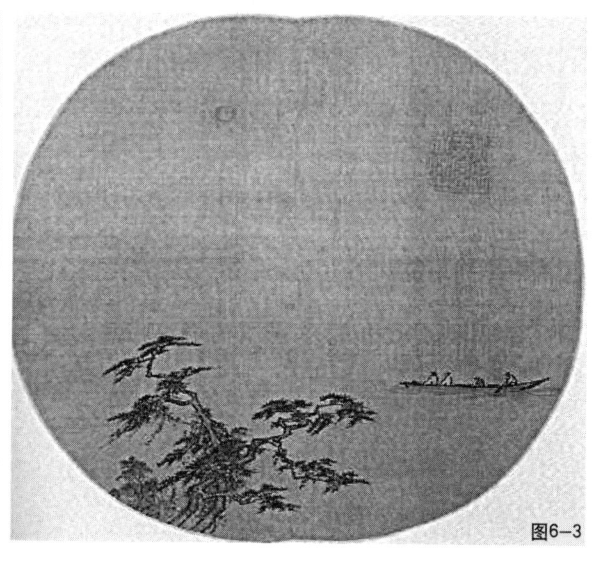
图6-3

图6-2 《溪山行旅图》

图6-3 《松溪泛月图》

以大面积的留白来营造“泛舟月下”的意境，使观者通过较小的画面体验到满纸烟霭。

中国诗词艺术欣赏实际是对诗词意境的会心领悟。其审美理想即为通过诗词的遣词造句来表达精神体验和思想观念。从这一点上来看，风景园林审美与诗词审美在审美理想上也异曲同工。诗词的意境是千姿百态的，在诗词创作中作者是用字词的选择和推敲来表达出意境，而文人在造园时，对园林文化意境的表达，是以主观体验为主，也就是说以身临其境的形式体验园林环境给人的幽静、空灵、雅致、含蓄等心理感受。而这种不同的意境是造园者在造园过程中，以各种构成元素营造出来的氛围，而这种元素主要包括楹联、匾额、诗文、碑刻、山石、流水、树木花草等。因此，风景园林意境的表达，是“物和心”相连，营造园林所使用的假山、流水、楹联、窗格等元素营造出气氛与人的心理状态相呼应和沟通。而诗词的意境是“情境”相映，情感通过字词的描述，来使人达到身临其境的一种感觉，如“劝君更进一杯酒，西出阳关无故人”表达了诗人与友人的这种分离之前依依不舍的心理状态。屈原的《离骚》“长太息以掩涕兮，哀民生之多艰”，就是把那种忧国忧民的情绪，以极具画面感的形式充分地表达了出来，这就是风景园林审美和诗词艺术审美理想的共通之处。

谢林和霍普特曼曾经说过“建筑是凝固的音乐”“音乐是流动的建筑”，可见音乐和风景园林审美密切相关。虽然二者表现形式差别很大，但二者所引发的共通的审美理想是一致的。一般看来，风景园林主要属于空间艺术，音乐则属于时间艺术，两者之间区别明显。这种差异性在西方美学和艺术史中多有论述。如德国古典美学家黑格尔，他肯定了音乐与建筑的类似，但更强调两者的差别。“建筑以静止的并列关系和占空间的外在形状来掌握或运用有重量、有体积的感性材料，而音乐则运用脱离空间物质的声响及其音质的差异和只占时间的流转运动作材料。所以这两种艺术作品属于两种完全不同的精神领域，建筑用持久的象征形式来建立它的巨大的结构，以供外在器官的观照，而迅速消逝的声音世界却通过耳朵直接渗透到心灵的深处，引起灵魂的同情共鸣。”建筑用结构、材质、色彩和形状来表达韵律、节奏、质感和力量，体现出一种可见的韵律和美感，甚至是可触摸式的秩序感，而音乐用瞬间即逝的震动来表达韵律、节奏、质感和力量。二者以不同的表达方式最终达到一致的理想追求，这种一致性就是二者审美理想共通性所在。

第二节　审美情感抒发的共通性

审美情感是主体对审美对象满足自己的精神需要与否以及对自己进行内省所形成的主观体验和态度。在美学史上，对审美情感的产生、性质、功能有不同的界定。在中国古代，它包括情感、情绪、情志、情致、情操、情欲、情调、情趣等，统称为“情”。孟子、荀子等人将情分为喜、怒、哀、惧、爱、恶、欲等“七情”，认为它是先天形成的，由人的天生本性决定，直接影响人的知和意。刘勰《文心雕龙》认为“人禀七情，应物斯感”，审美情感既受对象的制约，又受知和意的制约。古希腊亚里士多德认为审美情感由习惯和艺术熏陶养成，并可影响他人，悲剧、喜剧可唤起人的怜悯、恐惧、欢欣、狂喜的情感与情绪，使人的情感得到陶冶和净化，获得精神享受。

众所周知，审美情感是审美活动的主要构成元素之一，任何一种审美活动都不能离开审美情感的参与，风景园林审美更是如此。风景园林审美是创作者审美情感的抒发和欣赏者展开风景园林审美活动的情感共鸣，即是审美客体和审美主体之间的相互关系的体现和表达。这种审美主客体之间的关系在各种艺术形式之中均有体现，比如绘画作品是画家的情感抒发和欣赏者情感共鸣的统一体，诗词是读者通过诗词作品来体会作者所表达的情感，音乐、雕刻等艺术形式更是如此。可见，各种形式的审美活动在审美情感的表达和产生共鸣上和风景园林审美具有一定的共通性，这种共通性主要体现在以下三个方面，第一，审美主体情感抒发的共通性；第二，欣赏者审美情感接受和产生共鸣的共通性；第三，自然风景欣赏者的审美接受的共通性。

首先，审美主体情感抒发的共通性。园林景观设计者对园林景观的设计营造，也是审美情感抒发的途径之一。从园林史来看，风景园林的产生很大程度是建造者为避免跋山涉水又能保证长期占有大自然的山水风景，来满足自己的审美需求和情感的抒发，而营造的第二自然“私家园林”。自宋代以来，人们热衷于构园，所造园林体现了营造者的美学思想，元、明、清以来多部造园理论著作的出现使造园思想进一步成熟，也促使了园林设计的多样化和个人化。可见，园林中的一草一木、一山一石都是营造者自身情感抒发的媒介，都融入了营造者极具个人审美色彩的元素。随着时代的不同，造园文人的审美思潮和趣味的变化，使得园林美学思想发生了较大的变化。而这种变化与其他艺术形式审美标准的变化具有一致性，文学、绘画、音乐、雕刻均是如此。

中国画论有云“外师造化”“中得心源”，无论是花鸟画还是山水画都将抒发创作者情感为主要目的，通过审美情感的抒发来体现画家品格及处事态度。倪瓒的《渔庄秋霁图》（图6-4）和八大山人的《芦雁图》（图6-5），都是画家心灵和性格的写照。《渔庄秋霁图》体现出的空疏美是倪瓒人生观和宇宙观的写照，“空中有灵气，疏得有秀气”，是画家于象外写之，观者于象外得之的“象外之美”。倪瓒在题画诗中写道“嗟余百岁强过半，欲借玄窗学静禅”“扁舟蓑笠，往来湖泖间”，体现了画家对待作品的态度和精神追求，这种追求倾注了画家自身生命中可贵的神思于笔端，从而达到审美情感的抒发。《芦雁图》是八大山人的代表作，画面构图上的气势，用笔上的

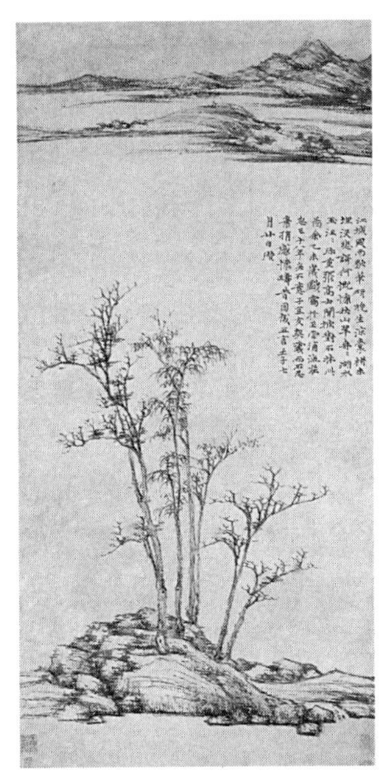

图6-4 《渔庄秋霁图》

图6-5 《芦雁图》

恣纵，大雁触之即飞的动态，都体现了画家“愤慨悲歌、忧愤于世、怀念故土，一一寄情于笔墨”的情感，这种情感从八大山人的山水画中也可见，他的山水多取荒寒萧疏之景，来抒发他那“消极出世”的人生观。康德说过“语言词汇往往是诗人的精神的直接体现，与诗人的个性和内心世界有关”，所以说诗词是表现作者情感的载体，唐诗、宋词中的名句，读者从中体会作者的情绪和诗词的美感，满足对诗词情感产生共鸣进而得到情感的抒发。同时，作者通过字词的选择、节奏和韵律的把握，达到情感抒发的审美需求。苏轼的“大江东去浪淘尽，千古风流人物”，体现出雄壮豪迈的英雄气魄。李清照的“寻寻觅觅，冷冷清清，凄凄惨惨戚戚”，表达悲凉凄婉的情绪。柳宗元的“千山鸟飞绝，万径人踪灭。孤舟蓑笠翁，独钓寒江雪”表达了孤寂凄冷的画面感。

风景园林满足审美情感抒发是造园者通过对园林文化意境的表达来实现的，是以主观体验为主，以身临其境的形式体验园林给人的幽静、空灵、雅致、含蓄等心理感受。而这种情感是造园者通过对各种造园元素匠心设计营造而来的。就像绘画中的笔墨、构图，诗词中的遣词、造句、平仄一样，来达到抒发情感的审美需求。

其次，欣赏者审美情感接受和产生共鸣的共通性。欣赏者通过风景园林审美体验，达到与营造者情感的交流，进而产生共鸣。园林欣赏者的全方位感官体验是其他艺术形式所不能达到的审美活动，诗词欣赏是对欣赏者以字词、韵律的引导进行主观想象来补充完成审美活动，书法绘画是视觉感受体会完成审美活动，音乐是以听觉为主要感官进行审美活动，雕刻艺术是以视觉和触觉来启发欣赏者的审美体验，这种审美的差异性并不能影响审美客体接受和产生共鸣的共通性，二者均为欣赏者在审美活动过程中得到审美情感的抒发，进而得到视觉、听觉、触觉的情感满足。当观者面对一张绘画作品时，首先会被画面上的主体形象、色彩线条、构图布局所影响，从中能感受到创作者在创作过程中倾注其中的情感，进而使观者的情感与创作者的情感产生共鸣，从而完成审美活动。如罗中立的油画《父亲》，作者以细腻的笔触和造型以及较大的画幅表现出一个老父亲历经沧桑的面部特写，在色彩、造型和构图中融入了创作者对父亲深厚的情感，观者在欣赏时会通过一张写满故事的老人的面部特写从而联想到自己的父辈，进而达到情感的交流和共鸣，创作者和观者对父亲深沉的爱这种共通情感，是产生共鸣达到审美活动的升华的纽带。当我们面对霍去病墓石刻《伏虎》时（图6–6），初看是自然、粗旷的顽石，细看是卧虎的造型，几乎未有雕琢的形态体现出浑厚、自然的写意。观者通过这种少有雕琢痕迹的原生态石雕感受到厚重、威武之气，体会材料和艺术创作浑然一体的美感，达到情感接受并产生共鸣。风景园林审美与艺术审美情感共鸣的共通性不仅体现在绘画和雕刻等视觉艺术上，诗词更是如此。对诗词的欣赏，欣赏者通过对寄托创作者的精神的字、词、句的美感的体悟，与创作者产生共鸣并得到审美的满足。杜甫说李白“笔落惊风雨，诗成泣鬼神”，即是对这种情感接受并产生共鸣的审美活动作出的高度概括。温庭筠的《商山早行》“鸡声茅店月，人迹板桥霜”和杜甫的《登高》“风急天高猿啸哀，渚清沙白鸟飞回”，这两句诗都是以作者的情感寄托于具体的景色之中，“鸡鸣、茅店、月、人迹、板桥、霜、风急、猿啸、鸟飞”等以极具画面感的词组，给读者的想象力留下填充、发挥、创造的极大空间，从而达到与作者情感的共鸣。

图6–6 ［汉］霍去病墓石刻伏虎

最后，自然风景是欣赏者审美情感抒发的媒介。“触景生情”就是对这一审美活动的概括。对于不同的景色，欣赏者有不同的情感抒发的需求，《论语》云“智者乐水，仁者乐山”，也可以理解为不同的人对不同的景色会有各自的审美角度，继而产生审美活动。审美活动是一种心理活动，心理活动会根据不同的外部环境和内心情绪的波动而有所不同，反之，不同的情感也会有不同的审美需求，性格开朗阳光的人喜欢晴空万里、一望无际的大海，而荫翳蔽日的森林会是内心阴暗的人的乐园，所以在一些文学作品中，邪恶的巫师总是住在黑暗的森林中，那里才是他们的乐土。故此，不同的审美主体对审美客体的选择体现了审美活动过程中情感抒发需求的不同。多愁善感的林黛玉看见落花而流泪，视死如归的革命者听见《义勇军进行曲》而豪情万丈，这些都与风景园林审美中自然风景审美情感抒发的共通性异曲同工。

综上所述，风景园林审美与其他艺术形式审美的主体情感参与共通性所表现的三个方面，都是审美主体情感参与的结果，均体现了主体情感在审美活动中的重要作用，即主体审美情感的参与促使整个审美活动的完成。

第三节　审美氛围营造的共通性

审美氛围营造是各种艺术表现形式表达艺术魅力、传递艺术思想的重要手段，也是满足审美主体审美需求的方式。由于审美主体具有个体文化性、地域性和时代性的差异，所以对于审美氛围营造的需求也有所不同。这种主体审美氛围需求的差异性也体现在审美客体与其他艺术形式之间的审美共通性之上。首先，这种共通性表现在不同的艺术形式对审美氛围营造方法的不同，是体现各自艺术魅力的方法与途径；其次，不同审美主体对氛围营造的需求具有差异性。风景园林审美氛围的营造涉及造园的方方面面，是审美客体与主体之间通过各个构成元素相互关联来完成整个审美活动，这种主体与客体的各方面的差异性使得风景园林审美活动更加丰富和多样。

首先，氛围营造是连接审美主体和审美客体之间共通的桥梁。各种艺术形式对审美氛围的营造是表达艺术思想和加强艺术表现力的手段和途径，而欣赏者对作品所表达的审美氛围的体会是完成审美过程的重要环节。书法是我国传统艺术的重要组成部分，是在漫长的文字发展过程中形成和完善的。就草、行、隶、篆、楷等各种书体而言，虽然形式有所不同，但其对书法美的表现规律和对艺术审美氛围的营造是一致的，均从点划（构成元素）、结体（构成要素的相互关系）、行气（总体布局）三方面的综合表现来体现作者所表达的艺术氛围，风景园林审美在审美氛围营造方面也是如此。风景园林的“点划”是园林的构成元素，“结体”是构成要素的相互关系，“行气”是园林的总体布局。

东西方绘画艺术都是以画面的构图、色彩这两方面来营造画面氛围以抒发艺术情感。构图是绘画作品的宏观设计，是画家通过自身主观性的表达将画面的构成元素进行组合、完成画面，这一步骤与风景园林的设计规划相一致，均为通过不同的组合形式来营造不同的艺术审美氛围。中国园林典型的审美特征“曲径通幽”和“亏蔽”，就是以一种多角度、多层次的布局设计来完成含蓄和丰富的审美体验，满足审美需求。色彩的应用是创作的重要方面，色彩不但可以传达艺术创作理念，还是营造艺术审美氛围的重要途径。画家在创作中通过对色彩的选择来营造画面气氛，以色彩的冷暖心理感受表达创作者的审美期盼，用不同的色调对比、强化视觉心理效果，达到艺术审美氛围的渲染。风景园林中人文色彩和自然色彩对审美氛围的营造也尤为重要，富丽堂皇的色彩和清秀淡雅的色彩让审美客体所体会到审美氛围各不相同，这种不同不仅体现在亭、台、楼、阁的用色上，也体现在植被花卉的选择方面，艳丽的牡丹、清幽的兰花、婀娜的修竹、苍翠的古松体现的审美氛围各不相同。

诗词对审美氛围的营造是以各种抒发情感的抽象的表达所产生的联想，引导读者进入一种审美氛围之中，从而使审美主体和审美客体达到沟通。审美联想是风景园林审美氛围表达的重要途径，风景园林审美过程中的审美联想使“物和心”相联，即风景园林的营造元素通过审美主体的联想与其心理状态相沟通和呼应，与诗词中通过字词的描述所表达的“情景相映”一致，使审美主体体验身临其境的感受，完成审美活动。风景园林题名是表达造园理念并引起审美联想的重要手段，是审美活动的准备和启发。如“沧浪亭”“秋声馆”“清晖园”“独乐园”“片山石房”等，都能够达到寓情于景，情景交融，引发游赏者的联想。中国园林的审美特征之一的“亏蔽”，也是丰富审美体验，引起审美联想完成审美活动的重要手段。

风景园林是空间艺术，是以占有空间的物质材料的组合而成。而音乐是运用脱离了空间物质的声响和占有了时间的艺术形式。风景园林艺术是物化的艺术形式，而音乐是以抽象的瞬间即逝的声音通过耳朵刺激大脑神经而渗透到思想中并引起情感的共鸣。二者在形式上区别明显，但在艺术氛围的表达也极为相似，审美主体通过体会作品的氛围来理解作品所表达的思想，来完成审美过程。

其次，审美氛围营造是包括园林营建在内的艺术创作的共同目标任务。审美氛围营造是各种艺术形式表达创作者的艺术思想观念的重要手段，虽然表达方式各有不同，但表达思想具有一致性。上文讲过中国书法艺术是以点划、结体、行气来营造审美氛围，审美主体可以在审美过程中体会作品的严谨、规范、潇洒、浪漫、狂放、飘逸、敦厚、庄重的艺术氛围。如柳公权的《玄秘塔碑》（图6–7）结体紧密挺劲，严谨又不失疏朗，运笔健劲舒展，干净利落，观者从字里行间能够感受到作者的人格魅力。草圣张旭的《李清莲序》中表现出恢宏大气和任情肆意的情感流露，隶书《石门颂》表现出的疏密有致，挺拔有姿，行笔规整又富于变化。绘画作品以构图和色彩的表现营造审美氛围而使审美主体在欣赏过程中得到情绪的满足。清代髡残的《浅绛山水图轴》（图6–8），近景坡岸苍松翠柏掩映下一叶小舟随波游荡；中景山村农舍错落于山林树木之中，山间瀑布飞流；远景古寺隐见于山谷烟云中。画面中对远、中、近景的巧妙布局使全图野景迷人，使观者在欣赏的过程中置身于画面所表达的氛围之中，达到“可游可居，身临其境”的艺术效果。朱耷的《荷石水禽图轴》（图6–9），画中一奇石上立二水鸭，或昂首仰望或缩头独立，旁边垂一残荷，以及画面中打破常规的构图、浓淡相宜的墨色和恣意的运笔，使得整体画面意境空远、余味无穷，观者在欣赏时能够被画面空灵悠远的氛围所感染。

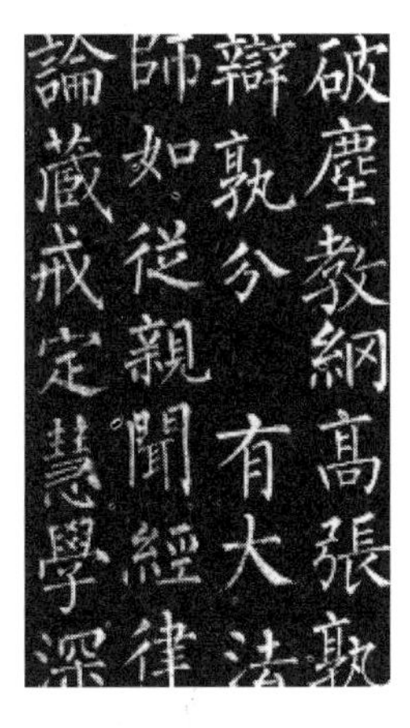

图6–7 《玄秘塔碑》局部

风景园林是设计者以亭台楼阁、山水泉石、花木植被、花窗楹联、盆景、

图6-8

图6-9

图6-8 《浅绛山水图轴》

图6-9 《荷石水禽图》

曲径等的主观选择来表现独特审美情趣。通过亭台楼阁与周边树木花草的掩映关系，表达含蓄、静谧的审美氛围，对造园的山、水、石、草、木的相互搭配，体现远近结合和虚实相生，使观者游于其中获得贴近自然却又异于自然的审美满足，这种独特的体验就是审美氛围的直接体现，园林中的盆景、楹联、格窗所透露出的文人雅趣。由于阶级地位的不同对风景园林审美氛围营造有不同的表现，皇家园林通过各种体现皇家身份地位的色彩、图形、材料的应用来体现皇家独有的宏大、豪华的气息，文人雅士的园林是以较为质朴的材料和营造方式来表达满足自身的审美需求的艺术氛围。地域文化的不同对风景园林审美氛围的营造也有所不同，北方园林的庄、大、阔、深和江南园林的精巧雅致就是地域文化差异的表现。所以说，风景园林与书法艺术虽然在表现形式上有很大的差异，但是在艺术氛围营造上体现出的共通性是启发我们完成风景园林审美的重要途径。

联想是诗词作者引导读者进入一种审美氛围之中的重要手段，审美主体通过对不同含义的词句所表达的审美氛围的联想，从而得到审美的满足。杜甫的《绝句四首》中“两个黄鹂鸣翠柳，一行白鹭上青天”中的“黄、白、翠、青”，是通过读者对不同色彩信息的语言符号对人的思维的刺激，引起某种特定的间接审美体验，构成一幅色泽鲜明、对比强烈的画面，营造审美氛围。王维的《山居秋暝》中“明月松间照，清泉石上流”中的“明、清”，是作者使

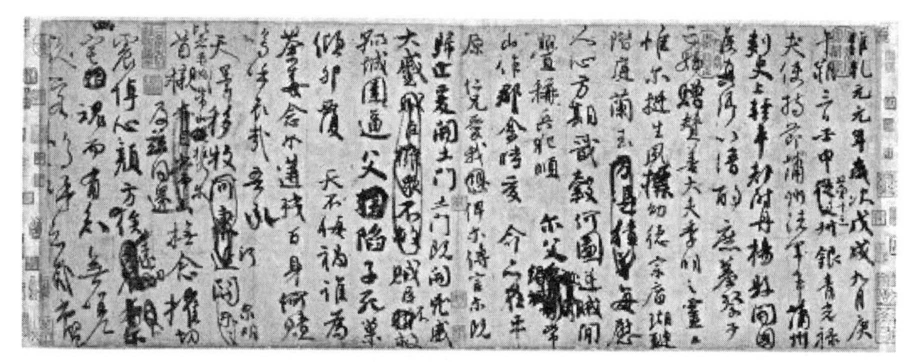

图6-10 《祭侄文稿》

图6-11 《麦田上的乌鸦》

用不同的色彩相互交融渗透，表现出一种寂寥虚空的艺术氛围。李贺的《塞下曲》中“蕃甲锁蛇鳞，马嘶青冢白”的极具主观情绪的“青、白”，表现出一种萧杀空旷、寂寥冷清的氛围。欣赏者通过联想而体会作者所表达的美学思想进而完成审美活动。审美联想是风景园林审美氛围表达的重要途径，风景园林审美过程中的审美联想使“物和心”相联，即风景园林的营造元素通过审美主体的联想与其心理状态相沟通和呼应，与诗词中通过字词的描述所表达的“情景相映”一致，使审美主体体验身临其境的感受，完成审美活动。

最后，艺术创作主体在营造审美氛围过程中获得审美满足。审美氛围表达是艺术创作者准确表达艺术思想，抒发个人情感，体现艺术观念的重要手段，是艺术家在创作过程中满足自身审美需求的重要途径。不同的艺术形式，创作者有不同的表达方式。被称为“天下第二行书”的颜真卿的《祭侄文稿》（图6-10）通篇用笔纵情豪放，气势磅礴，情感饱满，一气呵成，表现了在极度悲愤的情绪下，不顾笔墨工拙，书随情绪起伏，纯粹是作者感情的自然流露。创作者在书写过程中对主观情绪地抒发来满足自身的审美需求。梵高的《麦田上的乌鸦》（图6-11），画面上躁动的笔触和高纯度的蓝黄两色和黑色的对比表现出烈日下金灿灿的麦田里偶尔飞起几只乌鸦的景象，在这种明亮的近乎压抑的气氛下体现了一种不安的情绪和气氛，创作者表达这种氛围以完成自身的审美满足。音乐艺术用旋律、节奏、音色、音调来表现艺术氛围，低沉的大提琴、高亢的唢呐、细腻优美的小提琴、明亮悦耳的长笛等来表现不同的氛围。这些不同的艺术形式对氛围的表达都是以满足创作者的审美需求为目的，这也可以理解为风景园林艺术是以总体规划、平面结构、曲径门廊、材料应用、门窗样式、花木布局等方面来表达总体氛围和节奏韵律。人们在园林审美中，移步换景即是通过时间的流动和推移获得具有节奏感的审美体验和满足，在这一审美过程中全方位地感悟到风景园林的神韵。这一点就像欣赏一首优美的乐曲，一幅打动人的画作，或者一首激荡的诗词，随着音符的流动，画面的变幻，诗词的表达逐渐获得情感和精神上的满足并引发共鸣。

人类的艺术从起源以来就是表达诉求的方式，无论何种艺术形式，都是为满足审美主客体的审美需求和完成审美活动的方式和途径。风景园林艺术是综合性的艺术形式，风景园林审美活动主要是由主观元素和客观元素构成，即对形式审美、意境审美的体验活动，这种体验在各种艺术形式中均有体现。本讲从审美活动的主体、客体以及主客体关系的角度研究风景园林审美与其他艺术形式审美之间的共通性，提出审美理想追求、审美情感抒发、审美氛围营造是风景园林审美与其他各艺术门类的审美共通性的三个表现。对各种艺术形式之间审美共通性的研究也是进一步揭示艺术审美规律的重要途径，对指导艺术创作有一定的启发作用。

第七讲 外国园林的审美特征

第一节　园圃雏形　农耕园艺
第二节　神学象征　政教合一
第三节　理性主义　几何规整
第四节　文艺复兴　人性追求
第五节　自然生态　东方品格

本讲提要：

外国园林历史悠久，分布广泛，内容丰富。从分布地域来看，外国园林主要有欧洲园林、西亚和北非园林、东亚园林三大类；从艺术风格来看，外国园林可分自然风景式园林、文艺复兴式园林、城乡景观式园林和现代生态式园林。外国园林以各自的形态特点和审美属性展现了各自的自然观、文化观和美学观。人们可以从造园思想、布局形式和审美情趣等几个方面来理解和把握外国园林的审美特征。

欧洲园林、西亚和北非园林、东亚园林分别位于三个区域文化圈，因由不同的地理环境、生产方式、社会组织，产生的不同文明、文化传统、自然观和美学观，使其在造园理论、布局形式和审美情趣上迥然不同，走上各自发展成熟的道路。

第一节　园圃雏形　农耕园艺

1．追求美好

东西方人类文化与审美在发展初期的共通性在各地区民族的古老神话中可见一斑。在东西方神话的描述中，人类都生活在一个优美的自然环境里，周围是美好的花草树木果实与丰富的山川河流湖泊。以文化思维看这种表述，一方面表明了人类在文化初始期都存在着对美好家园的渴望，另一方面则表明了人与自然的融合是文化之初所追求的诗意乐土。无论东方或西方，人类都在祈求一种美好的生存环境——园林环境。

2．农耕园艺

欧洲园林和西亚、北非园林是同源的，都可追溯到古埃及、古西亚园林。古西亚和古埃及都有着悠久文明史，尤其是古西亚。当欧洲还在蛮荒状态时，《圣经》中被称为“伊甸园”的原型地古西亚，已有著名大都市，其科学、哲学成就卓越。约在公元前3200年，两河流域人类首先发明了水泵，可以从附近的河湖取水灌溉农田，这种对干旱地区非常重要的农业技术在古埃及和古西亚迅速推广，是早期园林雏形的最重要的技术推动力。

在人类早期的造园活动中，庭园的舒适性和实用性是最先考量的两个因素。尤其是对干旱地区，舒适宜人的庭园小环境至关重要，阴凉有赖于植物的庇荫作用，唯有阴凉湿润的“绿洲”才能产生美好的感受。但以当时的生产力水平和有限的水资源情况，水首先要满足农业需求。用于园林的水，是供人们享受的奢侈品，即使引水灌溉，也只能做到行列式灌溉，这也直接推动了灌溉效率最高的行列式栽植和几何式实用园圃的产生。最早的古埃及园林记载出现在约公元前2700年的古王国时期的赛努费尔墓室壁画上，园林面积不大，空间较为封闭，园内种植果木和葡萄，体现出实用型园林特征，被认为是古埃及园林的先驱（图7–1）。

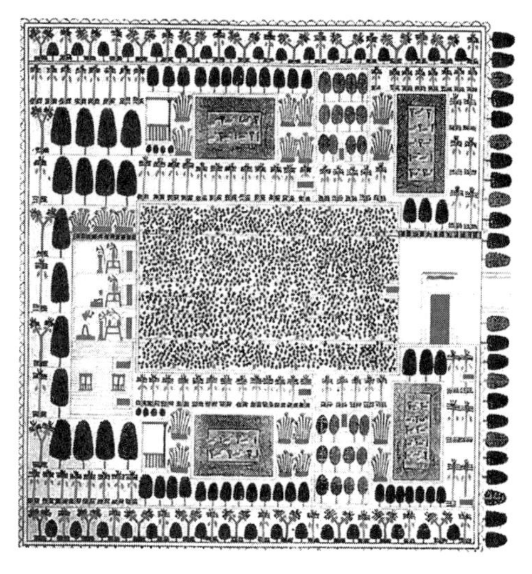

图7–1 古埃及赛努费尔墓室内壁画

3．园圃雏形

园林艺术作品改造自然、追求人工的特点，是在恶劣的自然环境下人类力求以人力改造自然的思想反映。由于天然森林的匮乏，埃及人造园依赖人工植树造林，这就要求了园林须得临近河流，并通过开渠引水形成灌溉系统。因此埃及园林从一开始就具有强烈的人工气息，表现出与埃及绘画作品类似的惊人秩序感。此外，因土地规划推动的数学和测量学的发展也在影响着埃及园林的艺术风格。到新王国时期，在阿蒙赫特普三世一位大臣墓穴壁画中的园林，布局呈现整齐对称的形式，强调均衡稳定的空间，行列式栽植的单一树种的树木和几何形水池都突出了园林的人工性，此外，园中有规整的水池，池中放养鱼、水禽，种植芦荟、睡莲，形成生机勃勃的水景，令人倍感沙漠中生命的可贵。

同处地中海文明圈，古希腊、古罗马文化也常从古埃及文明中汲取营养，因此，古埃及常被人看作比古希腊更早的欧洲文明源头之一，工程技术、建筑、雕塑、绘画，以及许多技艺都可以溯源到这里，园林艺术也是如此。

东西方在不同的自然条件和环境下产生了截然不同的文化艺术特点，园林也从一开始就朝着不同的方向发展，并逐渐形成世界园林东、西方两大体系的先导。这种发展倾向到古希腊、古罗马时代则更加明朗化。

第二节　神学象征　政教合一

1. 神学象征

古埃及园林作为人类园林艺术的源头之一，最基本的特征是跟生产相关的几何式布局，以及和古埃及宏观地景和泛神论宗教相关的整体对称性。古埃及的宗教把东方当作生者之地，西方当作死者之地，它们之间的尼罗河被视为世界轴线。古埃及尼罗河基本为南北方向，两岸大部分绿洲的边缘为连续的山岗，太阳横越绿洲东升西落，营造了一个环境模式感强烈的自然世界。尼罗河轴线意象强烈，画面统一，是贯穿整个埃及的生命线，它既是静态意义上的表明方位的大地轴线，也具有因季节、日夜交替而枯丰，同生命体一般显示周而复始、自然运作的动态意义。尼罗河与古埃及宗教意识有着千丝万缕的联系。泛神论宗教往往有祭祀与偶像崇拜活动，特定节日要抬出神像，在神庙及其具有象征意义的周围环境中巡游，为神献上果木、花草和水禽。这就从仪典上要求一部分神庙环境模仿理想的自然，从功能上要求有生产祭品的园地。于是，尼罗河两岸的大型建筑都力图呈现恢弘的尺度，并突出很长的中轴线，重要者以尼罗河为起点，同尼罗河正交，有特定意义的园林绿化沿着这条轴线，强化轴线上的重要空间节点。

人们对于实际存在于古西亚的园林知之甚少，但公元前2000年前的《旧约圣经》以神话的境界展现了这一地区人们心中最早的园林景象。《旧约圣经》是一部把犹太人历史同创世神话结合在一起的著作，随着宗教的发展，逐渐成为犹太教和基督教共有的宗教经典。《旧约圣经》说，“上帝在东方的伊甸立了一个园子，有河从伊甸流出来滋润那园子，从那里分为四道”，这描绘了古西亚地区可能存在的最早的园林。在这个时期，人为创造的增多使几何化开始突出，巴比伦和公元前6～前4世纪的古波斯的遗迹中都有“十”字形水渠；阿锲美尼德王朝的居鲁士大帝的花园帕萨尔加德就用几何对称的十字石砌水渠限定主要建筑之间的空间，来实现一种完美的平衡，建成了波斯花园的原型——四分花园（图7–2）。四分花园是用墙形成四边的围合空间，主建筑前矩形或方形的水池为中心，以水渠分流四处，抽象表达四条河，并形成四个部分的围合空间。波斯四分园美学意象是后来中亚、西亚伊斯兰园林发展的重要源头，

图7–2　阿锲美尼德王朝花园帕萨尔加德现存的石质水渠

也影响了希腊化时期、古罗马、中世纪以后欧洲几何式园林的发展。

发端于公元1世纪的基督教深受古波斯文化影响。基督教的《新约圣经》中大量使用了源于波斯语的乐园一词（古波斯语Pairidaeza），而《旧约圣经》中的“伊甸园”一词几乎不再出现。乐园是波斯人对自己园林的称谓，而在基督教中乐园既可代称伊甸园，更可同天堂（Paradise）一词一样，形容一个美好的终极来世。

伊斯兰教的古兰经中描绘天堂是忠诚信徒的回报，以绿荫、果实、喷泉和凉亭的理想花园作为象征。天堂中有四条河流，分别流淌着水、奶、酒、蜜。波斯四分园的形式与古兰经描述的天堂两相符合，也与其禁止人体崇拜，推崇几何装饰的艺术审美所符合。所以，当四分花园被伊斯兰园林文化吸收后形成的“波斯伊斯兰园林”又称天堂园。自此，创造人间天堂般花园的天堂园美学意象形成。天然和人工、功能性和精神性在这里融为一体。伊斯兰文化创立后因为战争而在欧、亚、非三大洲迅速扩张，留下了“西班牙伊斯兰园林”和“印度伊斯兰园林”。

西班牙伊斯兰园林以阿尔罕布拉宫为典型。阿尔罕布拉宫遵循伊斯兰传统，庭园大多隐藏在高大的院墙之内，一为满足伊斯兰人讲究私密性的生活习俗要求；二是高大的围墙遮挡了外界的酷热与喧嚣，这种因气候炎热所形成的园林设计手法适应了退隐休憩的使用者心境；三则呼应了四分园周边高墙的原型。阿尔罕布拉宫的香桃木宫庭园外观封闭，而内部空灵宁静、端庄优雅，使人在进入时产生一种强烈的反差感。封闭的内向型空间也便于将人的注意力吸引到精雕细琢的装饰物中来。阿尔罕布拉宫中以狮子园最为精雕细琢，狮子园是后妃出入之所，奢华精美，“十”字形的水渠将庭园四等分，中心是狮子喷泉，整个园林依据古兰经描述的清泉亭下流的意境布置，是规则式四分园早期的实例之一（图7–3）。

印度伊斯兰园林源于蒙古和突厥、伊斯兰文明和印度教文明融合的莫卧儿帝国时期。莫卧儿花园中最著名的泰姬马哈尔陵是经典波斯风格的四分天堂园，也是描绘审判日天堂园的宇宙图示，是成熟的天堂园原型，具有强烈的象征寓意（图7–4）。

图7–3　阿尔罕布拉宫的狮子园

图7–4　泰姬陵

规整的“十”字形水渠四分园模式是伊斯兰园林的显著特征，这种园林模式在此后影响了整个西方园林布局的基本构成。

2. 政教合一

古埃及和古西亚园林的共同特点是规整式布局，规整式布局也被后世西方园林所继承，开启了以人的意志来“指挥”园林自然物的先河。欧洲大陆在经历了辉煌的古希腊和古罗马文明之后，陷入了黑暗的中世纪。公元5～14世纪，欧洲纷争不断，动荡不安，人们向宗教寻求慰藉，早在古罗马时期从西亚引入的基督教已深入人心，成为各国国教。随着东、西罗马分裂，基督教也分为东正教和天主教。西欧的天主教形成了政教合一的局面，教会成为社会主宰，拥有大量土地，而《圣经》成为评判一切思想文化的最高准则。罗马天主教会是唯一从古代时期保存至今的宗教机构，是当时唯一的国际性组织，教会垄断文化大权，采取愚民的政策，排斥希腊、罗马古典文化，视知识为邪恶的源泉，倡导刻苦修行、禁欲主义，因此中世纪的欧洲平民，甚至包括一些国王都是文盲，自然科学停滞不前。教会修士是当时为数不多的具有希腊哲学素养和基督教信仰的人，职责是为信仰辩护。一方面，他们将深刻的希腊哲学思想引入基督教的基本信条和教义中，使基督教从一种朴素的信仰转变为深奥的神学理论，形成基督教经院哲学。基督教用神秘主义的信仰来排斥理性主义的知识，将“美”看成是上帝的创造，突显信仰的超越性和至高无上性，将美推向了更绝对、更神秘的数字和几何的完美秩序。另一方面，粗陋的中世纪生活让人容易相信天堂比人间生活更优越，而美好的园林象征着天堂。基督教令刻苦修行的修士们反对奢华，他们害怕美丽会像奢华一样，使灵魂置于危险境地，但同时又深知神圣的艺术文化作品包括园林是有助于个人凝思领悟的。这些都推动了象征主义的艺术和简朴的四分园的持续发展。

中世纪时期的哲学家兼传教士们认为，好的设计是宏观世界的微观缩影，几何的完美秩序才是美。这种观念构成了基督教建筑中的几何学基础，也构成了中世纪的美学基础和规则式园林的基本原则。中世纪庭园平面上多为矩形，一方面，因基督教反对豪华奢侈的生活，庭院多以实用生产为主，提供宁静、幽雅的生活环境；另一方面，当时的政权相对分散，封地领主分封独立城堡林立，因此中世纪的欧洲缺少壮丽的王宫别苑，更多的是简朴的城堡庭园。中世纪修道院庭园的柱廊之间有栏板将柱廊和中庭分隔开，只在中庭四边的正中或四角处留出通道，通道将庭园分成四块，正中放置喷泉、水池或水井等，是僧侣们洗涤有罪灵魂的象征，四块园地中以草坪为主，点缀着果树和灌木或者花卉，此外还有果园、草药园和清心寡欲的园林，象征着净化心灵的目标。13世纪之后，战乱逐渐平息，东方文化影响日盛，城堡的庭园也摒弃沉重抑郁的形式，增加了娱乐性、装饰性，园林从此有了很大的改变。

3．形成典型

17世纪时法国吸取和发扬了意大利文艺复兴台地园艺术，在唯理主义为底蕴的古典主义思想主导下，在法国特有的平坦土地上发展出了适应当时法国绝对君权需求的规整壮观、雍容华丽的法国古典主义园林，成为西方园林的典型和顶峰。彼时，造园家勒诺特尔（Andre Le Notre，1613—1700）创造的勒诺特风格风靡整个欧洲，其中以沃・勒・维贡特府邸花园为成名作，凡尔赛宫为巅峰作。

以凡尔赛宫为典型的法国古典主义园林有五个美学特点。一是皇权至上的主题思想。统治者希望以华丽的宫苑来体现皇权的尊贵。凡尔赛宫的宫殿位于放射线林荫大道一端的焦点，园中宏伟轴线自东向西延伸两千米，最后消失于无边天际，是绝对君权的强烈象征。在凡尔赛宫苑的东西向主轴线上的重要节点是阿波罗雕像——因路易十四自喻为天神宙斯之子太阳神阿波罗。宫殿的主要起居室和驾着马车、从海上冉冉升起的阿波罗神像均面对东方日出，傍晚时分的夕阳则逐渐没入大运河西边尽头（图7-5）。这种日复一日的太阳运行轨迹与凡尔赛宫景观相映，象征着周而复始、永恒不变的君主统治。二是层次清晰的等级结构。府邸是凡尔赛宫苑中心，建在地势最高处，起着统率作用。于府内远望，可将整个花园尽收眼底。从府邸到花园再到林园，设计手法的人工性及装饰性、花园规模、尺度、形式、植物，都服从于府邸建筑，并逐渐减弱，形成人工花园向园外自然的过渡。中轴线集中了最美的刺绣花坛、雕像、

图7-5 凡尔赛宫的阿波罗泉池及其后的大运河

泉池，两侧对称布置横轴，一些次要轴线和均衡适度的小径、甬道。整个园林编织在条理清晰、结构严谨、主从分明、秩序井然、形式规整的人工几何网格之中，形成的空间节奏感，使中央集权的政体得到合乎理性的体现。三是庄重典雅的贵族气势。园林力求表现君主统治下严谨的社会秩序，庄重典雅的贵族气势和人定胜天的设计目标，这完全吻合路易十四时代文化艺术所推崇的“伟大风格”，体现在园林的空间规模和尺度上便是“广袤”。艺术家极力追求视觉上的深远空间，突出空间的外向性特征。因此，尽管园中设有大量的瓶饰、雕像、泉池以及大型锦绣花坛等景物，但并不密集，没有堆砌的感觉，相反具有简洁明快、端重典雅的效果。四是平缓而舒展的视觉效果。古典主义园林常作为府邸的“露天客厅”，需要巨大的场地，地形要平坦或略有起伏，以令更多人能够在室内外进行沙龙聚会等社交娱乐。这种地形便于中轴对称设计，也形成了整体上平缓而舒展的视觉效果。五是再现了法国国土的典型景观。凡尔赛宫引入法国平原上常见水体形式，形成以镜面效果为主的园林水景。虽然没有如意大利园林利用巨大高差形成的壮观跌水、瀑布等动态景观，但内蕴辽阔、平静、深远的气势，大运河尤其是勒诺特尔式园林中不可或缺的组成部分。凡尔赛宫丛林式的种植也是法国森林的缩影，每棵树木都隐去个性特征，展现的是由众多树木构成的整体形象，使园林景观有明显的四季变化。丛林尺度也与花园中巨大的宫殿和花坛相协调，形成了完整而统一的艺术效果（图7-6）。

法国古典主义园林摒弃了意大利园林后期繁琐的巴洛克倾向，以大规模的用地、突出中轴线、均衡对称的布局、超尺度的“十”字形大运河和遍布全园的雕塑艺术品展示了意大利台地园中无法见到的恢弘壮观景象，反映了有组织、有秩序的、成熟的古典主义规整式园林审美，完全能作为当时法国绝对君

图7-6　凡尔赛宫苑中的柑橘园及原初的瑞士人湖

权的象征。法国古典主义园林在本质上仍属于西方传统理性主义思维的产物，其古典主义思想的核心是“唯理主义”。当时推崇的唯理主义理论学家们，如笛卡尔认为人工艺术高于自然，不欣赏自然美；勒诺特尔则称“造园要强迫自然接受匀称的法则”，“以艺术的手段使自然羞愧”。法国古典主义园林将此西方传统哲学发挥到了极致，致力突出“人工形式美”，彰显人类征服自然的信心和力量，更明确地反映了西方自古以来的“理性主义”。

第三节 理性主义 几何规整

1. 理性秩序

同古典建筑艺术相比，古希腊人并没有留下可长久传承的经典性园林艺术，但却留下了丰富精彩的美学讨论。古希腊地处北非古埃及和西亚两河流域两大古老文明的交汇处，融通欧、亚、非三大洲的不同文明，最辉煌的时代是公元前8世纪至公元前4世纪。古希腊文明将所学知识重新整合形成独特的文化复合体，奠定了欧洲的文化根基，成为西方文明的摇篮。希腊化时期，亚力山大大帝将希腊帝国的领土极度扩张，同时广泛收集各地科学标本。文化艺术的繁荣，促使希腊的美学理论发展迅速。希腊人在学习埃及人对宇宙的本质、人类社会伦理问题的思考后，也从两河流域带回天文学和发达的数学原理。在这些基础上，产生了古希腊哲学，出现了朴素的唯物主义和辩证法的萌芽。

2. 哲学和数学

希腊陆续出现的包括苏格拉底、柏拉图、亚里士多德等一批杰出的哲学家为西方哲学奠定了基础。而哲学和数学的结合也开始于古希腊，哲学家和数学家毕达哥拉斯是历史上第一个自称为哲学家的人，他在游历了埃及、两河流域等地之后，总结当地的数学知识，验证并普及了许多数学定理。毕达哥拉斯指出“数是一切事物的本质，而宇宙的组织，在其规定中总是数以及数的关系的和谐体系”。他认为美就是和谐，探求将美的比例关系加以量化，提出了“黄金分割”理论。在他之后，哲学和数学就形成密不可分的关联体，就连柏拉图学院门口也写着“不懂几何者不得入园”。亚历山大大帝的老师亚里士多德也十分强调有机整体性，他有着“和谐的概念建立在有机整体的概念之上”的美学思想。对数的痴迷成为当时希腊的时尚，这些关于比例和尺度的原则为西方古典主义美学思想打下了坚实基础，古希腊园林也深受影响。

首先，美学、数学和几何学的发展影响希腊园林的布局形式。古希腊美学把美看作是有秩序和规律的、合乎比例并且协调的整体。因此，只有均衡稳定的规则式构图才能够确保园林美感的产生。园林是人工营造的空间，是建筑空间在室外的延续，属于建筑整体的一部分。由于建筑是几何形空间，因此园林的布局形式也采用规则式样，以求与建筑相协调。可以说，从古希腊开始就奠定了西方规则式园林的基础。此外，受地中海地区炎热气候的影响，古希腊人对影响小环境舒适性的气候因子也十分关注。在他们看来，适宜的小气候环境比园林形式更加重要。著名的政治家西蒙建议，应在雅典的街道上种植更多阵列的树使环境更为舒适。然而，古希腊虽然平原富足、海岸线丰富，但有许多高耸的山峦、陡峭的山谷、多岩的岛屿，城镇之间也常发生战争，城市一再被重建，人们为了安全而生活在高墙围合的作为堡垒的攻不可破的城镇中，因此并不适宜权力的集中，不享有稳定造园的条件，不是一个孕育园林文化的地方。而且希腊除了陶瓷的绘画外，很少有绘画保存，因而比起更早的埃及园林，人们对希腊时期的园林知之更少，得以保留下来的主要是公共性园林，诸如圣林、体育场、公共园林和文人园，因其中有诸多石头建造的建筑而且当时人们有丰富的文化社交活动，所以保存较多也较为完整。典型的文人园就有柏拉图学院。这些类型都对后世的寺院园林、体育公园、校园有深远影响，为后世欧洲园林勾勒了雏形。

3. 实用和享乐

罗马和希腊虽然在多山的地理条件上较为类似，但罗马有过一段长时期的稳定期，因此其园林也有着较大的发展。希腊的辉煌在于思想起源，罗马的伟大在于能够广泛地去采纳新思想。在希腊最强盛的时候，意大利只是一个相对原始的社会，之后罗马发展迅速，公元前2世纪末，古罗马人在征服希腊之后，完整吸收了希腊的宗教、哲学、艺术、建筑和文学。公元1～2世纪是罗马帝国鼎盛时期，其版图地跨欧、亚、非三大洲，与汉朝时期的中国一起屹立于东西方，通过丝绸之路和东方的贸易达到了前所未有的兴盛，罗马帝国在广泛吸收东方文明和希腊文明的精华后，成为人类文明中一颗璀璨明珠。

地处山地的古罗马园林，配合古罗马的“实用理性”与“享乐主义”，在实用为主的果园、菜园以及芳香植物园基础上逐渐加强了观赏性、装饰性和娱乐性。罗马帝国吞并希腊之后，在继承和发展了希腊园林艺术的同时，也学习了埃及和西亚等国的造园手法，吸收了两河流域金字塔台层的做法，形成台地式花园。罗马帝国时期，园林建设遍及整个意大利半岛，后又影响了整个罗马世界，甚至广泛地传播到了东方和伊斯兰国家。不仅如此，古罗马园林还对后世的欧洲园林产生了直接影响，文艺复兴运动首先起源于意大利，正是古罗马影响的直接反映。

古罗马的园林主要有三类，一是建造在城市中的平地有限的小型宅园、柱廊园；二是在优美自然风光里，依山而建的大型庄园；三是适应地形起伏，结合公共建筑的公共园林和集会广场。为引入凉爽海风依山而建的大型庄园，是古罗马真正的园林，其中最著名的是哈德良山庄。罗马皇帝哈德良在位期间是罗马的和平时期，使得大规模兴建建筑和园林成为可能。哈德良山庄总体布局随山就势，没有明确统帅全局的轴线，建筑分散，造型多变，邻近建筑的地方利用高差设置观景平台，利用视线加强庄园建筑之间的联系，也有助于借景园林外的山水田园（图7-7）。其园林形式多变，主题鲜明，风格突出，有大量的雕塑、柱式装饰着水池（图7-8、图7-9），处处透露意大利文艺复兴时期的园林特征，可以想象，如若能依此延续园林发展的话，成熟的意大利文艺复兴时期的台地园就会呼之欲出。可惜，奢侈的大型别墅庄园之众，必然导致巨量财富消耗殆尽，使罗马帝国加速衰落，最终，罗马帝国在公元6世纪被阿拉伯帝国超越，欧洲进入中世纪。

图7-7 哈德良山庄鸟瞰模型

图7-8 哈德良山庄水景

图7-9 哈德良山庄特色圆形建筑

第四节 文艺复兴 人性追求

1. 文艺复兴

文艺复兴运动发生于意大利，进而影响全欧洲。文艺复兴的本义是古希腊罗马现实主义传统的“再生”，主导精神是人文主义。人文主义关注现实人生，摒弃宗教的经院哲学，讴歌现实和赞美生活，将人作为世界的中心和主人，大大促进了欧洲理性和人文精神的进步，为欧洲近现代科学和人生观的形成奠定了重要基础。而对几何原理的继续探索、透视艺术的发现，以及对世界、人和上帝的新认识，使上层社会更强调了人的高贵。古典文化是这种高贵性的象征之一，统治了艺术的各个领域。随着古典知识以及古希腊、古罗马传统在意大利重获新生，资产阶级地位提高，势力增强，这就要求有与之相适应的上层建筑和意识形态，这一切引起了人们再一次要将园林作为奢华场所和艺术作品的兴趣，其中最典型的是建在优美环境里的别墅庄园。

2. 人性追求

文艺复兴时期，意大利人认为对艺术美的崇尚和在美的环境中生活的高雅享受已不会和信仰冲突。他们向往罗马人的生活方式，渴望古罗马哲学家们所倡导的田园生活情趣，将造园看作是享受自然美景和开展户外活动的乐事。文艺复兴时期的意大利庄园大多选址在风景秀丽的丘陵山坡上，一是适应多山地理条件，可感受清凉的海风；二是既可亲近自然，也可远眺美景；三是使人工向自然过渡，达到对立统一的艺术高度。很快，这种依附于山坡的台地式园林成为了文艺复兴时期意大利园林的典型形式。

文艺复兴时期的园林虽然开始欣赏现实生活自然，但还是把自然风景审美和园林艺术审美割裂开来，彼时自然环境是在园林以外供远眺的美景，而人类的园林则体现和自然形态很大区别的艺术特质。意大利庄园大多采用严谨中轴对称的几何构图，以纵横交错的次轴线进行空间划分，形成主次分明的空间格局，中轴线起点是庄园主体建筑，是全园构图核心，也是观赏四周景色的制高点。中轴线景观丰富、变化多端，如埃斯特庄园，它有两条平行的横轴与中轴线相垂直，底层花坛台地的横轴以平静的水池构成，百泉台构成以喷泉为主的另一条水景轴，两者既变化又统一，丰富了庄园的层次（图7-10～图7-12）。

图7-10　埃斯特庄园层叠水景

图7-11　埃斯特庄园主体建筑

图7-12　埃斯特庄园百泉路

3．人工艺术

意大利造园家多为建筑师，善于以建筑的眼光来看待自然，用建筑的手法、几何形体来塑造庭园。因此植物造型艺术高度发展，植物常被布置成如绿廊、绿墙、整形或方格形植坛等，几何形式的植物塑造的空间作为主体建筑与周围自然的过渡，实现了艺术与自然的和谐，也强调了对自然的控制欲。意大利造园家善于利用地形的变化，统筹兼顾平面布局和竖向设计，削弱规则式花园单调呆板的感觉，创造出激动人心的效果。动水是台地园水景的主要形态，生动活泼、生气勃勃的流水通过机械形成壮观的喷泉，闪烁的光影和变幻的声响给花园带来了动感活力。巴洛克时期的设计师甚至喜爱玩弄水技巧，营造水魔术，常见有水剧场、水风琴等形式。

意大利文艺复兴园林揭开了西方近代园林艺术发展的序幕，是规则式园林运用于丘陵山地的典型范式，它们将依山而建的地形特点和对称严谨的美学思想相结合，使人工营造的园林景色与周围的自然美景相互渗透，层层过渡，达到对立统一的艺术高度。各种设计巧思表现了文艺复兴时期人性解放以后的西方人文主义所激发的人的创造力，当然也反映了西方传统审美思维仍是将审美对象放在人工艺术品之上而非欣赏自然上。而台地园发展到文艺复兴后期呈现过分装饰的巴洛克风格倾向。

第五节　自然生态　东方品格

1．反叛理性

意大利国土狭长而多山，法国多开阔的平原，而英国是大西洋中的岛国，气候温和湿润，如茵草地和丘陵、树丛相结合形成英国独特的国土风貌，这为英国本土园林的产生奠定了基础。早期的英国园林受意大利和法国园林影响，以规则式造园为主，鲜有适合英国国土风貌或文化特征的创新。在哲学思想上，英国盛行经验主义，和欧洲大陆盛行的理性主义分庭抗礼。经验主义认为艺术的真谛在于情感的流露，否认理性主义“美是比例的和谐”的美学原则。18世纪，随着绝对君权统治的没落，在启蒙思想的影响下，英国造园家们开始努力摆脱欧洲大陆园林的影响和几何形式园林的束缚，在造园时利用自然要素美化自然本身，强调自然带来的活力和变化，以风景画为蓝图，营造如画般的园林景色。在英国政经文化、社会艺术等因素的综合影响下，园林进入不规则化阶段，产生了自然风景式园林，并且在历经近一个世纪的发展后最终取代了古典主义园林，成为统率欧洲园林艺术的新样式。

虽然相比于中国园林意境上的理念，英式风景园林只是一种人为还原自然的过程，但是其特有的人工雕琢让英式园林产生了如油画般的美妙。最开始的斯陀园，摒弃了传统欧式园林的直线对称设计方法和传统植物雕刻，使用不对称的布局和植树方法，在英国掀起了一股改造规范式园林的热潮，人们开始追求广阔的风景构图，厌恶一切直线。造园师“万能”布朗设计的查兹沃斯庄园就是一个以建筑为出发点，采用传统的横平竖直规整式庭院布局、典型的欧式的纹绣花园、宽广的曲径蜿蜒的自然式庭院结合的复合体。园中顺着地势形成的跌水一直延续到府邸建筑的位置，是整个园林的主要中心，在轴线以外，就是自然的山体和水体，岩石园、湖泊等景观完全借鉴于自然原始的环境。这些景观使得“风景园”这一独特的英国园林风格与规整式的园林产生了强烈对比。如果将斯陀园看成里程碑意义上的风景园，那么斯托海德园就是自然风景园的最高峰。建筑师在园中以空间形式重新书写史诗《埃涅伊得》，赞美罗马文明的诞生。园中坐落着带有强烈希腊和罗马色彩的新古典主义建筑阿波罗庙宇、芙罗拉花神庙、万神殿和帕拉第奥桥，而湖泊象征着地中海，每一座小品建筑都恰到好处。园内所有的建筑都不是直白的，它们隐匿在树木中，偶尔露出一角，反而格外动人（图7-13）。

图7-13 斯托海德园的石拱桥和远处的先贤祠

英国自然风景式园林在欧洲园林艺术领域里一反自古以来欧洲以规则式为主导的造园传统，彻底颠覆了西方传统的古典主义美学思想，将自然美视为园林艺术的最高境界。自然成为园林的主体，造园从利用自然来美化人工环境转变为利用自然来美化自然本身，这也使得欧洲人对待自然的态度发生了根本性的转变。风景式园林的产生为西方人开辟了一种新的造园样式，使西方园林从此沿着规则式和不规则式两个方向发展，两种形式之间也从相互对立走向相互补充，使得西方园林艺术体系的发展变得更加成熟，走向多元化。

2. 现代人本

18世纪后期至19世纪初，欧洲产业革命导致社会变革，原皇家园林和私人庄园逐步对市民开放，经改造后适宜于大量游人活动，如英国伦敦肯辛顿园、海德公园。此后欧洲各国陆续开始在城市空地建小游园或设置开放式林荫道，形成了一种新的园林类型——城市公园。西方古典园林发展转向现代公园，反映了社会学意义上的古代与现代的转变，显示了现代社会的人本主义须以社会大众为考量，也为城市保留了自然，使市民身心愉悦，有助于缓解城市社会矛盾。

图7–14 纽约中央公园

风景园林学（Landscape Architecture）学科术语始于19世纪中叶美国的早期园林实践，这是在西方自然审美意识苏醒后以协调人与自然关系为基本理念对园林专业进行思考和实践而产生的一门既古老又新颖的学科。风景园林学的提出者奥姆斯特德在纽约中央公园的设计中提出，风景园林应实现“满足人们需要，满足全社会各阶层人们娱乐要求”的人本主义目的以及“考虑自然美和环境效益，公园规划尽可能反映自然面貌”“尽可能避免使用规则式”“道路应呈流畅曲线”的自然审美意识（图7–14）。

美国教授麦克哈格（I. McHarg）1960年代末提出了新的人与自然关系的理论，认为人与自然合作才能共同繁荣，主张景观设计应从西方传统的强调对称、轴线、表现人的力量转向表现自然，以便最大限度保存自然，合理使用土地。此后美国城市的广场和绿地都开始转向自然化的设计。

3. 东瀛抽象

东亚地区各民族都有崇拜自然的传统，同时，因广泛受到古代中国文化和哲学观的影响，也接受佛教思想。东亚地区自然式园林的特征与审美，与欧洲、伊斯兰世界广泛流行的几何式迥然不同，其中的典型代表是日本园林。日本温暖多雨，森林茂密，秀美的自然景观孕育了其民族顺应自然、赞美自然的美学观，也构成了园林艺术中采集的陆上风景。就如两河流域的绿洲对基督教和穆斯林园林的作用，生存环境的印象总会留在人的意识深处，并在艺术和理想环境中呈现出来。

各地都曾存在自然崇拜。西方因政教合一，统治者推崇唯一主神意志和天国意识，所以逐渐不再重视自然。而在东方，另一套哲学伦理观维系着政治和社会关系。日本本土宗教主要是神道，因此长期保留着原始泛神论的自然崇拜，注重人与自然的和谐规律，并形成了取法自然的审美意识，在其园林中不像西方那样极端追求几何图式，而更多基于具体事物及其象征。佛教在日本园林发展中起了重要作用，早期的净土宗使奢侈的园林提高了审美层次，也有了更强的正当性。此外，日本的海岛环境融入了对佛教净土“玉宇琼阁，天雨宝花”的想象，形成净土式园林丰富的形态，在日本宫殿、府邸的寝殿之外，以湖池水面为核心，周围茂密花木，这样的园林意象与伊斯兰教园林相仿，将园林视作极乐世界在人间的再现，只是后者形式更抽象（图7–15）。

图7-15　金阁寺净土宗园林

此后传入的禅宗对日本出现独有的园林形式具有关键意义。禅宗形而上的坐禅冥思带来的妙想和思辨，特别容易引发对自然事物的形态和属性的高度抽象的想象，产生抽象和隐喻的艺术。许多禅僧既是文学家、画家，也是园艺师，他们营建了既利于修行，又独具特色的园林——枯山水，形成了特殊的审美意象。禅宗庭园不可在其中游赏，没有实用功能，而是供人在屋内静赏，在方寸间看宇宙。这种园林远超物质性，在于精神性，造园的最终目的是在与自然对立中强调本我的存在，以此表现禅宗的人生观、自然观和世界观，是极具东方哲学思想的庭园形式（图7-16）。

图7-16　龙安寺方丈庭园枯山水园林

唐朝僧人把茶叶带入东瀛，伴随禅宗精神，带有仪式性的茶道逐步成型。茶道大师千利休强调茶道环境应简单淳朴、追求侘寂。侘指不加任何装饰的枯淡，寂指经历沧桑的古旧感，使人能充分感受禅意的自然古朴以及隐居的淡泊幽闭。茶室形如民间简朴的草庵，周边是古朴雅致的庭园小景，称为露地的茶室园。露地有露水打湿的路径之意，通常树木浓密而狭小，反映了日本人对潮湿环境与苔藓的欣赏。

东方园林中各种要素的提炼具有夸张性与抽象性，而并非简单模仿自然。日本枯山水园林的抽象更是纯粹的形式象征，并非去接近某种本体在现实世界之外的抽象形式，而是让人广泛地联想各种自然存在。虽然都是抽象，却和西方园林的纯粹几何构图的审美追求大相径庭。充满诗意的日本园林，集纯粹几何、朦胧抽象、深邃诗性于一体，虽遵循传统，却以清晰视觉形式呈现概念性命题，使古老的艺术时常被认作现代的产物。

第八讲 中国古典园林的审美特征

第一节　北方皇家园林的审美特征
第二节　江南文人园林的审美特征
第三节　岭南私家庭园的审美特征

本讲提要：

中国古典园林历史悠久，发展辉煌，形成了以北方皇家园林、江南文人园林和岭南私家庭园三大园林为代表的造园体系。北方皇家园林服务于皇家贵族，憧憬仙境景象，塑造恢弘胜景，依托山川河流展开宏大的空间叙事，以尊贵华丽的园林建筑显示皇室的权威地位；江南文人园林呈现文人阶层的文化心理，以城市山林实现隐逸理想，讲求造园意境，注重个人的品性修养；岭南私家庭园适应于湿热气候环境，显示出岭南文化兼容创新的品格，通过务实直观的造园活动，表达享受世俗生活的乐趣。本讲从造园构思追求的审美理想，景观营造实现的审美表达，园林生活呈现的审美趣味等层面进行比较分析，以揭示北方皇家园林，江南文人园林和岭南私家庭园的审美特征。

中国古典园林是中国传统文化精神的形象表征。北方皇家园林，江南文人园林和岭南私家庭园三大地方园林具有同根同源的中国传统文化基因，但又因地域自然环境、空间思维模式、社会政治条件及园主思想背景的差异，园林的审美理想、审美表达及审美趣味等方面呈现各具特色的审美文化特征。

第一节　北方皇家园林的审美特征

皇家园林服务于皇室贵族，从公元前11世纪周文王修建的“灵囿”算起，到19世纪末慈禧太后重建清漪园为颐和园，已有3000多年的历史。现存案例保存较好的，集中分布于古都北京一带，多为清代营造而成。

皇家园林的造园思想，呈现出儒、释、道三位一体的特点。儒家思想的影响集中表现为集中性、秩序性和教化性。儒家思想突出宗法礼制和等级制度，因此推崇规整、对称的空间秩序。在道家思想影响下，皇家园林建构了“一池三山”模式的园林空间。皇家园林中还随处可见佛寺，或是以梵意命名的建筑，如颐和园大报恩延寿寺、佛香阁、须弥灵境、智慧海等。

1．审美理想：憧憬仙境景象

皇家园林占地广阔，山林湖泊、飞禽走兽、花木鱼虫，荟萃天地诸景，为造园实践活动提供了优越的自然条件。皇家园林依托原山真湖，空间境界开阔恢弘，山环水抱，景象万千。北京西郊山峦起伏，叠嶂拥翠，泉水湖泊密布，

图8–1　颐和园昆明湖景
图8–2　颐和园夕阳

形成“三山五园”的皇家园林群，即万寿山、香山、玉泉山和山上分别建的静宜园、静明园、清漪园、畅春园、圆明园。圆明园巧妙利用自然地理条件，水面占全园面积的一半以上；颐和园占地约290公顷，水面约占75%的面积，全园山水环抱，浑然天成（图8–1、图8–2）；承德避暑山庄西北部为天然山体，东南天然湖水改造形成湖景。山庄占地约560公顷，布局参照山水地形进行功能及景观分区的划分，分为宫廷区湖洲区、平原区、山岳区；其中山岳区占地达七成，反映了“移天缩地在君怀”的气魄。

凡人对于神仙的想象，对于神仙居所神山的想象，成为造园活动的灵感来源之一。皇家园林依托天然山水，追求并塑造仙境景象，形成“一池三山”的象征性景观。“一池三山”，源于昆蓬神话的蓬岛瑶池主题。昆仑神话描绘山岳崇拜，将昆仑山视为通天之柱。汉武帝在长安建造建章宫时，在宫中开挖太液池，在池中堆筑三座岛屿，并取名为“蓬莱”“方丈”“瀛洲”模仿仙境，以求超越凡间，进入胜境，成为“一池三山”模式的早期案例。此后，以“海上仙山”和“昆仑仙境”为代表的模式在历代宫苑中不断出现。圆明园有方壶胜境、蓬岛瑶台；颐和园昆明湖中筑南湖岛、藻鉴堂和治镜阁三岛象征东海三山；北海最初的布局，也以太液池中琼华岛、圆坻和水云榭一池三山。清代皇家园林将各地山水胜景集仿于一体，构筑一池三山，体现了仁爱的胸怀、宽广的气魄和超脱的境界。

2．审美表达：追求宏大叙事

皇家园林占地广袤，为实现庞大复杂的建筑功能提供了基础条件，园内听政、起居、看戏、礼佛、渔猎、受贺、祈祷等功能齐全。皇室掌握财富和权力，在造园活动中的建筑比重大，着力凸显建筑形象，体现皇家贵族的威严气势。

第一，宫苑并立，互为均衡。清代皇家园林在总体布局中宫、苑分制。“宫”规整对称布局，“苑”灵活自由布局。规则式的等级递进与自然式的景观布局相结合，宫苑分布尊卑有序，主次分明，秩序井然。规整与自由，封闭与开敞的对比统一，体现出中和思想。颐和园为前宫后苑的整体布局，建筑要素与山水景观的布局相得益彰，建筑紧凑布局偏于一侧，开阔水面环抱迎合，平面布局稳定、均衡。避暑山庄宫苑呼应，相映成趣。苑景区模拟了我国自然地貌特点：西北多山、东南多水、北部为开阔的平原地貌，展现出恢弘的空间气势。

第二，建筑组群，雄伟宏大。建筑空间的秩序美感，反映出古代礼制思想影响下社会伦理对空间的塑造。清代皇家园林宫苑规模宏大，平面布局中将儒家德政思想中的“礼”制渗透其间。其中的政务建筑、纪念性建筑大多组群布局，崇尚皇权，强调等级制度。一是类型上以殿堂为主，亭、台、楼、阁为辅；二是建筑布局以规则、中轴对称为主，采用正殿居中，配殿分列两侧的组合形式：三是建筑密度和建筑体量较大。清代皇家园林仿创自然的山水布局，大气恢弘的建筑组群，多姿多彩的林木花卉，曲折回转的园路，共同组成了一系列意境深远的园林系统。

第三，中轴对称，突出主题。宫苑建筑群宏伟壮观，空间秩序严整对称。建筑组群的布局突出轴线关系，景观要素以轴线关联，形成景观序列。颐和园的佛香阁建筑群位于园内的中心位置，以轴线对称的形式来布局建筑、组织空间院落，形成富有层次感的空间序列和气势，有力地烘托出全园的制高点佛香阁。体量高大的佛香阁从整体上统率控制空间，避免松散之感；排云殿建筑群，辅助衬托佛香阁，强化其空间重心作用。中轴对称能够突出空间的主题和重点，通过轴线引导空间序列，可以塑造丰富的景观层次，形成重点突出、主从分明的空间格局。

3．审美趣味：凸显尊贵华丽

皇家园林中的建筑，造型丰富多样，多卷棚顶，墙体较为厚重，建筑装饰图案富丽精美，庄重威严，极尽贵重材料并精雕细琢；植被多高大乔木，名贵花草，显示皇家富足与至高皇权；分布于各处的匾额、楹联，不仅具有装饰功能，还表达审美思想和文化追求。

第一，色彩丰富，富丽堂皇。儒家德政思想以“礼”来规范社会，在等级制度体系中，色彩的应用规范化，中国古代建筑的色彩被赋予等级意义。清代时期对建筑色彩提出了严格的等级划分标准，黄色为最高等级，其次为绿色，以及白、蓝、紫、黑色。北方皇家园林中的建筑装饰色彩成为神圣皇权的象征，其主要色调以高明度、高彩度的暖色为主，体现富丽堂皇的色彩氛围，突出帝王及皇室的威严、高贵。其中，金黄色为最主要的用色，在皇家园林中具有无可替代的地位。如建筑屋顶采用黄色琉璃瓦，装饰构件表面施以明亮色彩并塑造金色的龙凤形象。朱红色的宫殿外墙、廊柱以及大门，凸显皇权及国家机构的权威。红、黄为主的高强度的色相运用，显示庄严、华贵、富丽的皇家形象，突出了皇家园林建筑的形态，令人感受到强烈而鲜明的视觉冲击和气氛感染。

第二，取义吉祥，祈福象征。清代皇家园林的建筑装饰构件内容丰富，工艺精细，形成整体统一的内涵系统。颐和园以万寿山、昆明湖为主体框架形成"福海寿山"，园林建筑题名、陈设、彩画、砖雕等同样塑造了大量福寿吉祥的题材内容，表达福寿绵长的愿望。如装饰和陈设中常见的蝙蝠装饰纹样，谐音取义"福"。其形象细节经过艺术化的变形处理，头尾处为卷云形状，左右对称，展翅翱翔，形象生动而有趣。基于传统的五行理论，园林建筑中分布大量象征以水抑火的装饰，如在建筑悬山、歇山顶的山尖部分设博风板、雕刻鱼形和水草图案，名为"悬鱼"和"惹草"；又或在建筑的室内顶棚装饰藻井，表面绘制水草，与水关联。

第三，诗书礼乐，博大崇高。清代皇家园林的匾额楹联，表达园林主人，也即国家统治者的思想感情。以题词文字抒发情感，呼应园林景观的主题，不仅显示造园的深邃寓意，博大气势和崇高境界，而且传达伦理孝亲、仁爱亲民、忠君爱国、国家统一等思想内容。避暑山庄的"纪恩堂"，乾隆皇帝即位后为表达对父亲康熙皇帝的感恩而题写匾额；颐和园的"养云轩"，题名意为蕴育云气，寄望兴云致雨、润泽农桑，体现体恤百姓的仁爱思想。

第二节　江南文人园林的审美特征

江南文人园林的发展与士人阶层的兴起关系密切。自魏晋以来，江南文人园林发展成为具有中国古代文人气质的空间形式。园林化的空间场所成为士人阶层的精神家园，文人士大夫思想也深刻影响造园活动。

江南文人园林的意境内涵，体现中国传统哲学思想的脉络，讲究闹市中求僻静，称为"城市山林"，由于造园可以依托的真山真水极为有限，所以大都人工营造假山假水。所谓"虽由人作，宛自天开"，江南园林一山一水俱是凝练之笔，足以象征并形成咫尺山林的氛围。布局多以池水为中心，池岸线蜿蜒曲折，建筑小品、植物山石高低错落，小中见大，有若自然。池水形态看似随意，实则精致，缩放之间全然体现自然流水的特征。叠石艺术多采用太湖石为主材，著名的山石作品有苏州环秀山庄的太湖石假山，苏州耦园黄石假山，扬州个园的四季假山，苏州惠荫园的太湖石假山等（图8–3、图8–4）。其艺术特色虽各有千秋，却俱是传达大自然之神韵。江南园林通过人工模仿，归附于自然本真的做法，是出于对道家思想的推崇，而园址选择居于闹市，则满足了儒生对尘世瞭望关注的入世心态。

图8-3 个园太湖石假山

图8-4 扬州片石山房叠石

1．审美理想：营造城市山林

江南文人园林的园子与住宅连接在一起，各自分区明确。园林内的建筑具有画龙点睛、空间转换、供人小驻等作用，始终不占主导地位，园林只是人们休息、娱乐、读书、吟诗的场所。所以园林布景含蓄、曲折，大都描摹自然形态随机变化的样貌。池岸线蜿蜒迂回，小径高低起伏，建筑依地势而建，影影绰绰，点缀于绿树花草之中，自然山水意味浓厚。造园反映中国传统农业社会的安土、爱土、敬土、乐天的思想，以及稳健儒雅、内敛自省的文化心理。

造园选址是园主人生活理想和审美追求的体现，虽说“园地唯山林最胜”，但“能为闹处寻幽，胡舍近图远”。江南文人造园，讲究的是闹市中求僻静。江南宅园大都在城区，混杂于民居之间，往往是一无山、二无水的平地，可以依托的真山真水条件极为有限。我们今天能够看到的山水园景，基本均为人工营造的假山假水，做到“虽由人作，宛自天开”。造园活动追求通过巧夺天工的人工，塑造归于天然的“真”样貌，使园林成为大自然的缩影。一山一水经认真考究，都是凝练之笔，足以象征并形成咫尺山林的氛围。园林布局以池水为中心，池岸线蜿蜒曲折，建筑小品、植物山石高低错落，小中见大，有若自然。池水形态看似随意，实则精致，缩放之间全然体现自然流水的特征。各园内的叠石造景各有千秋，著名的山石作品有苏州环秀山庄的太湖石假山，苏州耦园黄石假山，扬州个园的四季假山，苏州惠荫园的太湖石假山等。江南园林营造“城市山林”，居于闹市的园址，满足了儒生的入世心态；人工造景归附于自然的做法，则体现出对道家思想的推崇。

2．审美表达：讲求意境营造

江南文人园林满足人欣赏和居住的物质与精神需要，巧妙合理地运用园林景观要素造景，追求意境营造，在构园、组景、功能、艺术和人文等方面做到了得体、合宜。江南园林虽无北方皇家园林之壮阔，但动辄三四十亩的占地，相比于岭南造园占地之三五亩，也更有充足的空间保障。“曲径通幽”“欲扬先抑”“柳暗花明”，依靠人们行进过程中的“动观”，在时间与空间的变化中进行审美。如苏州留园的入口空间，经由庭院、过道、小弄、方厅，直至园中景色尽收眼底，行经路线上光线明暗变化，空间尺度由窄至宽，收放自如，尽得藏露精髓。园林空间塑造了实中见虚、小中见大、景中见意以及“意到笔不到”的情景和意境。江南造园也称为“构园”，须由艺术家精心构思。一方面，景物形象与造园者的主体情思交融，建构出具有主体审美情感的感知形象；另一方面，不同的品赏者可以从自身获取的审美意象，生成更高层次的审美快感。

江南园林中为了创造出比实际空间更为深远的意境，强调以借景和空间渗透来扩大空间。扬州何园靠墙的半边亭子中嵌着一面借景用的镜子，将园内的山水景观尽收镜中，类似的做法在拙政园船厅“香洲”、退思园“菰雨生凉”轩均有应用，室内镜面反射园中景致，虚实幻化，内外交融，拓展了空间体验（图8-5）。远近融合也是江南园林常用的借景手法。陈从周在《说园》中描述“无锡寄畅园为山麓园，景物皆因面山而构，纳外园外山景于园内”。无锡寄畅园纳两山风光造景：近借锡山，山上龙光塔清晰可见；远借惠山，最大程度拓展视域，开阔空间，使境界深味不尽，富有诗情画意（图8-6）。

图8-5 “菰雨生凉”轩

图8-6 无锡寄畅园

3．审美趣味：注重内省修养

中国传统文化重视主体道德性，园主人对现实社会的感慨，人生经历的深思，道德境界的追求，俱凝结在园林的山水之间。江南园林通过布局体现园林主人对意境的审美追求，通过题联题对点化空间之妙，在一山一水的营造中体现哲理玄思。假山寄寓山居避世；碧水怡情怡性，返璞归真；竹子、荷花、菊花、桂花等植物比德于人，暗喻高尚人格。中国古代文人的归隐意识，对平淡质朴园居生活的向往，是在经历官场沉浮之后，对宫苑华丽辉煌的一种反思，而其归隐的落脚点，又大都选择在“田园”，也是对农业文明的一种回归，体现出返璞归真、内向独居的倾向。江南私家园林呈现出的这种内敛性格和归隐意识，客观原因是为了避世远祸，从最初社会动荡导致的士人南迁，江南造园就融入了远离祸乱、偏安一方的封闭性心理。主观上，仍然是因为深受儒道伦理思想特别是禅文化的影响。隐逸思想及随之而来的自省、独乐等个人色彩浓厚的田园生活必然要求园林塑造以内敛为佳。

江南园林发端时期，私园作为园主的独有空间，为个人服务，外人极少有机会入园游览。园主人的思想观念、文化意识直接决定园内的景观构筑意向，能工巧匠的技艺手段均为此而付诸实施。明朝监察御史王献臣，为人刚直，却不容于朝廷，罢官之后便回乡觅地建园，妙手丹青的文徵明与之一见如故，二人对怀才不遇、仕途失意有着共同感受，手创留世名园拙政园（图8-7）。苏州城内与拙政园南北相望的沧浪亭，最初由北宋著名文人苏舜钦购地营建。他少年得志，中年遭贬，选择生活田野之间，追求逍遥自在的退隐生活。网师

图8-7　拙政园“香洲”

园主人以“网师”自居，退归林下、乐天安命，将“渔隐”主题体现在碧水清池建筑景观之间，设多处钓鱼台、观鱼台（图8-8）。“退思园”取《吕氏春秋》“进则尽忠，退则思过”之意造园，突出了自身品性修养的追求。明嘉靖年间，上海豫园的主人潘允端，最初也是因科场失意，才在自家宅院菜畦上开始修建小园。后因金榜题名，沉浮官场，园子的经营一度停滞不前，直至他辞官返乡，再度全心投入建园，终成名园“豫园”。初衷是因科举未果，而其兴盛，却是在归省返乡之后。

图8-8　网师园园景

江南造园有意识地淡化了商业经济下的实用性和交际性，强调自娱自乐的自我完善，在一方小天地中塑造自我人格修养。第一，布局构成。江南私家园林多位于市井，封闭围合，布局形态适应地形，不过多考虑外部条件。“城市山林”的形式避免了外部干扰以求宁静，内部布局多以水池为中心，水岸迂回曲折，沿岸向心布置景观，具有宁静亲切的内向含蓄之美。第二，景观要素。江南园林以自然山水为主，建筑为辅。建筑造型轻巧、典雅，融于山水花木之间。建筑色彩朴素淡雅，粉墙灰瓦，木作构件和家具大都为木材原色，室内外空间色调趋于一致，如中国水墨画一般。人工建筑与自然环境相协调，呈现素雅、内敛的性格特征。第三，题名题对。网师园“渔隐”主题不仅体现在碧水清池建筑景观之间，匾额楹联，也多作为书写点题内容。如入园门楣“可以栖迟”，爬山廊砖额“樵风径”，以及池南小阁“濯缨水阁”，耐人寻味。

沧浪亭之命名，出自《楚辞·渔父》的渔夫之歌：“沧浪之水清兮，可以濯吾缨”。沧浪渔父曾吟唱这首诗歌来劝说屈原超脱世俗，淡泊归隐。沧浪亭锄月轩的对联直抒胸臆：“乐山乐水得静趣，一丘一壑自风流”。江南园林隐逸闲适、清心淡雅的意境因这些神来之笔而得以深化。苏州的南北两座“半园”，“知足不求其全，甘守其半”。南半园中“半园草堂”内有楹联曰：园虽得半，身有余闲，便觉天空海阔；是不求全，心常知足，自然气静神怡。拙政园主人王献臣甘愿浇花种菜，以其为政。取“笨拙粗劣的人把经营田园、捕鱼牧羊，孝敬父母、和睦兄弟，当作士人的做官从政”之意造园，园中部“绿漪亭”又名“劝耕亭”，亭旁几只芦苇摇曳多姿，乡野之感顿生；东部在明代曾为“归田园居”，浑然天成，讲求拙朴之美，园主人寄托了一种返璞归真，向往田野生活的审美趣味。以农为本的经济形态和生活习性，赋予江南造园以求和尚稳、封闭内敛、内省修养的审美趣味。内向心态一方面保持了吴文化的一脉相承，使得江南园林地域性、文化性归于统一，另一方面也因缺少异质文化的碰撞而失去了变革的动力。

第三节　岭南私家庭园的审美特征

岭南文化源远流长，因得天独厚的地理环境、气候条件和外来文化的影响而独具特色，自成一派。作为岭南文化的载体和表现形式，岭南园林在审美特征方面体现了岭南人务实开放、兼容创新、世俗享乐的文化特点。岭南传统园林狭义上讲，主要指岭南私家庭园。作为中国传统造园艺术的三大地方流派之一，岭南园林在中国造园史上具有重要地位。岭南园林主要分布在广东省，为岭南一带的商贾所建，多是与住宅结合的小型宅园形式。造园不拘于传统形制和模式，以实用出发，将日常功用与悦目赏心有机地结合。从环境审美的角度看，岭南庭园自然选址，注重切合地理实际，发挥地理条件优势；从形式审美的角度看，几何完型，造型语言洗练简洁，别有风味；从意境审美的角度看，注重庭园空间与生活的互动，务实直接。

1．审美理想：重在兼容创新

第一，继承中国传统造园手法并融通古今。岭南园林作为岭南人民的智慧结晶和岭南文化的物质表现，在发展过程中既秉持了中国传统园林的造园思想与技艺，又选择性地吸收了西方的造园文化，形成了别具一格的造园体系。在功能和布局方面，创新建筑组合形式，融合了居住、游憩和祠堂等多种功能；在装饰方面，巧妙地运用了传统的木雕、砖雕、石雕、灰塑，以及近代大量出现的陶塑、铁铸等装饰技艺，可谓民间装饰艺术的璀璨殿堂。早期岭南文化已深受北方儒道美学思想的影响，历史上汉人的数次大规模南迁，历代文人士大夫的流放，更是给岭南经济、文化的开发注入中国的主流传统文化思想。岭南园林在发展过程中向江南园林借鉴经验，选址、布局、造型、装饰深受儒道思想影响。可园采用连房广厦的形式，园内建筑及其装修博采众长，不拘一格，是园主遍游各地园林，广泛吸取建园经验进行创新的结果。清晖园、余荫山房等园中也可见到很多江南园林造景手法的影子，装饰装修中亦不乏道德伦理、吉祥喜庆、崇宗敬祖等主题。

第二，立足地域文化形成庭园特色。"庭园"这一特定名称表述，表明岭南造园以建筑空间为主，厅堂、居室、亭榭、阁楼等作为造园重点和主体出现。近代岭南庭园的建筑形式具有鲜明的审美属性，体现了岭南建筑的技术个性与人文品格，透射出岭南文化的近代精神与审美理想。由于占地面积狭小，园内建筑大都体量较小，且形式上给人以通透、玲珑轻巧、朴实之感。如可园的邀山阁、绿绮楼，清晖园的澄漪亭等建筑的檐角曲线起翘（图8-9），相比北方皇家园林的庄重和江南园林的飘逸，就显得更为柔和、洒脱、简洁，在"静观"的状态下，人们对于形式美的体会尤为深刻。

第三，借鉴西方建筑语言进行创新。岭南园林不仅吸收了北方皇家园林、江南私家园林的造园手法，还在很大程度上受到西方文化的影响。尤其在19世纪初期，在粤中、粤东、闽南和台湾地区，钢铁、混凝土等材料以及西方柱式、外廊式建筑、地下室等一些外来形式在庭园中得到广泛应用。如潮阳西园将西式的园林景观和中式的书塾建筑结合在一起，体现了岭南庭园兼容并蓄、敢于创新的美学特征。岭南造园因此带来了新意。首先，塑造景观的人工意味浓厚，这既是岭南文化传统风格，也是受西方文化影响深化的结果。晚清粤中四大名园，布局造型规整、严谨，景观配置多盆景花木，人工叠石，乃至"曲径通幽"的庭园路径也采用几何形式，以人为修饰的人工艺术美感为胜。其次，建筑形式语言多样，拱形门窗，巴洛克柱头、西洋式栏杆、铁艺花饰等

图8-9 清晖园澄漪亭

图8-10 广州番禺余荫山房

图8-11 广州番禺余荫山房彩色玻璃

图8-12 象牙色地砖

纹样、造型，均仿自欧式古典建筑装饰（图8-10）。隔断常用的套色玻璃、蚀刻纹样等，所用材料和技术亦为海外舶来品。如套色玻璃在屏风、门窗等处的运用（图8-11），给人以一种绮丽幻化的感受：红橙色与户外丽日之明媚相呼应，草绿色又带来绿树下的荫凉之感，而淡蓝色则模拟出北国瑞雪皑皑的风光。园内铺地与江南园林常见的青砖不同，使用了一种纯手工制作的象牙色地砖（图8-12），纹样优雅、繁复，且因没有上釉，易于吸水，不仅雨季防滑，而且古香古色。设计者的匠心，无处不在。在可园的双清室和桂花厅，除了建筑结构上通过小天井加强通风外，还创造性地在室内使用人工机械鼓风设备。这些独特、创新的造园手法，基于外来文化中先进建筑技术工艺，进行大胆吸收和巧妙融合，表现出在对异质文化的态度上，“万物皆备于我”，古今中外皆我所用。岭南文化所表现出的开阔胸怀，兼容并蓄，融中原传统文化、海外异域技术和文化于一身，岭南造园因而呈现出丰富多样的审美形态。

2．审美表达：手法务实直观

岭南造园手法务实致用，塑造庭园建筑及景观形象直观，主要表现以下几个方面。第一，选址建园因借自然景观。岭南园林的建园原则是尽可能离开闹市，把庭园建在真山真水的大自然环境中，甚至将宅园融入大自然，成为其中一部分。建园者崇尚自然，追求平实，对自然环境往往不作大的调整和改造。如保留至今的岭南晚清四大名园，清晖园、梁园建在小镇边缘，可园、余荫山房则建在乡村，以求得良好的自然环境。对自然景观进行充分的因借处理，良好的地理环境和自然景观为岭南造园提供了难得的天然素材，如可园东部毗邻大片的可湖水面，既形成良好的微气候，又令园内景观得以延伸和充实（图8–13）。可园四层高楼邀山阁（图8–14），高达15.6米，取邀山川入园之意，虽无一览众山小的极致，但游目骋怀，内可观园中绿树重重、假山层叠，外可望群山田野、溪流湖畔，高瞻远瞩，把酒吟诗，颇有胸怀开阔之感。其中滋味诚如园主张敬修《可楼记》中所言："居不幽者，志不广；览不远者，怀不畅……园之外，不可得而有也。"通透疏朗的岭南宅园充分考虑本地区气候炎热多雨的特点，通过巷道、天井、敞厅以及敞廊等方式组织空间，既保证通风、避雨、防晒、引导等功能要求，又形成隔而不断的空间效果，使景观层次和意境大为丰富。起居部分，建筑较为密集，空间联系巧妙，通风良好，遮荫避雨，可居可游，令人惬意非常。岭南园林务实直接，占地狭小经济，对于自然条件充分加以利用，对于生活和人生修养的追求轻松、达观。

图8–13 可园可湖水景

图8-14 可园邀山阁

第二，庭园布局采用直观形态。与江南园林不同，岭南文化审美心理诉求重在务实。江南园林重咫尺天涯的意境审美，北方皇家园林重在体现威严气势，岭南庭园则是唤醒人们内心深处对生活的体验，具有几何形构图美感的形式语言，直接、实际，成为岭南小面积造园的首选。行走其间，人们会感到自己与空间无时无刻不在进行着亲和的交流。从平面布局不难看出，岭南庭园一般都构图简洁、开合有度，简洁洗练的布局、造型语言，体现了规整却不乏有趣随意的变化之美。清晖园的长方形水池，“以疏救塞”，在空间上使较为拥挤的平面变得疏朗开阔，同时在审美意义上反映出明快舒畅、务实求真，率性天真的文化心理。余荫山房全园分东西两庭，有桥廊连接。东庭为方塘水庭，所有建筑和组景都同方塘平行，呈方形构图。西庭为八角形水庭，八角形水厅居于八角形水塘的中央，庭内桥、廊、小路，都采取同八角形周边成平行或垂直的方向。园内两庭并列，纵贯轴线，构成整齐的几何形布局。在整个中国古代宅园体系中，这种几何形制十分罕见。

第三，植物种植讲究务实求效。在私家庭园栽种果树，亦是岭南庭园的特色之一。在岭南文化世俗化、商业化思想的影响下，岭南造园植物的物种配置，尽管有花木和蔬果多种类型可选，却以蔬果类经济作物居多。果树不但具有观赏价值，又有遮荫功能，还能让人品尝佳果美味。果树栽植品种有龙眼、荔枝、枇杷、芒果、杨桃、蒲桃、香蕉、芭蕉、番石榴、番木瓜、人心果、沙梨等。就栽植手法而言也与中原地区古典园林相异，如竹子造景，既无江南园林的粉墙竹影的景象，也罕见茂密通幽的竹林景观，而是贴墙而栽三两株成行成列，疏落竹影，摇曳生姿。最具代表性的当数余荫山房的夹墙竹，园主人在与瑜园的窄小墙体之间种上一行崖州竹，传神达意间，已围合了庭院空间而将相邻的瑜园隔于园外，体现了务实求效、灵活用地的特点。

3．审美趣味：享受世俗生活

岭南社会文化的平民世俗意识突出，讲究享受世俗生活。岭南长期以来在地理位置上远离政治行政中心，形成相对安定宽松的社会政治环境。人们更关注自身的现世生活。明清以来，经济快速发展，城镇规模扩大，市民阶层地位上升，乡里文化兴旺，世俗观念强烈。由此形成重感觉、轻体悟，感性直观，追求享受的审美风尚，既不同于北方皇家园林之富丽壮美，也不同于江南文人园林的精巧雅致，岭南造园正是植根于日常生活，世俗享乐，审美趣味趋向于追求趣味性、猎奇性和形象性。

第一，庭园空间的使用功能日常化。基于对湿热气候的适应，岭南造园注意朝向、通风、防晒、隔热和降温问题，通过庭园、巷道、廊亭以及敞厅等来组织自然通风。由于占地面积狭小，园内建筑大都体量较小，且形式上给人以通透、玲珑、轻巧、朴实之感，如可园的邀山阁、绿绮楼，清晖园的澄漪亭等，建筑的檐角曲线起翘，相比北方皇家园林的庄重和江南园林的飘逸，就显得更为柔和、洒脱、简洁。岭南庭园之中，园林生活始终归附于现实生活，园林与住宅无明确的区域分布，建筑作为主体，与园林融为一体。反映在布局上，通过不规则的序列方式形成灵活多变的庭园空间，生活起居与庭园融为一体，并以居住建筑作为园林的主体，既满足居住功能，又享受山林水泉之乐。园主人思想一般较为达观，追求休闲享乐的现世生活，建园注重结合自然地理现状，少了几分章法限制，却多了几许随意性，更富民间气息和生活趣味。如余荫山房八角亭八面玲珑，不仅各个角度风景各异赏心悦目，而且设置了大幅玻璃窗，可开敞可闭合，无论日晒雨淋均无大碍。岭南人喜交流、叹茶、聊天，乃是生活情趣的自然流露，所以庭园虽小，往往设置场所感很强的亭、谢、轩、廊，同时兼备良好的可达性，因借丰富的景观，制作华丽的装饰装修，延长静观的审美过程。可园拜月亭、擘红小榭，梁园原有壶亭等均为此例。余荫山房之八角亭（图8-15）、清晖园之玲珑榭，虽结构为亭，但四周设窗，遮阳避雨，且不阻碍风景，并通过造型、位置、体量等设计要素创造了足够的通透性，塑造了恰到好处的距离感，营造了一种惬意亲切直白式的氛围。在物我相望的距离之间，岭南人务实直接的秉性和从容淡定的生活情趣表露无遗。

图8–15　八角亭

第二，植物景观的品种配置实用化。岭南庭园园内植物造景对于植物“比德”思想有所体现，不过更典型的则是栽植各种岭南瓜果等经济作物，既美化环境，又供人在可居可游之际，享受美味。可园“擘红小榭”，四周围遍植荔枝等亚热带水果，在这小榭中，举手之劳便可摘取树上的新鲜红荔。此处室内外情景交融，相互渗透，综合味觉、视觉、触觉、嗅觉等多种审美体验，生活情趣非常浓厚。

第三，建筑装饰的题材内容生活化。岭南庭园建筑装饰流露民间气息，表现题材富于生活意味和岭南风情。从内容上看，以吉祥纹样和岭南水果植物等为主。余荫山房深柳堂的“百鸟归巢”洞罩，清晖园船厅的“岭南百果”花罩，可园的精秀花檐等，这些堪称工艺精品的装饰，使庭园内容大为丰富，在略显局促的空间内，从时间上延长了人们“静”观的审美心理过程。上文提到的双清室，又称“亚”字庭，乃可园胜景，结构十分奇妙，从整个建筑形状到地面、天花、窗扇装饰皆用繁体的吉祥之字“亚”字为图，堪称装饰艺术与文化诉求相融合的典范。从色彩上看，整体清淡，局部突出。在建筑的一些重点部位，使用红、青、橙、绿等装饰色彩，表现手法之绮丽，深受岭南画派影响。一方面，充分表现了岭南阳光充足的亚热带自然风光；另一方面，通过色彩的点缀变化增加了建筑形式的多样性，避免了空间的均质单调性，丰富了建筑的审美属性。

第九讲 中国古典园林意境营造的审美维度

第一节　天人合一的审美理想
第二节　时空一体的设计思维
第三节　情景交融的意境内涵
第四节　有无相生的空间处理

本讲提要：

中国古典园林是世界园林文化的精彩范例，更是中国传统文化的重要组成部分。中国古典园林形象表征了中国传统文化的和合精神，生动诠释了中国传统文化的和合价值观、和合思维观、和合环境观和和合审美观。“虽由人作，宛自天开”概括了中国古典园林的意境追求。中国古典园林的意境营造呈现出天人合一的审美理想、时空一体的设计思维、情景交融的意境内涵与有无相生的空间处理等四个审美维度。

中国古典园林是中国传统文化的重要载体，体现了中国传统文化的和合文化精神，展现了中国传统艺术的意境追求和美学境界。就古典园林的审美特征而言，无论北方皇家园林的壮、大、阔、深审美特征，还是江南文人园林尚古尚雅、超俗隐逸的审美追求，抑或是岭南私家庭园的务实融通、世俗享乐的审美取向，可谓“月映万川，理一分殊”，无不体现了中国传统文化的和合价值观、和合思维观、和合环境观、和合审美观。

第一节　天人合一的审美理想

中国古典园林“天人合一”的审美理想以儒、道互补为背景，经传统艺术的审美提炼与造园实践的经验总结而建构起来。原始儒道的“天人合一”理论由上古社会原始宗教的“天人合一”观念转化而来。上古时代，《尚书·尧典》载“八音克谐，无相夺伦，神人以和”。至五帝时代，颛顼提出“绝地天通”，确立了天神与人间二分的思想观念。到殷周之际，周人提出了“敬德保民”“以德配天”的主张，开启了中国文化的人本主义传统，成为原始儒道“天人合一”论的思想来源。

1. 儒家“天人合一”的审美理想

儒家“天人合一”的审美理想对古典园林的规划布局和意境营造产生了广泛而深刻的影响。儒家文化崇奉积极进取、奋发有为的人生态度，提出“在天为命，在人为性”的天人理论。孔子曰：“知者乐水，仁者乐山；知者动，仁者静；知者乐，仁者寿。”（《论语·雍也》）秀美壮丽的自然景色在儒家心目中成为“天地之德”与“仁”的理性精神象征，对自然山水的观赏之乐与仁智悦心的感受相契合，构成一种审美的人生境界。

在儒家“天人合一”的环境理想影响下，中国古典园林营造强调集中性、秩序性和教化性，注重人的主体性作用。主体性与道德性是儒家“天人合一”思想的落脚点，换言之，原始儒家要求天人合于“人”的主体性和道德性之上。

中国古典园林强化和突出园林要素的群体性与整体性，以及园林环境秩序性、教化性的人伦道德之审美文化内涵。如宋朝徽宗建造的艮岳以大型假山写意，寓意中央朝廷的万里江山；明朝成祖于北京新都设立天地日月祭坛，寓意皇帝作为天子奉天承运，教化世间等。园林是文化价值观的表达，而教化的核心则是价值观念的传递。古代园林中教化表现主要体现在游赏活动、题咏文教和祭祀纪念三方面。

2. 道家“天人合一”的审美理想

道家立足于超越现实，否定感性现实所为，提出“人法地，地法天，天法道，道法自然”的准则，期望达到“无为而无不为”的人生目的。所谓“天地与我并生，而万物与我为一”（《庄子·齐物论》），便是道家在精神上试图放下人在世间纷乱繁杂的主观思维情感，尝试重返天地万物之中的追求，强调人与万物一样，都是道的化身。为此需要调节内心才能融合冲突，控制自我。老子主张通过“见素抱朴”“少私寡欲”压抑自身欲望的方式达到心灵的清净乐和，庄子希望达到“人和人乐”的心灵境界，主张“心斋”与“坐忘”两种修身方法。“心斋”即内心清澈如明镜，达到内心与大道自然合一的程度，就能忘却外界的纷扰繁杂，达到“坐忘”的境界。皇家园林理水常常采用一池三山的模式模拟仙人居所，如北京北海琼华岛、中海犀牛台与南海瀛台组成一池三山格局。留园五峰仙馆前有模拟庐山五老峰的假山，人在馆中仿若身处庐山岩壑，两侧室内透过侧窗收摄天津内的竹石小品构成绝好框景，让人身处家中如在千里之外的匡庐仙山体会神仙那般“天人合一、物我两忘”的飞升之境。

道家“天人合一”的环境理想的根本在于自然性和静穆性，即道家要求天人合于“天”的自然性和静穆性之上。人做的产物再怎么追求威严宏伟，都是对自然的模仿，找寻自然大道的方法就是“师法自然”“道法自然”，这样的环境美学观同样深刻影响到古代中国的建筑园林意境营造。如鹰潭龙虎山正一观作为龙虎山祖庙，面白塔河水而背靠龙虎山形，神道幽长而肃穆，内无华丽铺装，建筑廊道居于植被掩映之中，除必要外无多余建筑。整体呈现出对清心寡欲、回归自然的意境追求。清朝德宗在清漪园的基础上修筑颐和园，通过特定的视角表现出昆明湖寿桃之形与万寿山蝙蝠之意，在表达寿海福山的吉祥意境的同时有自然意蕴。

道家“天人合一”的审美理想表现为强调园林契合自然环境及简朴性，追

图9–1 上海豫园

求园林环境中与自然的联系返璞归真。计成有云“有真为假，作假成真”，提倡更加偏重于人与自然的和谐，意味着园林山水要师法自然、崇尚自然、贴近自然，但不意味着对自然的如实再现，即在园林建设过程中善于因借环境，避免刻意塑造，达到“虽由人作，宛自天开”的内涵表现（图9-1）。

3．禅宗“天人合一”的审美理想

禅宗“天人合一”的审美理想探求平常随性的内心境界。以觉悟众生本有佛性为目的，认为“梵我合一”“法界一相”。中国禅宗的影响主要是通过对文人士大夫性格和审美情趣的渗透，折射在园林风格和意境的审美观照中。

禅宗“天人合一”的环境理想影响下的古典园林营造注重对园林环境的感知与思考。禅宗作为中国本土的佛教流派在理论上脱离了传统佛家三学教说，追求“饥来吃饭，困来即眠”的内心修行思悟和去往自由的人生态度。在园林审美中不求铺装外貌惊艳但求景致构思精妙，不求牌匾辞藻华丽但求楹联蕴涵哲理，希望从世事中悟出佛理达到超脱。网师园从园门循游廊可直通“小山丛桂轩”，轩为几颗桂树、几组太湖石和几面院墙所围，环境清幽仿若置身岩壑间，而墙上的漏窗则隐隐露出隔院景色。这一小轩的意义便是在于安抚宾客对观园的迫切心情，希望作为一个过渡空间能让宾客在此宁心静气，融入园林的幽静气氛后再以欣赏的心境观赏园林的山水植被，感受其中蕴涵的禅宗意境，从而达到“天人合一”的理想境界。

禅宗“天人合一”的环境理想的落脚点不同于儒道却又与儒道息息相关，其平常随性的禅意表现为对天人合于“心”的追寻，也就是成佛、佛性的追求。在众生有佛性的认知下，禅宗园林不追求对自然的对照模仿，而体现在以物喻物、以小见大。西泠印社设于孤山清池旁，设有石塔石室供在此聚会的篆刻家们观想禅意，建筑均设立在天然岩基之上，其园林依山而建宛若石印章之雕刻，山岩石塔与松竹梅搭配，突出了文人园林的高雅深邃意境。杭州灵隐、韬光、天竺诸寺形成寺院园林集群，以园林强化寺观神圣气息，春秋季节或繁花盛开似锦，或落叶纷纷洒洒，烘托出唯美禅意的意境，让人领略佛国仙界的意趣。

禅宗的“天人合一”审美理想表现为突出园林要素的多元和合表现，在意境营造上强调以小见大、以少胜多、咫尺山林。文震亨所著《长物志》“水石”卷中，提出叠山理水应“一峰则太华千寻，一勺则江湖万里”。不求材质、形态甚至色彩是否相同，更多的是对其搭配组合的思考与感悟。唐代王维在其《辋川集》中通过大量篇幅从侧面记载了辋川别业中的景点，如描写鹿柴的“空山不见人，但闻人语响。返景入深林，复照青苔上”；描写辛夷坞的“木末芙蓉花，山中发红萼；涧户寂无人，纷纷开且落”，通篇未指明景名，却在诗句中将其特征与意境表现了出来，将自然之景与人的认识相结合，表现出对禅理的感悟。

第二节 时空一体的设计思维

时空一体设计思维是中国传统艺术的基本审美特征和共同审美思维，是中国古建园林创设意境的基本规律。华夏先民们在长久发展中产生并形成了一套完善的气为本原、阴阳为经、五行为纬的时空一体宇宙观，在此基础上诞生了“仰观俯察”和“见微知著”两种观照世界的方式，并因此由阴阳五行四时的变化而形成时间与空间联系与共的整体思维方式。

1. 晨昏光影的时空一体表现

时间与空间互相交感，构成“良辰”与“美景”交融的风景系列。中国古典园林以变化为特征，讲究“步移景异”。一天十二时辰在古代有着特殊的意义。相应的晨曦、午时、夕阳、明月等都有着特殊的韵味，这些稍纵即逝的时间点与景物结合，能给园林带来无限的趣味。白居易在《景堂记》中描述庐山美景时曰：“阴晴显晦，昏旦含吐，千变万化，不可殚记。”为能长久地享受如此美景，他在庐山建造草堂，在空间营造时偏好“堂东有瀑布，水悬三尺，泻阶隅，落石渠，昏晓如练色，夜中如环佩琴筑声”。不仅在日常有美景瀑声，

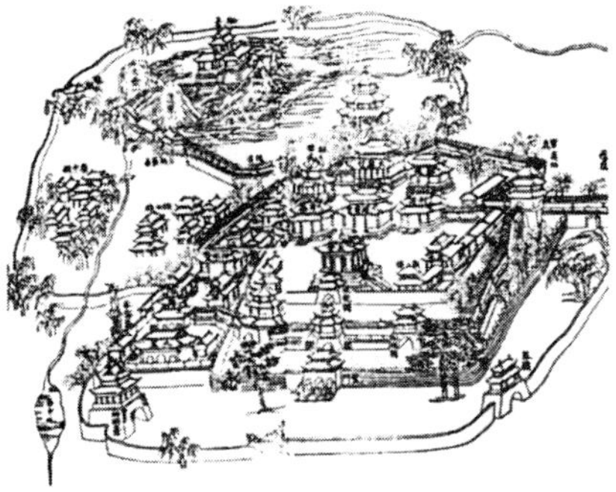

图9-2 建章宫"一池三山"

在晨昏时刻也能品味出不同的风味，在黎明前的昏暗中醒目地显露在人前，在白天以其壮大的声势掩盖了庐山草堂，在黄昏时如练衬托出人的渺小与自然的肃穆。天然瀑布在不同时刻的光辉照耀下与庐山山景、与庐山草堂产生了多样的空间搭配，在人的心性认知中拉近了人与自然的距离。

承德避暑山庄作为古典园林集大成者，其"西岭晨霞""锤峰落照""梨花伴月"等观赏晨昏光影的景点是时空一体的设计思维典型表现。避暑山庄中与晨昏光影相关的景点位置都较为开阔，在景点的营造中兼顾考虑了景物空间与一天的时光景象变化（图9-2）。"西岭晨霞""锤峰落照"重点观赏清晨与黄昏此类一日之内的特殊时光景象，在晨昏时刻的特殊光影中，避暑山庄内外的山体景致披上一层橙金的面纱，江山宛若洛书河图中的天下九州，晨霞给人以世间万物勃勃生机、万物竞发的景象意境，落照在游人的审美活动之中则能产生天下太平、江山永固的特殊审美体验。其中锤峰落照方亭尚存，建于避暑山庄南部松鹤清樾北山峰顶，依山傍水，在夕阳西照下，清帝率文武百官在此举行蒙古风味的野宴同时观看磬锤峰落日余下的雄奇俊秀的景象，在夕阳余晖中水体反射金色的光芒，在亭内营造出纸醉金迷的闪耀景色。月色江声景点处于山庄东南角延伸半岛上，审美主体在夜色映照下来到江边，在静谧的夜色中伴随着江水的流动和岛屿前后的江声，观赏着倒映在广阔湖面上的月色，不由得让人脑海中浮现出"逝者如斯夫，不舍昼夜""滚滚长江东逝水，浪花淘尽英雄"等诗句，将此刻的空间与先贤们所处的空间相互映照，让游人在此种审美活动之中感受到时空一体的审美意境。在山上与山下不同的地点观月给人的心理体验是完全不同的，以"梨花伴月"与"月色江声"对比为例，位于"月色江声"的审美主体在深邃无限的江湖，厚重延绵的山体与遥远清冷的月色中感悟天地无穷，感受天地之浩瀚而人之渺小的意境情感。而位于"梨花伴月"景点的审美主体则居高临下，在审美心态上更多地关注高处的月色，在空间上忽视低处的景致，产生孤寂清冷"不敢高声语，恐惊天上人"的时空体验。

2．四季轮回的时空一体表现

古人将昼夜看作往复循环，将春秋二字比喻历史浩瀚，是将生死枯荣与时空变迁和合联系。我国大地的南北地域不同条件下形成的景观，其多变的景致可使审美主体感受到耳目一新的审美体验。如春意盎然之时园林的杨柳依依；燥热盛夏之时园林树冠下的纳凉阴影；金风送爽之时金色的落叶纷纷洒洒；还有银装素裹之时仅余黑白二色的天地等。而在万物归寂的尽头，又是鸟语花香生机盎然的新生之春，世间又完成一次循环与发展。北宋诗人苏舜钦在《春游沧浪亭》中写道："夜雨连明春水生，娇云浓暖弄阴晴。帘虚日薄花竹静，时有乳鸠相对鸣。"将深夜、天明、云雾、阴晴同时展现出初春植被之静与动物之动万物复苏的和谐景色，表现出古典园林中所追求的时空一体观念。

随着文人阶层对园林的逐渐重视，中国古典园林受诗画艺术深远影响，在园林空间序列安排上有起承转合，形成内容丰富多彩、整体和谐统一的连续的流动空间，表现了诗一般的严谨、精炼的章法，增强了其韵律感。园林营造中常常会参照传统绘画的画理、构图模式来进行园林的空间布局，较重要的场所建筑通常会以诗词集句命名，丰富和提升意境内涵。对园林空间的布局也影响到了场所的命名，附以"观雪""赏春"等韵味，使得空间布局随着时间流逝增强时间含义。

时空一体的设计思维核心在于设计中注重整体性表现。《园冶》有云"轩楹高爽，窗户临虚，纳千顷之汪洋，收四时之烂漫"；《文心雕龙》神思篇也认为，"文之思也，其神远矣。故寂然凝虑，思接千载；悄然动容，视通万里；吟咏之间，吐纳珠玉之声；眉睫之前，卷舒风云之色。"所谓"四时不同，而景物皆好"，表现的便是在不同天气、季节下，园林中的动植、山石、建筑在不同天象、寒暑下与时空结合的千变万化。清朝嘉庆年间扬州个园的"四季假山"以代表万物生长的石笋和竹子景象构筑春景使游人体会春意盎然，用透漏的太湖石与苍翠的松树构筑夏景；嶙峋的黄山石、红叶枫树构筑秋景；白晶的宣石（雪石）构筑冬景。让游人能在一园之内，一时之间感受春夏秋冬的四季变幻，从冬山的墙垣中又能看到春日之景，从而引申出个园四季流转、生生不息的时空关系，也营造出了耐人玩味的意境。

3．古今意向的时空一体表现

中国古典园林营造涵盖了从相地到施工的整个过程，甚至在园主人入住之后，营造融突的过程始终进行着。古典园林营造总是从造景开始，融合了生活场景的考量，以身为度寻求意境的呈现与共鸣。大多数著名园林都是经历了数代人上百年的建设、调整、打磨，消去了园中曾经过分的强烈表现，补全了园中以往的缺憾不足，渐化融突最终达到至臻至善，浑然一体，宛自天开。天下名园拙政园始建于明正德四年（1509年），建立时仅有梦隐楼、若隐堂（今远香堂，图9-3）、与二轩、六亭等建筑。园景以水石之景取胜，建筑稀疏，茅顶木梁，充满浓郁的天然野趣。而在经过清朝的大兴土木后，园林虽整体扩大，但主景区无较多改变，整个环境自然生态的野趣却依旧十分突出，审美主体从清朝建设的建筑密集的南园与西园经柳荫曲路游赏回归至主景区时，会明

图9–3 拙政园远香堂

显地感受到眼界清明，豁然开朗，在保留了宋、明以来的平淡简远的遗风的主景区找寻回在过往朝代时，拙政园追寻隐逸淡薄的志向和简远疏朗、雅致天然的格调，经历时间与空间的穿越。

南京瞻园作为典型的假山园林，园内有北、南、西三大假山，在营造中假山堆叠精妙，宏伟而不笨重。南假山上伸下缩，形成爪形山岫环抱水面。北假山中有瞻石、伏虎、三猿等洞壑，内外层次分明，在不同光影下有多样的组合。园林在彼时设计时考虑了明承宋制的国策，在营造时园内置立以仙人峰、倚云峰为首的多块宋朝遗石，营造出“日月重开大宋天”的豪壮意境。后在清朝乾隆帝时期作为乾隆南巡驻跸之地，在清同治、光绪以及民国时期多次重修，但整体格局未发生巨大变化。审美主体从南侧沿门廊进入静妙堂，假山池水依旧是600年前的意蕴形态，在经历了600年风霜后更显韵味。园林中间或点缀的宋徽宗时期太湖石，让审美主体能感受到明朝初期园林中对复兴华夏荣光的万丈豪情的审美体验，而在同时与重修后瞻园内格格不入的园林意境冲突对比，进而让游人感受到时空对比穿梭的体验，产生对瞻园鼎盛时期园林空间营造的精妙设计向往，发出过往如烟云的感叹。

圆明园是中国古今时空一体表现最为典型的古典园林之一，圆明园自清雍正三年（1725年）便开始修建，前后历经一百余年。圆明三园皆因水成趣，大小结合，叠石而成的假山与水系结合将园林划分为山复水转、层层叠叠的近百处空间，与一百二十多组建筑群相结合建成了古今中外前无古人后无来者的“万园之园”。游人从大宫门走过漫长的步道，经过出入贤良门、正大光明殿，能够深切地从残垣断壁中感受到万园之园曾经的繁盛宏伟，这种审美体验在游赏过程中不断地堆积，直至长春园观水法前来到了高潮。到此，审美主体的内心和思维关注点并不是这一著名的遗址，而是脱离了园林现存的载体，穿越时间与空间来到了英法联军毁灭前的圆明园，进行对原先的园林设计的构思与想象这一审美体验，肆意构想圆明园曾经的辉煌，最终达到古今对照，有无对应的审美体验和审美超越。

第三节　情景交融的意境内涵

意境是中国艺术和美学独有的美学范畴与追求的最高境界，它的发展与中国传统文化的尚“虚”“和”和艺术追求中的尚“神”“韵”紧密结合。在这种思想指导下营造的园林产生“象外之象”“景外之景”的意境。园林意境审美即通过对物象、形象、意象的情感体验进而达到对人生意义、宇宙本体和生命精神的感悟，从有限到无限、由暂时到永恒的超越，从而获得精神自由和情感愉悦。

1. 睹物思人

园林景观是园主人的情感表现。造园者将自身的豪情壮志、远大理想、抱负目标在这个小小的园林中肆意挥洒地展示，达到造访者与园主人在精神上完成交流与理解的层次。拙政园的景名牌匾表现出了历代园主人赋予其的孤、高、雅之意境，苏州拙政园有两处赏荷花的地方，一处建筑物上的匾额为“远香堂”，另一处为“听留馆”。前者得之于周敦颐咏莲的“香远益清”，后者出自李商隐“留得残荷听雨声”的诗意。园林内景观通过借诗词名、仿自然景等方式表现志向喜好等属性如竹林表现的淡雅、松树与菊丛的组合表现的归隐，以及将诗词中一些抽象的情感表现，如喜怒、孤独、哀乐通过融情于景的方式表现出来。

园主人情感造就的园林整体性意境引领景观，使得单一的景观也能有园主人浓烈的情感表现。而多个景观的叠加强化更加突出了整体的意境表现，达到了往复相生，生生不息，让整个园林情感活泛了起来。绍兴沈园因陆游与其妻唐婉的凄美爱情故事而闻名，沈园也因院墙上的千古绝唱《钗头凤》成为了引发人对爱思考的专园。留园园主盛宣怀将父亲置于园中的冠云、瑞云、岫云三块太湖石为家中三位孙女取做小名，细细品味瘦透的太湖石似是女子的婀娜身姿，让园主人在冠云楼中赏石时亦能释怀一丝对孙女的想念。

造园者通过园林的形象所反映的情感，使游赏者产生感同身受的艺术境界。拙政园与谁同坐轩致敬了苏轼《点绛唇》中的“闲倚胡床，庾公楼外峰千朵，与谁同坐，明月清风我”，其独特的选址让人不由得感悟孤寂，从而引导游者在孤独清寂中向更深的精神层次探索。取名灵感同样来自此词的网师园的月到风来亭在选址上亦处于假山与池水的园中自然之间，在夜景中面对朦胧的自然，背靠纯粹的白墙，辅以远处高悬的灯笼烛火，沐浴感受夜空中的月色，吹拂着园林小环境中营造出的清风，会自然而然地有一种孤寂但不孤单。

2. 托物言志

将情感凝聚融于园林表现造园者的志向是意境营造的苦心耕耘。园林中景观生态建构系列、文化主题系列和精神生态建构系列的结合是托物言志的主要表现。中华文化在数千年的发展中，已将所有山水植被都附带上了特殊的寓意，如杨柳依依的惜别不舍；落木萧萧的重燃斗志；雨雪霏霏下的意志坚定。在观景佳地将寓意相近的植被辅以诗词，以传统山水诗画的形式组合搭配，可展现出其意凝神聚的情怀表现，彰显园主人远大的志向抱负。

皇家园林和大型文人园林注重通过宏观空间组合与教化功能营造天下为公的家国意境。园林中的山水格局、建筑形式、匾额题名等都含有深刻的寓意，以歌颂太平盛世，自夸文治武功，标榜帝王圣明、文武贤良，宣扬纲纪伦常、忠孝节义。圆明园营造了巍峨大气的宏伟意境。“出入贤良门”“九州清晏”“上下天光”无一不在极力宣扬官员的勤奋、天子的神圣和国家的繁荣。园林山形水系的布局在宏观上将内部水系布置为自西北向东南、由高到低，模仿了华夏神州山川之势。类似的还有避暑山庄的华夏九州、颐和园的福山寿海都是在宏观层面展现立德的煌煌大气（图9-4）。

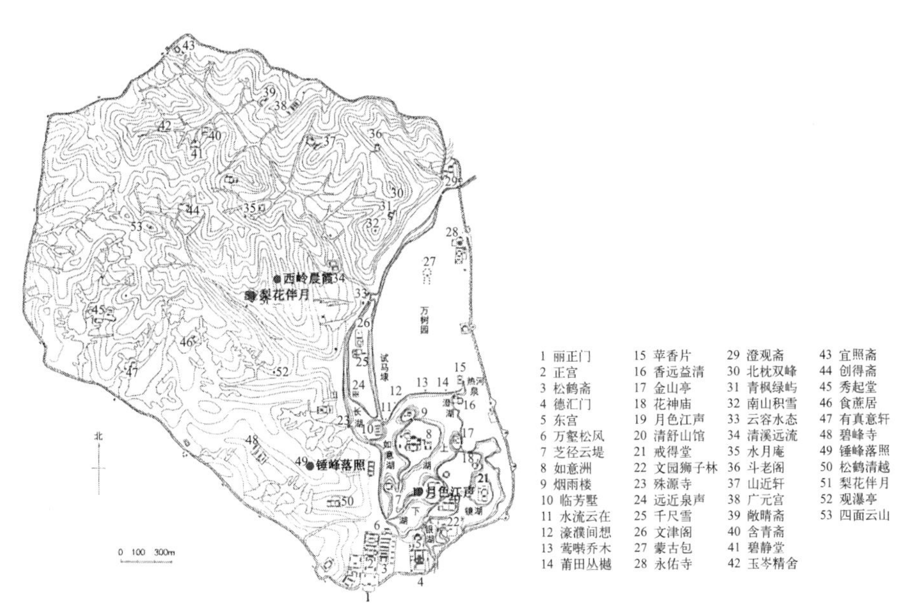

图9-4 避暑山庄平面图

文人园林偏好从园林整体意境塑造上展现对社会风气的反思和个人志向的表达。常以多个主题性景点的意境营造来引领园林整体意境。《红楼梦》对大观园的描述中云：“园林中偌大景致，若干亭榭，无字标题，任是花柳山水，也断不能生色。”沧浪亭石柱楹联上联出自欧阳修《沧浪亭》，下半句则出自园主苏舜钦《过苏州》。这一搭配组合表情达意，托物言志，不仅表现出对景致的喜爱与得意，撰写了两位著名文人深厚友谊，更表达出当时园主人苏舜钦寄情山水的雅致与珍视风月而视钱财如粪土的胸怀。留园濠濮亭取《庄子·秋水》篇之意，巧妙地表现出园主人“宁做泥中龟，不作椟中神”的不问官场的清高志向。拙政园的远香堂居于莲池旁，其名却通过反其道而行之，不仅有描写荷香越远越清淡之意，也有远离俗世保持清白的自警，表现出托荷花自居的园主人较为明显地贬斥了社会的污浊，同时表现出自己出淤泥而不染的品德(图9-5)。浙江小莲庄园主人刘镛历经半生四十余载方建成此园，他将半生的经历升华为自身德行的自省和对更高层面意境维度的追寻，园内有退修小榭、净香诗窟、碑刻长廊等景观，希冀从洗净红尘和诗意栖居中找到超脱世间的真谛。

图9-5　拙政园香洲

寺观园林在意境营造中追寻玄妙神圣的宏大志向。唐朝常健在《题破山寺后禅院》的“曲径通幽处，禅房花木深”中便描绘出了破山寺园林那看淡俗世、禅意无限的清幽意境。明朝北京香山寺坐西朝东，“正得广博敦穆”。入山门即为天然泉流，泉水与金鱼池同在石桥之下，有诗吟“层山曲曲抱禅宫，转逐山光自不同”。其以登山之艰难与远瞰寺观的微末在情感上进行压抑，在入山门后的人与自然的和谐表现意境的幽远闲适，在穿越了五进殿宇、园林景致和登上流憩亭的一览众山小后使得审美主体情感发扬，让游人感受到寺观的宏伟壮丽与须弥无限的精妙氛围，从而达到弘扬其超脱红尘，佛法精妙的目的。

3．水玉比德

中国古典园林如此多变的景观组合与深厚的文化意蕴所营造的意境在一定程度上能对审美主体的品德修养起辅佐作用。在园林营造中，梅、兰、竹、菊拥有和君子等同的地位，被称为“四君子”，而松、梅、竹则因其在寒冬坚韧不凋被称为“岁寒三友”。这种对自然中蕴含的品德道理的谦虚学习行为，是中国古代人与自然的情景合一的交融表现。

网师园内种植的十株腊梅树在百花开时并不起眼，但在冬至前后被薄雪覆盖的园内，于亭、台、楼、阁旁暗自开放，不仅是黑白色天地中少有的一抹亮色，清新的幽香也久久不散，正是“渔隐网师”志向的最好写照，游人在这样的意境氛围中受到这一恬静闲适气氛影响，心情不由得也放松舒缓下来。唐朝贾耽《花谱》书中称海棠为“花中神仙”，清朝北京法华寺“寺之西偏有海棠院，海棠高大逾常”，其寺观中的海棠正是蕴含着海棠千变万化的定义：苦恋、暧昧、相思、高洁、温润……，寺观园林中通过海棠代表的复杂意境，营造出其包容开阔之意，游人在此禅思领悟，最后不由得感叹佛法奥妙，世事无常，达到情与景合一，物象与人的精神品德合一的阶段。至此，植物、意境、空间都脱离了其在物质空间的载体，在精神层面交融，触及了“水玉比德”的境界内涵。水玉比德脱离了物象对意向的一一对照和物象之间的隔阂独立，追求将整个园林中的意向意境融合为一体，从“道”“德”的层面对游人进行约束教化。

园林意境内涵不断升华的同时，物象与意境的结合在园林中逐渐发展出固定搭配，但这不意味着对物象的理解就应该受到局限。孟子云：“说诗者，不以文害辞，不以辞害志。以意逆志，是为得之。”苏轼在《题西林壁》中借吟咏庐山“横看成岭侧成峰，远近高低各不同”表达出观察事物应该全面客观，不应形成固定思维定式的观点。毛泽东在阅读了陆游的《卜算子·咏梅》后，并不认同陆游在诗文中描写的梅花凄惨愁容、幽怨哀伤的意境，于是反其意而用之，提笔写下梅花积极向上，“已是悬崖百丈冰，犹有花枝俏”“待到山花烂漫时，她在丛中笑”的著名诗句，彰显了有别于陆游的昂扬不屈的梅花形象。留园丰富的石景使得园主人刘恕沉湎其中，在《石林小院说》中写道：“余于石深有取……虽然石能侈我观，亦能惕我之心……雄伟而卓特可以药懦，空明而坚劲可以药伪”。将石景审美与其个人的自省修养相结合。

第四节　有无相生的空间处理

有无相生的空间处理是中国传统园林意境营造中极高妙的智慧和原则。有无相生的空间处理原则可细分为上下、内外、大小、远近、长短、前后、疏密、曲直、收放、藏露、明暗、虚实、深浅等多种两相结合的具体设计手法。空间意境营造要求通过空间处理创造出空间韵律、空间节奏、空间气氛。

1．空间韵律

中国古典园林造园艺术十分强调有法而无定式，使得不同园林因条件不同具有独特韵律。园林内元素的组合因意向和功能性的不同而产生园林空间韵律，并因此影响游人的审美心理。半园、畅园、个园等中小型园林，在空间的布局形式上多为园中靠近院墙的建筑大多背靠外而面向内，形成以较大较集中的内院为中心的布局形式。空间韵律常表现为围绕中心，于沿岸布置山石、绿植柔化岸线与天际线，丰富园林院落层次，产生空间感。中大型园林的韵律表现在园林元素的内外相生，如颐和园福山南部建筑群对北方山体呈现对内精致，对南部湖景则表现出对外开放，使游人在游览时能感受自然的融突，体会到和谐与宁静。除主要景观外，次要景观之间的相辅相成也是园林元素在空间韵律上的体现。颐和园内文昌阁宿云檐遥相呼应，寓“文治武功，文武双全”、凤凰墩上设有凤凰楼，两者主题鲜明，但又寓意呼应，与南湖岛上龙王庙相结合寓意“龙凤呈祥，万事顺遂”的皇家吉祥意境（图9–6）。佛山梁园

1 东宫门
2 仁寿殿
3 玉澜堂
4 宜芸馆
5 德和园
6 乐寿堂
7 水木自亲
8 养云轩
9 无尽意轩
10 写秋轩
11 排云殿
12 介寿堂
13 清华轩
14 佛香阁
15 云松巢
16 山色湖光共一楼
17 听鹂馆
18 画中游
19 湖山真意
20 石丈亭
21 石舫
22 小西冷
23 延清赏
24 贝阙
25 大船坞
26 西北门
27 须弥灵境
28 北宫门
29 花承阁
30 景福阁
31 益寿堂
32 谐趣园
33 赤城霞起
34 东八所
35 知春亭
36 文昌阁
37 新宫门
38 铜牛
39 廓如亭
40 十七孔长桥
41 涵虚堂
42 鉴远堂
43 凤凰墩
44 绣绮桥
45 畅观堂
46 玉带桥
47 西宫门

图9–6　颐和园平面图

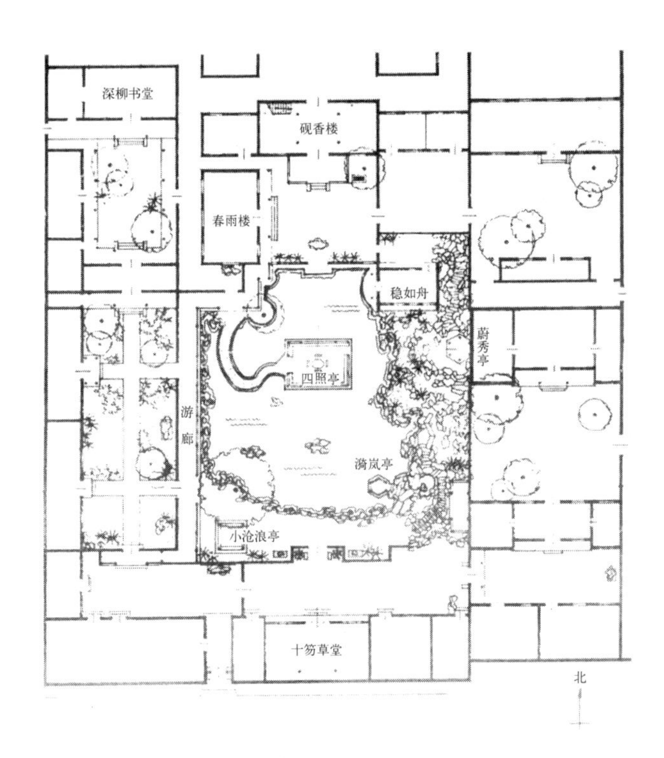

图9–7　十笏园平面图

以文石闻名，以置石与水景见长。园内荷香水榭与韵桥一东一西遥遥相对，一个处于池畔之上形单影只，一个位于祠堂之北茕茕孑立，但是通过水面的联系使得二者能够遥相呼应，别有高山流水觅知音的空间韵律在内。山东潍坊十笏园中东南半岛上小巧的漪岚亭与北面主峰的蔚秀亭、西南水中小沧浪亭互成犄角之势，一小两大，北高南低，尽显园中盘桓逶迤的气势脉络（图9–7）。

除却在同一空间内的韵律营造，还能通过多种因借手法连通远近进行园林构景。北京颐和园的“湖山真意”远借西山为背景，近借玉泉山，在夕阳西下、落霞满天的时候赏景，景象曼妙。拙政园西部原为清末张氏补园，与拙政园中部分别为两座园林。西部假山上设宜两亭，邻借拙政园中部之景，一亭尽收两家春色。苏州畅园占地仅有一亩余，却在营造中巧妙布局，丰富园景及层次，扩大了游览长度。善于借景，如西侧曲廊通船厅“涤我尘襟”贴池而建，沿廊望南，经面向小池的方亭，可见园西南角的湖石假山，上置待月亭，与爬山曲廊相连，这便是在无形中扩宽了园景深度。整个园林虽小但给人以空间层次分明之感。

随着园林景观的组合搭配、随人的认知不断增加，园林中因人的目及之有限与景致数量之繁多，使得景观空间组合与意境表现需要有顺序先后、取舍之分。古代园林进入大门必有屏风遮拦，这不仅是中国人含蓄的文化特色的表现，也是为了不让游览者在还未进入大门时就将游园一览无余，从而丧失游览的兴趣。将主要的景致突出显现，次之的景致或隐藏起来，或组合成景，或辅助主景。颐和园佛香阁为核心的中央建筑群则高大雄伟，成为整个园林的焦点，以佛香阁南北为轴线，左右“退晕式”渐变烘托出了中轴线的突出地位。拙政园水廊南北的宜两亭在假山之上、倒影楼于水池之畔隔湖相望，互成对景，邻借其视线中的与谁同坐轩之景，既可有“宜两”相映成趣之意，又能组合成若即若离的赏月赏景赏孤的组景。留园冠云三峰若无瑞云、岫云在空间上支撑稳固，其余九次峰的烘托映衬，冠云峰便是独木难支，难以彰显自四周由低到高向冠云峰汇集的气势，从而表现出园中赏石、爱石、嗜石的整体意境。随着简单的韵律，随着组合的增多复杂化，园林空间中的韵律逐渐向空间节奏过渡。

2．空间节奏

园林空间节奏是园林中韵律组合带来的秩序感和运动感，是将园林景观融合成一体的“法度”。如可园的空间节奏便是建筑沿水系和边缘布置，入口收紧而封闭，整体环绕其水系，形成从始至终期待—赞叹—品味—沉醉—回味的和谐统一节奏。颐和园的谐趣园空间节奏则是初探—开朗—高潮—起伏—尾声，在布局中十分灵活，与园主人身份地位相适应。如从园外部进入留园园林需穿过五十余米备用巷道，狭长的巷道以收放相间的序列渐进手法，以宽敞的前厅经曲尺型走廊，在路途中有意无意地逐渐透露出园中一两景色，当游人以为自己已经快要抵达园中时，再以狭小封闭空间阻碍视线，提高其审美期望，最后方才折至“绿荫”处，北望中区景致豁然开朗，使得游人的审美欲望在低落瞬间达到了满足。

空间节奏的营造创设还可以通过诸如曲直结合等多种手法来实现。《说园》有言：“园林中区与直是相对的，要曲中寓直，灵活运用，曲直自如。”留园涵碧山房至可亭的曲折长廊并非为生硬屈曲而曲折，反而正是向从绿荫中进入园林，豁然开朗的游人们最大程度地展示留园内园的绝佳景致表现。曲直结合也是崇尚自由的道家与重视法度的儒家思想的融突，表现出园林“人为且为人”的性质。所谓“峰回路转，有亭翼然”，园林营造的曲折是对景致柳暗花明又一村的追求。

柳宗元有云：“游之适，大率有二，旷如也，奥如也，如斯而已”，清朝朱仕琇在《髻亭记》中也写到“登斯峰者，入之奥如，出之旷如”。通过对视觉、光影的利用增强园林意境的内涵，提升园林空间的深度。南京瞻园入口部分的处理便是通过一连串曲折的小空间先强化其“初极狭，才通人”之意，后“豁然开朗”，在对比中给人在方寸之地以开阔的印象。北京紫禁城的深墙长道，朱红的墙壁和脚下的地砖向前延伸恍若无穷无尽，给当时的官员奴仆们无穷的压抑和敬畏感，而离开偏道进入紫禁城的中轴线时，无尽的汉白玉的栏杆、金碧辉煌的大殿和无处不在的龙形雕塑则给人强烈的对比感。古代的朝会大多选在凌晨时分，此时北方的晨雾尚未散去，旭日的光辉洒在故宫建筑群上，金橙色的光辉给云雾缭绕的故宫带来天宫般的辉煌威严，让古人忍不住对皇权顶礼膜拜。在如此园林空间节奏的紧密组合下，审美主体在感官刺激中会主动地将园中节奏与韵律相互联系以缓解前后空间造成的落差感，从而推动园林空间节奏向融突和合转变。

山水画有其分区，而园林有其节奏，园林空间序列组织影响到园林的整体性和布局的全局性。古典园林在空间处理的虚实结合营造中，极为注重中国古代哲学中崇尚空灵之境。如道家“物我两忘”，佛家“四大皆空”，以及儒家的“圣而不可知”的精神之“质”的追求。空间处理中的虚实并不是真正意义上的空白无物，而是欲言又止和欲扬先抑的关系。正如诗画中的留白是为使作品更为协调精美一般，园林营造中的留白多以藏景为表现。受儒家文化影响深远的中国造园艺术追求“露浅”而“藏深”。故每每采用欲显而隐或欲露而藏的结合手法，设置悬念引人入胜，将园中精华的景致藏于偏僻幽深之处，使人在情感上产生浓厚的兴趣。园林营造讲究“主景不尽露，次景不尽藏”“藏头露尾”的景观可将散碎的园林主题有效地连接成多个连续的意境空间，并更进一步让游人在感悟了园林意境的整体性后能够明了“只缘身在此山中”，达到理解园林整体空间气氛的恍然大悟。

3．空间气氛

古典园林的整体空间气氛在园林意境营造上表现山水之间整体章法上“气脉贯通”。气脉贯通概念源于帖学行草书，代表书法的“节奏”和“韵律”。从园林所处环境内外、园林内部表现上，园林韵律与节奏在微观断断续续，疏密有间，但在宏观上山水之间早就有了有机联系，气势脉络一体，能表现出强烈的意蕴的整体性，也能表现出造园者在园景中蕴而不发的志向。拙政园从留听阁至塔影亭、网师园从濯缨水阁至射鸭廊，皆有围绕池水狭长处的道路，行走其上宛若对池水的溯源，更是空间气氛的感受和体悟。

虚实有无不仅是园林意境营造表现，也是人在游园活动中因景色而感悟的精神升华。清朝笪重光在《画荃》中曰：“虚实相生，无画处皆成妙境。”中国古典园林偏向于含蓄的表现手法决定了意境的表现不会在单个景观中完完全全地表露无遗，而更多的是处处欲拒还迎的含蓄表达。有特定角度方能惊鸿一瞥的，如深藏于狮子林石林中的卧云室，松柏林隙中显露出建筑一角。留园水谷可以看见曲豁楼一角，壶园花木中隐约可见藏厅堂，这种为游人提供惊喜的景致都是特定角度的藏露表现。

随着审美主体在园林内的游览进程推进，越来越多刻意隐藏和压抑的氛围逐渐显露，原先认为的散碎节奏路线在理解中逐渐成为园林整体气氛的一鳞半爪，园林整体气氛开始逐渐走向高潮。游览者只有在将园林完整地游览一遍后，方才感受到其宏观的整体气势，不由得沉醉在内，去而复返地将原本不通透的、以为绝妙的景致反复观赏揣摩。而唯有在体验了园林中春夏秋冬往复流转、山水动植兴衰枯荣的循环后，审美主体方能完全融会园林气氛中的往复相生，将自然植被山石之鬼斧神工的客观存在与人类文化与思维的主观能动相结合，在时空交融中搭配营造出“生生不息”的意境。

中国古典园林在追求“天人合一”的审美理想上，在人居环境和合审美模式中体现了独具特色的宇宙观、世界观和环境观，在人类生存和合审美状态上感受不同风景和历史园林在审美属性上的差异性、多样性和丰富性，探寻园林意境的生成规律和文化内涵，做到“思理为妙，神与物游”。

第十讲 自然风景审美

第一节 天下名山与地文风景审美
第二节 江河湖池与水域风景审美
第三节 日月星辰与气象风景审美
第四节 国家公园与生态风景审美

本讲提要：

自然风景审美是风景园林审美的主要内容和重要维度。自然风景是审美客体的主要类型之一，由地形、水体、动植物、气候等要素组成。不同要素互相搭配呈现绮丽多姿的自然风景，可涵盖地文风景、水域风景、气象风景及生态风景。审美主体对于自然风景审美客体的情感价值活动及生命体验活动或因自然风景的尺度大小而引发不同的审美感受，或因自然风景的属性、搭配对自然风景产生审美联想，融入主体情感感受，激发主体的审美体验，从而感悟生命意义和宇宙真谛，最终实现审美超越。

自然风景作为风景园林审美客体的主要类型之一，与社会景观、历史园林共同组成风景园林审美客体的内容体系。自然风景的组成要素可细分为地形、水体、气候、植物、动物五种基本要素，这些基本要素互相组合搭配，通过尺度、形态、色彩、质感等不同组合形成自然风景，在地域性条件下展现出丰富多样的审美特征。自然风景审美客体类型多样，存在广泛。以下从天下名山与地文风景审美、江河湖池与水域风景审美、日月星辰与气象风景审美、国家公园与生态风景审美四个方面，分析自然风景的审美属性，剖析自然风景审美客体的审美活动。

第一节　天下名山与地文风景审美

在天下名山与地文风景审美活动中，宏观层面的地文地貌塑造了涵盖高原、平原、丘陵、滨海、峡谷等地文风景，体现了气壮山河、豪迈雄伟的审美特征。中观层面的名山大川给人以雄险俊俏、幽静高远的审美感受，譬如海拔极高的喜马拉雅山、宗教名山及特殊地貌山川，为无数文人墨客抒写胸臆提供了物质载体。微观层面的地文风景审美则是对奇异山石等风景展开近距离观赏，感受其细部曲线，管中窥豹，探索其中蕴含的山水精神。不同尺度的地文风景审美客体类型及其审美特征使得主体在审美活动中能够感受到丰富的、有差异性的情感价值及生命体验。

1．地大物博，豪迈雄伟的宏观地文风景

宏观地文风景是一个区域总体的地文地貌格局。我国因纬度跨度大、地势

图10–1 青藏高原

高低不同等多种因素形成了地貌多样、豪迈雄伟的宏观地文风景，汇集了四大高原、三大平原、多种大型盆地，以及各地区丘陵等。在这些迥异的地文风景中，人们能感受到“大漠孤烟直，长河落日圆”的塞北风光，“仰望山接天，俯视江成线”的高山峡谷风光，“天苍苍，野茫茫，风吹草低见牛羊”的草原风光，也能看到有“世界屋脊”之称的世界上最雄伟的高原，广阔的塔里木盆地、柴达木盆地、准噶尔盆地，河流泥沙沉积造就的东北平原、华北平原以及长江中下游平原。这些大尺度地文风景的审美特征主要为旷、大、阔、雄，观赏者可在审美活动中获得辽阔、平远、壮观的审美感受。

大尺度的不同地文风景塑造了辽阔的自然风光。青藏高原被称为“世界屋脊”，是地球上面积最大、海拔最高的高原，抬头即可望见高耸的山脉，低头可望广袤的草原，这里严寒的气候使得人们自古以来对青藏高原充满敬畏，所谓“君不见青海头，古来白骨无人收”，从中可见青藏高原的萧瑟、肃穆（图10–1）。长江中下游平原地势低平，长江流淌入平原后带来丰沛水源，形成密集水网。“浩渺鄱湖水接天，波翻浪涌竞争先”，物产丰饶的鄱阳湖水天相连，鱼虾丰盈，气魄雄壮；“衔远山，吞长江，浩浩汤汤，横无际涯”，洞庭湖作为中国第二大淡水湖，湖中有山，山水相融，水天一色，浩瀚迂回。宏观的地文风景大至区域总体的地文地貌格局，涵盖审美客体多样，可使审美主体在其中感受大尺度地文风景的奥妙，获得辽阔、壮观、浩瀚的审美感受。

2. 雄险俊俏，幽静高远的中观地文风景

中观地文风景主要涵盖各类名山大川，雄险、俊俏、幽静、高远、秀丽

等词汇描绘了它们的审美文化特征。名山风景是一种自然环境优美、山岳环境优良、形态造型别致的独特地文风景，是众山代表。所谓“山有景则名、有僧则名、有史则名、有宝则名”，名山风景的形成是自然造化和人文活动的综合产物。“山川之美，古来共谈”，从古至今，名山大川都是文人墨客抒情喻景的重要对象，比如我国著名的五岳名山、四大佛教名山都是耳熟能详的，常被用作诗中的抒情对象。我们常以“泰山天下雄”表达泰山的壮美豪气（图10–2）；以“峨眉天下秀”形容峨眉山的柔和；以“黄山天下奇”抒发对黄山奇松怪石的赞叹；以“华山天下险”道出华山的凶险陡峭。除此之外，亦有《山居秋暝》中描绘秋日山雨初霁夜景的“空山新雨后，天气晚来秋”，《鹿柴》中点墨馥郁花木山色风景的“人闲桂花落，夜静春山空”，对山川风景进行写意描述，表达对于名山风景的喜爱与对山林野趣的向往，令美景跃然纸上，更使读者浮想联翩。除了以诗述景之外，山水画也是古代文人士大夫对名山风景的情感加工与再现，在其中可感受绘画者注入的情感价值。中观地文风景审美相较宏观地文风景，更多聚焦于山体本身及审美主体从中获得的审美感受。

图10–2　泰山

3．轮廓鲜明，奇峰怪石的微观地文风景

微观地文风景审美的主要客体对象在于各类奇峰怪石。奇峰怪石由于成因不同，加之经过岁月的冲刷洗礼所呈现出的鲜明的轮廓、曲折的纹路、坚实的质地等细节特点及其组合、搭配所营造的不同形貌，经由主体的审美联想及想象，使峰石被赋予了不同的意义。《长物志》中记载：“石令人古，水令人远，园林水石，最不可无。”石景是浓缩广阔天地于一方园林中的重要表达方式，中国园林在发展过程中始终重视着山石景的运用。中国造园历史悠久，历代文人雅士皆喜挑选与自己性格特点相符的石头与植物、构筑物配合搭建石景，表心中所想，融生活与自然为一体，追求“久在樊笼里，复得返自然”的意趣。

不同环境下形成的峰石可表露多姿形态，“山近看如此，远数里看又如此……每看每异，所谓山形步步移也。山正面如此，侧面又如此——每看每异，所谓山形面面看也。”在造园石景选材中，就有太湖石、黄石、英石、房山石等，石石之间，各不相同。白居易在《太湖石记》中写道，“石有聚族，太湖为甲，罗浮，天竺之石次焉”，夸赞太湖石的品相最佳。正因如此，太湖石被大量使用于江南园林中。对于山石的审美标准，李渔道：“言山石之

图10-3 苏州留园冠云峰

美者，具在透、漏、瘦三字。此通于彼，彼通于此，若有道路可行，所谓透也；石上有眼，四面玲珑，所谓漏也；壁立当空，孤峙无倚，所谓瘦也。”位于苏州留园的冠云峰，峰高6.5米，是我国最高的湖石峰之一，整体形态形神兼备、如翔如舞、秀逾灵璧，又符合“瘦、透、漏、皱”的石景审美标准（图10-3）。而不同峰石搭配植物、建筑、水体等元素所组成的石景，亦可塑造万千意向。例如被誉为“假山王国”的苏州狮子林，其中假山群气势磅礴、洞壑往复、出神入化，是园林石景之最。对于石景远近高低各不同的审美要求，更体现了造园者们的理想追求。

石景历经沧桑，其中蕴含着的历史沉淀，令人颇起怀古之思。使用石景表达内涵是日本庭园的重要特征之一，《作庭记》中点明在日本园林中，“凡作山水，必立以石”。大德寺大仙院书院的枯山水通过白沙塑造纹路来表现水流，两块石峰耸立表现水源，三段水石景表现水自山谷幽静处流向河海，使得观景者在感受到水流变化的壮阔、幽远的同时不见水而如见水，获得了审美联想和想象，从而激发了审美主体的审美愉悦和生命感悟。

第二节　江河湖池与水域风景审美

水域风景以水体为中心，在地质地貌、气候、动植物等因素的配合下，形成不同类型的水体景观，包括水域本体风景和水域附属风景。水域风景能够让欣赏者获得视觉、嗅觉、听觉、触觉上的审美感受，进而产生情感联想和审美想象。根据形态特点可将水域风景分为水平形态水域风景和竖向形态水域风景，也可根据其形成原因进行进一步划分。以湖泊为例，可分为构造湖、火山湖、堰塞湖、风成湖等，长白山天池属于火山湖，甘肃敦煌月牙泉为风成湖，美国和加拿大交界处壮观的尼亚加拉瀑布则是典型的熔岩型瀑布。水域风景的三个审美维度在于，一由水域本身的声色形影所产生，二因水域与周边景物交融所形成，三由审美主体的情感体验所创生。

1．声色形影，相映成趣

水域本体风景由水域规模、水质、水量等水体自身要素构成，指水体本身在声音、光影、色彩、形态、气味等方面呈现出的风景。这些由水体产生的能够被人的感官直接感知的要素特征，具有不同的感染力。

水因不同情景会产生各类声音，如泉水涓涓之声、海浪拍岸之声、瀑布淙淙之声，泉水从石缝中涌出，随着山势变化时而缓时而急，拍打在湿滑的石上犹如珠落玉盘，发出悦耳的拍打声；长江三峡上游流经四川盆地时湍急的水流冲开崇山峻岭，声势浩大、气势磅礴；镜泊湖的吊水楼瀑布奔流经环潭壁时，水流似野兽般发出低吼之声，仿佛造物主在这留下的乐器，令人产生敬畏、肃穆之感……除了水声外，水景也会随着周边景物色彩及光线原因产生变化，不同色彩给人以不同审美感受（图10–4）。桂林漓江，峰峦奇秀，水面明净，天光云影与山体植物映入江面，随着碧波荡漾，构成水天一色、风光旖旎的秀美画卷。被誉为“天空之境”的茶卡盐湖由于含盐量高，湖水呈现白色，加之天空白云、山体倒影，水天相融，使人产生宁静致远之感。此外，由于承载水体地形的多样，水也因此展现出不同形态，例如湖泊、河流、瀑布、溪流等，瀑布给人以壮阔之感，湖泊则令人体悟到宁静致远。青海湖周围山峦环抱、水域广大、湖面平静，展现出无垠、空旷的美景，九寨沟依托石灰岩地质基础，形成了色彩缤纷的大小湖泊和叠瀑，水流声清脆悦耳，令人产生愉悦的审美感受。

图10–4　长江三峡

2．与景交融，奇妙雅致

水域本体风景周边的地貌、植被、聚落、建筑等要素共同组成了水域附属景观。水域附属景观既可独立成景，又可与水域本体风景融为一体、相得益彰、交相辉映。凛冽清澈的澜沧江源头及其两岸冻土，富有生机的亚马逊河与热带雨林，宁静秀雅的江南小桥流水与沿岸民居，这些都是水域在不同周边环境下形成的风景。珠江三角洲水系发达，密集的水网遍布，水作为构成珠三角风景的重要元素，自然而然地成为了自然审美中的重要客体对象。在珠三角水乡聚落小洲村中，人们划桨到达涌边欣赏、品鉴荔枝树满挂果实，并将这一景象称作“孖涌赏荔”，而在种植水松的涌边，人们“松径观鱼”，看水中鱼儿漫游，松树的倒影映衬在涌上，构成一幅悠然自得的水中佳境。如元人汤采真所书“山水之为物，禀造化之秀，阴阳晦冥，晴雨寒暑，朝昏昼夜，随性改步，有无穷之趣”。同样的水域风景，因季节、时间、路径、周围景物等因素的影响，所展现的情态不尽相同，给人的感受、体验、联想、思考亦有异。水域风景所带给人的迥然有异的感受，在诗词歌赋中亦可见一斑。《望洞庭》中刘禹锡因山水青翠产生了“白银盘里一青螺”的审美联想，而杜甫面对年年如期而至的洞庭春水和茫茫白萍，却满怀盛年不再、返京无望的忧愁哀痛。范仲淹在《岳阳楼记》中描述了不同环境、时间下的登楼观景之感，“淫雨霏霏”之时，满目萧然，产生“去国怀乡，忧谗畏讥”的悲怆；“春和景明”之际，则把酒临风，产生“心旷神怡，宠辱偕忘”的喜悦，进而有了更深层次“不以物喜，不以己悲”的感悟，以及“先天下之忧而忧，后天下之乐而乐”的思考。长江之上，日暮时分，白居易捕捉到红绿交织的江水色彩，写作“一道残阳铺水中，半江瑟瑟半江红”；而杜甫感受到的是长江江水滚滚、落木萧萧的肃杀之气；春冬之时的长江则是“清荣峻茂，良多趣味”，在郦道元笔下清新灵动且富有生趣；晴初霜旦之时，长江凛冽的温度和两岸猿声又会让人感到哀怨惆怅……

水域风景审美客体的千变万化、存在广泛，而审美主体是情感的主体、自由的主体、体验的主体，因此审美活动亦是丰富多样。

3．形象生动，引发感悟

水域风景对于激发审美主体的思想感情，如个人情感、人格内涵、生命轨迹、宇宙本源等问题的深刻感悟和深度思考是水域景观审美的第三个维度。绮丽多姿的水域风景能够引发主体不同的审美联想和感悟。江南小桥流水给人清新秀雅的审美感受，使人想起悠长又寂寥的雨巷，联想到江南因水而孕育的文化；杭州西湖湖面与山体构成“三面云山，一面城”的景观格局，让人感叹不愧为“上有天堂，下有苏杭”（图10-5）；“酌酒会临泉水，抱琴好倚长松”，王维将心境与泉水风景融为一体，泉不仅是泉水，而是用以表达自己超凡脱俗、灵动清亮的品格所向往的载体。

除了产生对于自然的审美联想之外，水域风景还能激发审美主体对于个体与国家以及宇宙的思考。《赤壁赋》中，苏轼月夜泛舟赤壁，引发怀古伤今之

图10-5 杭州西湖山水格局

情，进而展开对宇宙观和人生观的思考，最后从人生无常的怅惘中解脱出来，发出“物与我皆无尽也，而又何羡乎”的感叹，达到豁达超脱、随缘自适的境界。毛泽东途径长沙，面对湘江上“万山红遍，层林尽染；漫江碧透，百舸争流”的动人秋景，联想到时代革命斗争生活，提出“谁主沉浮?”一问，表达了英勇无畏的革命精神和以天下为己任的壮志豪情。暮色中的秦淮河灯影幢幢，杜牧由此联想到陈后主追求享乐终至亡国的历史，表露出对国家命运的深切忧虑。屈原一首“袅袅兮秋风，洞庭波兮木叶下”将自己的愁绪寄予秋风、洞庭潇潇湖水以及树下落叶，表达哀思。

第三节 日月星辰与气象风景审美

日常生活中的刮风下雨、打雷闪电、云雾飘渺、雪花飘飘等景象除了是大气中的各种物理现象和物理过程，也作为自然风景的一部分，在特定的地域和时期，结合其他风景要素成为风景资源，是为“气象风景”。气象风景具有极高的欣赏意义和审美价值，受我国传统文化重视，湖北襄阳隆中风景区对联中，上联列举的九处宇宙奇观中有七处与气象直接有关。气象风景除了本身的变幻莫测能使审美主体产生丰富审美感受，亦与周边景物虚实相生，而审美主体借气象风景更是能隐喻和传达审美想象和审美理想。

1. 景象变幻，由时现景

气象风景动态变幻莫测，在特定时间、条件现景，尽显大自然的无限生趣。风雨日月、烟雾云霞，气象风景“转瞬即逝”，这种自然的变幻，使风景更具生机。人们通过五官来感受腾起云烟、生来雨雾，从而体会到自然风景的朦胧微妙，获得无限乐趣。

雨雪、云雾、风、日出日落的变化多端可使审美主体感受到各异的审美体验。雨是人们生活和旅行中常遇的，烟雨朦胧，如诗如画，是最让人向往的脱俗离尘的意境。雨往往营造出微妙深远、生机勃发的雨境，使得平常的景物有了虚实、动静、藏露之韵味。我国多地有雨景胜迹，如蓬莱十景之一“漏天银雨”、峨眉十景之一的“洪椿小雨”、桂林“訾洲烟雨”等。云是由空气中悬浮的水滴和冰晶聚集形成的。我国以薄云、淡雾为名的景致有云雾自身构成的风景“流云飞雾”，如黄山、泰山、峨眉山的云海，庐山的云瀑，杭州西湖十景之一的“双峰插云”。风是空气相对于地面的运动，是气象变化的主要因素之一，风没有固定形象，旅游者主要通过五感和其他物象变化来感受风，如“石涧秋风”“白水秋风”。而冰雪是寒冷季节或高寒气候区才能见到的气象风景。透过杨万里诗句中描绘的东山雪后阳光朗照的明媚景象，读者能感受到他的心境悠然和因美景而欣然忘我的翩然。日出日落是由于大气折射所产生的自然风景，是太阳光盘跃然而出或逐渐落下的动态情境。这些由雨、云雾、风、冰雪等自然现象而产生的风景在特定条件下出现，审美主体通过感官来感受其审美属性，并由此产生情感价值活动。除了变幻的自然景致本身能令人产生审美感受之外，气象风景资源也会与周边景物搭配构成景观。

2．虚实相生，借物成景

气象风景资源这种看不见摸不着的“虚景”，与山川、湖泊、植物、构筑物等实物景象搭配构成的自然风景，能营造出虚实相生的意境，“虚无”“空灵”的气象风景虚体与可壮观、可小巧的山川湖泊等实体结合，妙趣横生。

图10-6 《风雨归舟图》

绘雨时，名家们有的直接画雨，而有的虽不见雨，却能令观者感受到画中有雨，如明代画家戴进所绘《风雨归舟图》，画面中树木枝叶在狂风中摇曳，板桥上的行人撑着伞匍匐前进，河中小船上的船夫费力地破浪行驶，事物、植物、人物在雨的影响下的形态表现得十分生动，将江南雨景刻画得栩栩如生（图10-6）。在园林中，雨独具诗意，借雨造景的园林风景有拙政园“听雨轩”、嘉兴“烟雨楼”等，游于雨景中，此类构筑物使得欣赏者产生无限的情思。描写雨景的诗句更是不胜枚举，如苏轼笔下的西湖：“水光潋艳晴方好，山色空蒙雨亦奇。欲把西湖比西子，淡妆浓抹总相宜。”云中景象若隐若现，令人捉摸不定，似有身处仙境，飘飘欲仙之感。云与山的构景在古代常象征仙境，李白的记梦诗《梦游天姥吟留别》中就描绘了梦游仙府名山，仿若入天上仙境，云蒸雾聚，翻腾变化，引人入胜。在古代绘画中亦如是，画卷中常有连绵的山峦出入云霭间，山水形象融于雾气，幽缈空远，韵味独特。而风常与植物协同成景，譬如拙政园“听松风处”、承德避暑山庄“万壑松风”便是借风造景，又如“松涛”一词描绘的就是风对松林的作用，夜闻“松涛”声，能使听者内心沉淀。至于雪景，当配以高山、森林、冰川时，便能构成更为奇异曼妙的冰雪风光。我国有东北平原的“林海雪原”、关中八景之一“太白积雪”，国外有“雪国冰境”芬兰、以雪景著称的日本北海道、瑞士阿尔卑斯山。月亮亦是常见的与其他景物协同出现在东西方绘画作品中的气象元素，与不同的物象相配时，能传达迥异的意趣。中国传统水墨画中的月亮，大多采用留白画法，以淡淡的墨痕，辅以零星的鸟雀、枝桠、山川，为观者留足想象空间。而在西方画家看来，月亮则代表了神秘、奇幻与潜意识，如梵高的《星月夜》中，星、月与建筑物形成巨大的漩涡，带给观者强烈的视觉冲击力（图10-7）。观赏日出东山的光照万里与日落西山的落霞余晖，群峰与烟雨披上多彩的霞光形成霞海奇观，也是一种情景交融的观赏体验。白居易的“日出江花红胜火，春来江水绿如蓝”以日初之景展示了生机勃勃的江南春色。除了常见景象之外，一些特定条件下现景的气象景观也能激发审美主体的审美联想与想象，例如蜃景，即海市蜃楼，常出现于沙漠和沿海地带，宋代沈括在《梦溪笔谈》中就曾提及“海市蜃楼”。海市蜃楼一般都会让人联想到仙山、神仙，如白居易笔下的“忽闻海上有仙山，山在虚无缥缈间”就将蜃景描绘成虚无缥缈的仙境之景。

图10-7 《星月夜》

3．多感交融，借景抒情

在气象风景审美活动中审美主体也可在情景交融中借景抒怀，使气象风景审美客体蕴含隐喻象征的意义。古时文人骚客们往往在领略风花雪月、烟雨蒙蒙的时景中通过审美联想产生无限的情思，因此常借景诉说自己的情感与志向，气象风景便成为了传达情感的媒介。落日承载闲适、忧愁，秋月承载着孤寂、思乡，清风可表高雅，也能暗示孤高超逸的性情。雨总与文人们的情思相融，寄予万千离愁，恰如“何当共剪西窗烛，却话巴山夜雨时”。诗人通过描绘夜深迷茫、大雨滂沱的景象，来寄托自己对妻子深深的思念之情。在《江雪》描绘的大雪之下、江心垂钓的幽寂之景中，柳宗元塑造了一个清高孤寂的老翁形象。此情此景，雪便成为了柳宗元心中浓厚的孤傲寂寞之写照。描绘雪景以抒胸臆不仅是文人墨客的喜好，也受古今画家所青睐，尤其在北宋巨然的《雪图》中的雪景呈现十分传神，既有江南的灵秀，又有北方的粗犷，玲珑而霸气，雄浑却精巧，中国画特有的黑、白、灰水墨色营造的雪山寒林，呈现出清澈空寂、出尘脱俗的氛围，观者仿佛可以以画通感，听见覆雪之下的冬泉泠泠与雪压松枝的飒飒有声。万物生长有赖太阳，古人对太阳有着一种与生俱来的崇拜。日出往往让人感觉朝气蓬勃、充满希望，日落则催生人的思念之情和孤寂之感，令人感慨“夕阳无限好”，日出与日落因而成为了携带特殊情感寓意的意象（图10–8）。马致远的“古道西风瘦马，夕阳西下，断肠人在天涯”描绘了一幅秋郊夕照的画面，抒发了飘零天涯的游子在秋天思念故乡、倦于漂泊的凄苦愁楚之情。月景常能以所营造出的恬静、淡雅象征着思念亲友、孤寂落寞，如三潭印月、平湖秋月、洞庭夜月等。自古文人们爱将月写进文中，融进景中，月景汲取、融汇了文人们的诸多情感内涵，创生了独有的月下意境。人们在气象风景的审美活动中因审美对象引发感悟，找到对生命的真谛，从而实现情感超越。

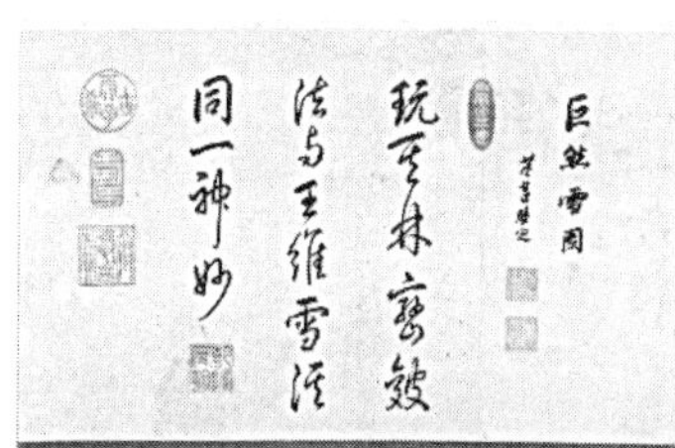

图10–8 《雪图》

第四节　国家公园与生态风景审美

生态风景是在某一区域范围内由不同的生态系统相互作用、制约、协调而共同组成的整体，具有多样性、丰富性以及整体有机性。人类与自然的关系经历了从崇拜到征服再到和谐共处的过程，伴随着人类科技、文化的发展以及对自然界认识的深入，以自然风景为主，生物景观为重点的生态风景逐渐受到重视。建设各国自然生态系统中最重要，自然风景最独特，自然遗产最精华，生物多样性最富集的国家公园是实现人与自然和谐共处的重要途径。国家公园源起美国，1872年世界上第一个国家公园——以地质风景著称的黄石公园正式设立。1948年世界自然保护联盟（IUCN）成立，确定了国家公园的国际标准，强调国家公园保护的是大尺度的自然或接近自然的生态系统，提出了保护整体生态过程、物种和生态系统特性的目标。自此各国陆续开始设立国家公园，这些国家公园汇聚了该国最优美的风景和价值最高的生态系统。至今全球已有上百个国家建立了10000多个国家公园。2021年在中国昆明举办的《生物多样性公约》第十五次缔约方大会领导人峰会宣布将三江源、大熊猫、东北虎豹、海南热带雨林、武夷山五处设立为中国第一批国家公园。这批国家公园具有典型代表意义，涵盖近30%的国家重点保护野生动植物种类，包括了自然、人文资源以及非物质文化遗产。

1. 地域辽阔，集合多样风景

不同地域由不同自然、人文等地域性特征组成，是一个复杂多样的总体，形成的风景更具差异性。波澜壮阔的海洋，千奇百怪的山峰，奔腾不息的大河，沃野千里的草原，以及在这些生态环境上孕育的无数生命各不相同。大洲、经纬度等因素都会导致温度、土壤、水分条件的变化，形成森林、草原、沙漠、湖泊、海洋，因此各国的生态风景都各具风情。在挪威盖朗格峡湾的悬崖峭壁上望向深邃海水感受自然可畏；从如童话般的阿尔卑斯山体验自然的纯洁无瑕；在美国新苏格兰地区看群山层叠、层林尽染，一览枫叶盛景。位于克罗地亚的十六湖普利特维采湖群国家公园流水长期冲刷使得地表形成一个个水坝，由大小不一的十六个湖泊组成，湖区瀑布群在峡谷中层层叠叠，周边山体岩石峥嵘，湖泊倒影随四季峡谷树木色彩变化而不同，令人体验生态景观变化带来的内心情感变化。中国国土辽阔，地形复杂，国家公园三江源冰川遍布，山脉绵延，长江、黄河、澜沧江三条孕育着无数中国人的江河都发源于这里。作为我国至关重要的水源地，三江源有“亚洲水塔”“中华水塔”之称，河水在平缓的地势中形成数十条河流互相交织的庞大辫状形态，时而汇集，时而分离，奔腾不息，支流如同大地的血管一般流淌，令人无不感叹大自然的壮观威武。东北虎豹国家公园因为地处亚洲温带真阔叶混交林生态系统的核心地区，展现出截然不同的生态景观。秋季层林尽染，红叶飘落如雨；冬季林海雪原，一片白雪皑皑；春天积雪消融，万物复苏，虎豹啸山林，生机勃勃。不同地域自然条件影响下的各类截然不同的生态风景体现了生态风景的多样性。而除了多样性之外，生态风景还涵盖了不同物种，展现了生机勃勃的景象。

2．生机勃勃，涵盖丰富物种

大自然中处处皆生命，诸多物种组成群落以不同方式互相影响，互相联系，“万物各得其和以生，各得其养以成”，生物多样性使地球充满生机，也为生态风景提供了丰富的审美客体。国家公园作为生物多样性最富集的部分，保护着各种重点野生动植物。

位于非洲中东部赤道的卢旺达东部省的阿卡盖拉国家公园是一个名副其实的大型野生动物王国，拥有十分典型的稀树草原动物，例如黑斑羚、非洲水羚、大象、野牛、长颈鹿等食草类动物，橄榄狒狒、黑长尾猴等灵长类动物，以及花豹、鬣狗、麝猫等食肉动物。辽阔无际的草原，不同种类的动物自由奔跑，这些自由的身姿令人在欣赏的过程中产生自由、悠闲的审美感受。我国的生物多样性特点同样十分显著，整个生态系统中物种丰富多样、珍稀特物种多、区系起源古老、种植资源丰富、生态风景多彩、生态文明悠久。作为世界上12个生物多样性特别丰富的国家之一，许多物种十分古老，且种植资源丰富，促进了风景上的多姿多彩。大熊猫国家公园、东北虎豹国家公园、武夷山国家公园、三江源国家公园以及海南热带雨林国家公园都是首批生物多样性突出的国家公园。炙热的阳光、绵延的雨水，位于独立于内陆的海岛，海南热带雨林国家公园被誉为“雨林王国”。当清晨雨林中出现一丝光亮，国家一级保护动物海南黑冠长臂猿便在森林中放声歌唱，全球仅有已发现33只的数量，使得他们回荡在森林中的歌声更加弥足珍贵；雨林的午后，阳光透过树木宽大的枝干直射在地面上，长年的高温潮湿使得水边的枯枝上长出层层菌菇……山地地貌加之热带雨林生态系统，使得海南热带雨林国家公园蕴含丰富的生物种类，生命与生命，生命与周边环境之间相互影响，相互作用，为人类文明的发展繁荣提供基础条件，同时也体现了万物各得其和以生，各得其养以成。

3．物华天宝，整体有机统一

生态系统是个有机统一的整体，水、阳光、空气、地形地貌、气候、动物、植物等都是其中密不可分的部分，大自然将形态、声音、色彩、味道交相融合，声色共鸣、动静互通，各部分相互联系又相互制约，迸发出的不同景观让人们在生态风景审美活动中全方位感受到视觉、嗅觉、听觉上的享受。生态风景也是一个复杂而庞大的系统，不仅包括了自然生态系统及其中的生物多样性，还包括了承载生态系统的地文地貌环境，人类社会留存的痕迹以及社会文明、宗教信仰等也是其中重要的一部分。

作为生态系统展示重要途径的国家公园，土耳其安纳托利亚高原上的格雷梅国家公园就展现了整体有机统一性，以火山岩群、岩穴教堂和洞穴式建筑闻名于世。火山岩高原因岩石质地软，加之长年风化和流水侵蚀使得山体逐渐形成大小不一的各式奇石怪洞，洞穴为岩穴教堂和洞穴式建筑提供自然条件，东罗马帝国时期人类活动在此处挖凿出教堂及修道院，并且利用洞内岩石雕饰出拱顶、拱门。在生态风景中留存的人类遗迹，体现着人们与自然生态的协调、共存，此外，人类社会活动也展现了与生态风景的有机统一性，人类活动不是为了征服自然，而是生态风景中的一部分。日本的富士箱根伊豆国立公园由富士山、破火山口、火山性堰止湖芦之湖以及伊豆半岛等组成，其中富士山作为日本的“三圣山”之一，山顶白雪皑皑，山下湖波荡漾，春天樱花盛开时，富士山下一片生机盎然，秋季雪白的富士山又与火红的枫叶交相辉映，冬季白雪几乎覆盖整座山体，纯净自然。日本诗人也多将富士山作为抒发感情的载体，以“玉扇倒悬东海天”“富士白雪映朝阳”赞美其美好的自然风光（图10-9）。位于福建省的武夷山是国内首批国家公园之一。在自然方面，武夷山国家公园是世界同纬度带特征最典型的中亚热带原生性森林生态系统，华东屋脊群峰叠嶂，延绵不绝，九曲溪涓涓流水，澄澈清莹，在文化方面，武夷山国家公园汇集古闽族、朱子等丰富文化，包括大量寺庙和书院遗址，体现了生态审美和人文审美的有机统一。由此可见生态风景的整体有机统一不仅体现在自然方面，人类活动作为社会因素，也不可或缺。

图10–9 日本富士山

第十一讲　城市景观审美

第一节　地域环境与城市景观审美
第二节　社会时代与城市景观审美
第三节　人文品格与城市景观审美

本讲提要：

城市景观是风景园林审美客体的重要组成部分，是自然风景与社会景观的综合表达。城市景观在自然条件、社会环境、人文因素三者的共同作用下形成和发展，同时城市景观审美活动的开展和主体审美标准的变化也受到自然、社会和人文环境的影响。随着自然环境变化、社会历史变迁、地域文化积淀，以及审美主体的审美价值观和审美取向的变化发展，不同时期、不同地域的城市景观势必千姿百态。自然环境的地域性特征奠定了城市景观的性格基调，奠定了城市景观的风貌基底；社会时代的发展变迁使得城市景观成为城市发展和居民生产生活的记录本和信息窗，积淀了城市景观的气质内涵；人文品格是城市特色的源泉，承载着厚重的城市文化和城市精神，使城市景观展现出独一无二的审美品格。

在风景园林审美活动中，审美主体除了开展以日月星辰、江河湖海、名山大川等自然风景为审美客体的审美活动之外，与主体生活息息相关的城乡景观审美活动也是无时不有、无处不在的。基于城市景观与自然、社会、人文因素的密切关联，本讲从地域环境与城市景观审美、社会时代与城市景观审美、人文品格与城市景观审美三个维度展开，涵盖城市区域景观、城市轴线景观、城市节点景观以及城市地标建筑景观等城市景观审美内容。

第一节　地域环境与城市景观审美

城市景观的塑造基于原生自然条件，受气候条件、地理环境、土壤植被、交通水源的制约。地域自然环境奠定了城市的性格基调和风貌基底，决定了城市的风貌特征乃至人文风情韵律。江南水网如织而诞生水乡情韵，拉萨高山峻岭而成就日光之城，重庆山岭重丘而造就鳞次栉比，威尼斯碧波环抱而孕育海上之城。独特的自然资源赋予城市景观鲜明的地域特色，也制约着城市景观发展的进程，不断过滤和筛选景观要素。自然景观提供的生态资源是城市发展的依托，是人类生活、生产和开展审美活动的基础，而人类在社会变迁、城市发展过程中由于生活、生产、审美需要也在不断适应和影响自然。

1．原生留存，文明穹窿下的野性

城市中的森林、湿地、滩涂等自然原生地以及多样的生物物种资源，都是在人类文明笼罩下保留的原生自然资源，是沟通城市人与自然的媒介物，是繁忙都市的通气孔，是城市居民放空身心的家园，更是人们对自然山水审美情感的寄托之所在。为了在快节奏的城市生活重获片刻喘息，现代城市中的人们仍会如陶渊明一般寄情于“结庐在人境，而无车马喧……采菊东篱下，悠然见南山”的田野牧歌，因此各类城市公共节点景观顺理成章地承载了人们关于放松身心、寄情山水的向往，譬如城市公园、城市广场、城市绿岛等。

波士顿公园体系就是一个将留存的原生自然景观与城市中人类活动融合在一起，实现人类在城市中也能“诗意的栖居”的审美理想的场所。它在拥挤、嘈杂、快节奏的城市生活中为城市居民提供了一片安逸、宁静、闲适的休憩空间，使人们想象百年前的田园牧歌式生活景象，获得丰富的审美体验（图11–1）。行走在如此花繁木秀、虫鸣鸟啼、碧波荡漾的环境中，好一派惬意自在。

在人类文明痕迹遍布的城市中，这些景观喷薄着原始、自由的气息，缓解着人们的审美疲劳，牵引着人们的感官往纯净的自然气息以及野性的原野时代中去，返璞归真。

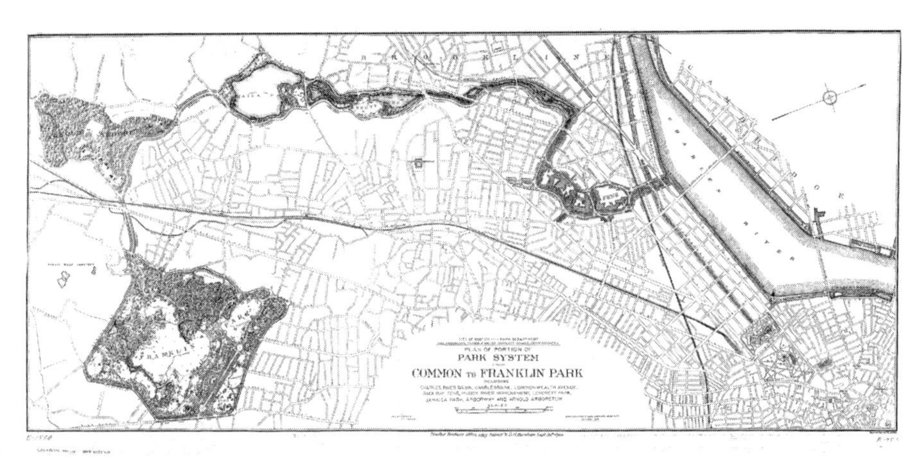

图11–1　波士顿公园体系

2．山水形胜，与天地万物为一

中国的城市选址和景观营造普遍体现了传统自然美学观念中“天人合一”的哲学精神。古有诗云“宫苑傍山明，云林带天碧”，其展现的是暮色中长安城与山水景象的相互映照；“长安回望绣成堆，山顶千门次第开”描绘的是身处长安，回望骊山锦绣如堆、连绵蜿蜒，与最后的繁华盛景连成浑然一体，无不营造了山水与城市间和谐互融的意趣，又有以山水变化暗喻城市荣辱的巧思。《清明上河图》《南都繁会景物图卷》展现的是人类生活、街巷市集与山水

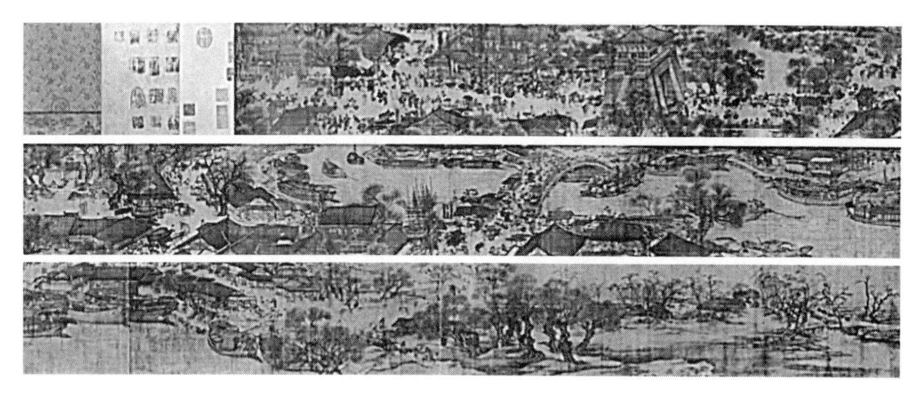

图11-2 《清明上河图》

图11-3 《南都繁会景物图卷》

花鸟间的互融共生（图11-2、图11-3）。中国古代的营城选址也无不对山水格局进行严苛的考量和勘察。

城市景观的塑造极大程度上受到自然地理等客观环境条件的制约，这些特定的条件使得原生的自然景观构成了城市景观中不可分割的部分，同时也直接影响了城市风貌和人类文明的发展。北京长期作为中国历史上的政治中心，在城市景观上长久地保持了“庄”“大”“阔”“深”的审美特征，所谓“山河千里国，城阙九重门”，整个北京城秩序严整，展示了皇家的雍容气度；在岭南湿热风的自然气候环境下，广州逐渐建成了“云山珠水滨海”的城市景观格局（图11-4）。布达拉宫是藏传佛教的圣地，集宫殿、城堡和寺院于一体，是世界上海拔最高，西藏最庞大、最宏伟、最完整的古代宫堡建筑群。雪域圣地拉萨本就是让人魂牵梦萦的地方，布达拉宫则更是神话般令人向往的风景胜地，让人们体会到城市景观与自然的相互交融、密不可分。

3．破碎新生，源于自然归于自然

西方在经历了认识论自然审美观对人—城市—景观—自然间关系的负面影

图11–4　广州府舆图

响后，在城市景观的塑造和重构过程中给予了自然、城市、人类社会以及城市中的所有人类文明创造物以最充分的审美肯定，并将其统一作为审美对象，人与自然和谐共生就是终极追求。

“水之都”威尼斯，城市与水共存，其所呈现出的城市景观是建城前既有岛屿与海洋之间自然形态关系的一种传承、适应与发展。海湖河相连的多水环境一方面为威尼斯塑造了独树一帜的城市风格，是城市发展的依托，威尼斯通过空间布局和人类活动对多水环境的适应巧妙地平衡了保护原生自然景观与城市发展需求之间的关系（图11–5、图11–6）。意大利名城都灵同样没有受困于经济发展的需求而对城市景观进行大刀阔斧地改造，城市整体依偎在山体的环抱下，如今仍保有与自然亲近的姿态。

大到城市整体景观格局，小到步行街道景观，从自然中来到自然中去的城市景观风貌能使主体深化对城市的记忆和认知，把控城市景观的性格基调。巴黎德方斯区达利中心步行大道周边所栽种的葱郁的悬铃木树丛，与巴黎的悬铃木林荫道相呼应，令人们在林荫处休憩的同时，把悬铃木营造的浪漫与惬意的氛围沁入心脾。“白色纪念碑、美国详述、开阔的草地、规整的小路、冥思的石凳、俯瞰泰晤士河和绿色的原野。”如肯尼迪纪念园的设计者杰里科所述，城市公园所提供给人们的与自然景观相协调的、朴实的、未经过多雕琢的景观节点，可以激发审美主体自主的审美联想，从最为简单的自然元素构型中体会到审美愉悦。囿于城市中，城市景观审美活动揭示着人们对自然风景体验的无限向往。在对波特兰市系列广场的审美活动中，主体通过人工化的自然要素模

图11–5　意大利威尼斯水景

图11–6　1724年的威尼斯版画和21世纪的卫星照片

拟出别样的“自然体验”：不规则台地令主体联想、描摹出山体的等高线从而激发身处群山中的想象；廊道的曲折屋顶唤起主体对于落基山山脊线的印象；广场喷泉的水流轨迹令人梦回席尔拉山山涧溪流潺潺；演讲堂前庭的大瀑布则使人仿若置身美国西部陡峭的崖峰之下……

第二节　社会时代与城市景观审美

地域环境构建了城市景观的风貌基础，孕育了城市性格的雏形，而社会时代的不断变迁则为城市景观积淀了厚度和深度。城市景观亦是一幅记录人类审美取向随时代进步和发展的画卷，描绘着人类社会的变迁。在历史车轮的不断滚动下，随着社会时代的发展，新与旧的城市景观相互融合，城市独特的精神气质和人文风格逐渐成型。城市景观呈现出气象万千的审美倾向，并通过不断地探索描摹出城市的定位和性格。城市景观印刻着一个城市不同时期的精神气质，记录了时代变迁和社会发展，展现了独特的审美文化特征。

1. 与时俱进，绘时代图卷

城市景观往往随着社会主流审美观念和审美标准的更替而发生变化。每一座城市的景观都是在经历多个历史时期的沉淀过程中发展而成的，城市景观昭示着过去、见证着现在、预示着未来。古希腊古罗马时期以“人的尺度”为标准塑造景观；中世纪时期的美学准则在于凸显“上帝的光辉”；工业革命后的城市景观则强调和彰显功能理性；而近代，田园城市、城市美化活动主要体现人本主义和自然主义。

城市广场作为承载市民日常公共、社交活动的重要城市节点景观，在不同时代背景的审美标准影响下，呈现出姿态各异的空间形态，它们也代表了当时人们对城市公共生活的情感选择。中世纪后期的西方城市广场除了作为城市的宗教中心，也逐渐建设为政治和节庆活动的中心，是宗教、政府以及某些组织机构地位彰显的载体。譬如威尼斯圣马可和梵蒂冈圣彼得广场，几何构图平衡对称、规模宏大、气势庄严，由此可以体会到当时人们的审美标准以及对至高统治权力的追逐的价值取向（图11-7、图11-8）。

人类文明造物与大自然的融合相处体现了人们对于人居环境的审美取向从经济实用至上转变为与自然和谐共存的期望。西安护城河在古代曾是为战争而修筑的防御工事，它也是西安长久以来的防洪和雨水调蓄的载体。如今，它演变为风景宜人的城市绿廊，不仅拥有良好的生态功能，更有着极高的审美价值。古人“晚来清渭上，疑似楚江边”的美好心愿而今得以实现，“秦川八水绕长安，汉家五陵空崔嵬”的城市风光因碧波荡漾的护城河又平添一抹亮色。

图11–7　梵蒂冈圣彼得广场

图11–8　威尼斯圣马可广场

作为“德国工业的心脏”的传统工业区域，鲁尔工业区在经历了19世纪科技迅速发展、产业结构调整、社会生活变迁之后，为契合城市对保护历史遗存工业、发展城市特色文化、保持城市文化活力的需要，在区域内建立了一个公园系统，从而呈现出独特的工业、人文、自然三者和谐的城市景观。位于英格兰西南区的康沃尔和西德文矿区是工业时代人类留下浓墨重彩的一笔，而如今的矿区与浪花拍打的海岸、海岸上星罗棋布的灯塔和小海湾构建出了海滨地区别样的景观风情。

现代社会科技的发展为人类营造更为宏伟的城市景观提供了技术支持。法国的米迪运河是世界现代史上最具辉煌的土木工程奇迹之一，皮埃尔·保罗·德里凯创造性地将运河工程与周边环境巧妙相容，令技术、艺术与环境和谐融通。南水北调工程贯通长江、淮河、黄河、海河四大流域，是由水库、高坝、渡槽、隧洞、倒虹吸、明渠等构成的恢弘壮丽的新时代人工大运河，运河气吞河山、碧波畅流，沿岸绿树成荫、巍巍壮观，是镌刻在中国大地上的时代新篇章，令人感受到人类文明的力量所带来的山河壮丽。世界上海拔最高、线路最长的高原铁路——青藏铁路，亦是人类所创造的城市景观奇迹，它绵长雄浑的气势，歌颂了中国人民的生生不息与团结友爱，更展现了人民的进取精神。

2．记忆缝合，抚今追昔

城市中的历史景观不仅是历史不断层积的结果，还是厚重历史文化底蕴凝练出的瑰宝，也是现代人们触摸和体验过去社会时代气象的窗口。

绍兴鲁迅故里历史街区中，一条条窄窄的青石板路，一溜溜粉墙黛瓦，一家家街边售卖土特产的百年老店，一处处街上各类民俗文化活动……这些都是鲁迅青少年时期社会生活场景的生动展现，透过这些“活”起来的城市景观，游赏者仿佛能够切身品味到鲁迅笔下风物，感受到鲁迅当年的真实生活情境。穿过月洞门，身处百草园，入眼便是“满园的花草，光滑的石井栏，高大的皂荚树”，鲁迅先生童年与伙伴嬉戏园中的场景浮现脑海，浓郁的生活情趣引人无限遐思；而三味书屋“中间挂着一块匾道，匾下面是一幅画，画着一只很肥大的梅花鹿伏在古树下”；咸亨酒店门口的孔乙己塑像引人入店，情不自禁地想“温一碗醇香的黄酒，来一碟入味的茴香豆”，品一嘴百年前的人世间。湘西凤凰古城依山而筑，中有沱江川流。石板铺砌的长街、飞檐翘角的吊脚楼、飞跨江水的虹桥、倒映水中的文塔与日暮中影绰的苍山交辉。而那沱江中渔舟点点，山间鸟声啾啾，岸边炊烟袅袅，桥畔笑声朗朗，一派诗情画意，惹人眷恋。游走城中，随着景物变化，引人联想，沈从文《边城》中翠翠与傩送的爱情故事便也渐次铺开，老码头上是翠翠在浣衣，吊脚楼的窗前闪烁的是情人的泪眼，江边飘扬的是对唱的山歌……凭借观者的想象与重构，小说中的场景投射在此间的青山绿水中，古城中的景物变得鲜活灵秀、风情万种。

凝聚传统文化内涵和适宜生活交往方式的城市景观能给我们带来灵魂深处的安定和归属感。在视觉上统一连贯，在审美精神上一脉相承的、新旧有机融合的历史城市景观，除了能令人直观地通过视知觉感受时代变迁所带来的新与旧景观的形态冲突与融合，还能使人们体会到新建景观所赋予历史景观的新的文化内涵、时代精神和艺术品格。四合院是北京传统文化的重要表征和重要的物质遗产，代表老北京城历史文化的重要城市景观——菊儿胡同的更新改造既传承和延续了城市文脉的审美文化特征和人文精神，又适应了现代生活需求和现代人思维方式。街区内传统的四合院民居形式被以现代的设计手法、材料和构造改造后融入了北京现代的城市肌理中，在延续传统街区的景观风貌，保留街区邻里间的社交模式的同时，也适应了现代单元式私密性的居住要求，还潜移默化地影响了居民的审美观念，促进了一种传统与现代共存的街区新模式下

图11–9　卢浮宫前玻璃金字塔

新的审美标准的形成，使得菊儿胡同成为了一个既不抛弃传统文化中蕴含的精神文化，又与时代精神相契合的新型城市景观。由贝聿铭所设计的著名的卢浮宫玻璃金字塔，玻璃拼组的以三角形为母体衍生出的简洁、抽象的金字塔式景观以一种抽象的形态为审美主体进行审美创造提供了空间，为审美想象的产生提供了好的土壤，首先在视觉效果上与古典砖石砌筑的复杂、古朴而庄重的卢浮宫产生了强烈的冲击和对比（图11–9）。而细品后方能感受到卢浮宫所蕴含的厚重文明与玻璃金字塔所彰显的时代精神和审美张力交相辉映所产生的历史感与现代感的统一所营造的和谐共融。罗斯福总统纪念碑以一系列花岗岩墙体、喷水叠水和植物创造出四个景观相异的室外空间来寓意总统的四个时期和所宣扬的四种自由。其中，又以雕塑刻录每个时期的重要历史事件。不同空间中的景观特征和雕刻碑文能够引发人们联想到各个时期的社会氛围和重大事件，深化主体的审美体验。

3．时代印记，匠心巧思

符合城市发展要求和审美理想期待的城市景观能帮助城市进行精准定位。城市景观中又以地标建筑景观构建城市形象、打造城市名片的精神与灵魂。城市地标建筑景观因融合统一城市文化、历史、地域特征而别具一格。

纽约时代广场曾历经作为马商、铁匠、马厩的重要集散地，到经济大萧条时期的落寞，再到如今成为娱乐购物中心的繁盛，这些或盛或衰都是不同时代所赋予它的印记。如今的纽约时代广场是财富与艺术的共生体，是疯狂到极限的缤纷世界，是不同肤色、不同国家、不同民族的人群展示文化的舞台，它是时代所弹响的永不寂灭的音浪。法国拉维莱特公园和巴黎雪铁龙公园是20世纪80年代法国兴起的一场修复重建的社会风潮下的产物。拉维莱特公园为纪念法国大革命200周年，改工业用地而成，被称为是“充满魅力的、独特的且有深刻思想意义的公园”，是当时巴黎发展的时空缩影，其中令人迷失的红色构筑物群体代表着当时城市特征性的降低和人情味的缺失。拉维莱特公园连接着周围的文化中心、博物馆、音乐厅等公共建筑，是巴黎城市空间的延续，园内不同的红色构筑物暗表英式花园的传统构件，以各异的形态吸引着市民进入公园。巴黎雪铁龙公园亦是跨时代的产物，依据工厂旧址规划的格局使人在公园内开展审美活动的过程成为对于雪铁龙工厂所承载的历史信息的一种传承。雪铁龙公园是在工业遗址上绽放出的富于变化的、不断生长的“城市中的自然”，它使得城市与自然相互渗透，标志着人们对于人与自然关系间的新思考。东方明珠塔作为上海市重要的经济地标建筑景观，矗立于黄浦江畔，陆家嘴嘴尖，具有标志改革开放成功的跨时代意义。东方明珠塔不仅使上海彻底进入了现代化大都市的圈层，具有重要的表彰上海乃至中国经济实力的作用，更是打开了国人的审美观念，“东方之珠”永不倾颓（图11-10）。北京天安门始建于明朝永乐十五年（1417年），以其杰出的建筑艺术和特殊的政治地位屹立于城市景观之林，高势铺陈，集中烘托是北京天安门的重要特征。如今我们在展开天安门地标建筑景观审美活动中，除了体会由其形制、比例、色彩等带来的气势磅礴、辉煌庄严之感外，更能从正门洞上方悬挂的毛泽东画像以及分列两侧的“中华人民共和国万岁”和“世界人民大团结万岁”的大幅标语中体会

图11-10 东方明珠塔

到革命先辈为新中国成立所付出的血汗，崇敬之情油然而生。

诚然，由于受现代主义城市建设思潮的影响，现代城市景观建设，尤其是地标建筑景观建设甚至发展至媚俗、夸大、求怪或一味拔新领异之风，“去地方化”“千城一面”的模式化城市景观成为标准配置，而城市的地域特色、历史渊源和审美文化内涵却被忽视。城市想要提高知名度，想要符合时代发展的需求，就必须明晰其突出的城市景观审美价值，利用自身地域、文化等方面的优势来塑造能够辅助城市精准定位的城市景观。

第三节　人文品格与城市景观审美

人文底蕴和文化积淀是形成城市景观审美特色、提升城市景观审美价值的关键内容。城市景观是地域自然条件影响、社会时代发展变迁和人文精神品格的综合反映。人文底蕴使得城市景观拥有蓬勃的生命力、无穷的创造力、无限的吸引力以及对城市居民的无形凝聚力。同样的山水、土地、路桥、城墙，因为承载了人们真实的情感生活、民俗节庆、宗教典仪和民族精神而呈现出迥异的性格气质。古朴凝重的西安城墙、大气恢弘的北京故宫、清雅秀丽的江南古镇、包罗万象的潮汕民居，它们或浑厚，或庄严，或婉约，或绮丽，可见其城市的景观审美品格之百态。在现代城市景观的构建中，将城市标志元素以及能表达地方文化内涵的景观、风俗民情、市井生活场景等有机统一地融入到城市景观中，有助于提升城市景观的审美价值，丰富审美主体的审美体验。

1．文脉绵延，承袭人文厚土

城市景观尤其是轴线景观是城市发展和变迁历程的时空缩影，是城市文脉直观的物质表达，是城市历史文化和审美情趣的载体，是人文艺术思潮的载体，也是记录人民审美取向变化历程的史书。城市轴线景观通常具有显著的动态发展的特征，使得现代社会的人们穿梭在承载古今记忆和审美理想的城市轴线中，能够获得穿越时空的奇妙审美体验。在布雷·马克斯眼中，城市公园中的景观元素都是调色板上的颜料，而大地就是他的画板。布雷用他的画笔点缀了巴西的城市空间，现代艺术语言在城市景观中的表达带给人们的是抽象的感知，给人以大量的联想和想象的空间。当我们行走在如今的西安城中，既能通过完整保留的街巷肌理感受到唐代长安街道“百千家似围棋局，十二街如种菜畦”的严整布局，从传统建筑形制和砖石墙瓦中体悟“复道交窗作合欢，双阙连甍垂凤翼。梁家画阁中天起，汉帝金茎云外直”的市井生活，又能同时领会到现代文化与传统文化共融带来的时空穿越感，从而获得别样的审美体验。巴黎香榭丽舍街道在诸多18、19世纪的世界级文学名著——例如大仲马的《基督

图11-11　巴黎香榭丽舍大道

图11-12　巴黎香榭丽舍大道与凯旋门、星形广场

山伯爵》、小仲马的《茶花女》、巴尔扎克的《高老头》——中作为贵族们和新兴资产阶级的奢靡享乐场所出现，它始终保有浪漫优雅的属性和厚重凝练的气质。香榭丽舍大道连接了法国重要的历史性地标——凯旋门和星形广场，承载着厚重的人文气息和城市记忆，还拥有着许多功能复合的艺术展廊、影剧院等文化性场所（图11-11、图11-12）。长期以来，香榭丽舍大道一直作为法国的政治文化经济中心存在，也是每个人民的心之所向，每当重要的节庆日或纪念日来临，香榭丽舍大道都会成为巴黎乃至法国民众汇集的庆祝地，而其丰富的林木资源也令人民总是优先选择其作为日常的休憩娱乐活动场所。

城市古道往往与贸易、宗教、文化活动息息相关，日本本州的熊野古道以交错复杂的古道连结着风景如画的河川和庄严安静的神社。神秘的熊野山区千年来一直被认为是能令人因自然雄伟力量和膜拜和改动的“神明居住的圣地”，古道穿梭在圣地山水中，沿途有神龛无数，间或又叮咚溪流之声作响，在城市边缘勾勒出一幅神圣而静谧的圣境图卷，引人入胜。

庞贝古城曾是一座人口稠密、商旅云集的小城，城内遗留的过去热闹繁华的市场、华美精巧的浴场、高堂广厦的剧场遗址等，都是古罗马社会生活和文化艺术的直接呈现。穿行其中，古老的材质、古典的柱式、古朴的装饰令人仿若闯入了千年前古罗马的生活中，引起无限遐思。曾专供奴隶主、贵族和自由民观看斗兽或奴隶角斗的罗马斗兽场，如今是古罗马帝国辉煌历史的文化符号。完型的巨大建筑以如今的审美视角看也绝不过时，甚至在如今的体育场设计中仍依稀可辨来自于罗马斗兽场的美学痕迹。岁月流逝令斗兽场的功能瓦解、拱券断裂、岩石分崩，却也令它沉淀、刻录了历史。如今人们观之，莫不为它的斑驳的宏伟后所隐含的一个帝国的衰落而感慨。

2．风俗存续，胶合多元文化

城市景观是贯通人与历史、文化间情感的媒介物。带有历史痕迹、具有纪念意义、承载风俗活动、表征民族风情的城市景观能使人们展开沉浸式的审美活动从而体验城市的种种精神和多元的审美观念。城市作为一个多元文化并存共生的大容器，其构成中既有传统文化，也有现代文化；既有本土文化，也有外来文化，使得城市文化丰富多彩。无论历史还是当代，城市文化多元性的存在都是既定的事实。因为城市具有包容性，尽管生活在城市中的人群一般存在族群、信仰、阶层、职业等方面的差异，但他们能在城市中共同生活、工作，城市的多元文化极大地丰富了城市景观的内涵。

当人们面对西方世界中古希腊神秘肃穆的神庙以及其中凸显“人是万物尺度”的代表男性、女性美的多立克、爱奥尼等古典柱式，感知到的是讴歌人性的人本主义美学精神，以及古希腊开放、平等、自由的人文品格（图11-13、图11-14）；远望哥特式教堂高耸入云、意欲通天的尖顶，轻盈通透的飞扶壁以及十字结构的平面布局，则会受到“天国神秘”“上帝光辉”的笼罩而感受到神性所带来的震撼，从而领会到中世纪西方至高无上的主神信仰崇拜；沐浴在泰姬玛哈陵纯白、圣洁的伊斯兰风情中，人们能感知到庄严肃穆、气势恢宏以及印度穆斯林对于建筑景观完型形态的执着追求（图11-15）。中国的城市景观尤其是历史性景观则更多着意于传统文化的审美特征传递和表达。例如宫殿、陵寝、祠庙、祭坛中体现的严整对称、层层递进的宗法礼制观念和等级制度，而其中彰显的是中华民族内敛含蓄、注重礼制教化的民族性格；传统民居景观的风貌特征则记录了民系发展、迁徙与多元融合的历程。

珠江新城位于广州城市中轴线与珠江的交汇处，在历史上曾是典型的岭南

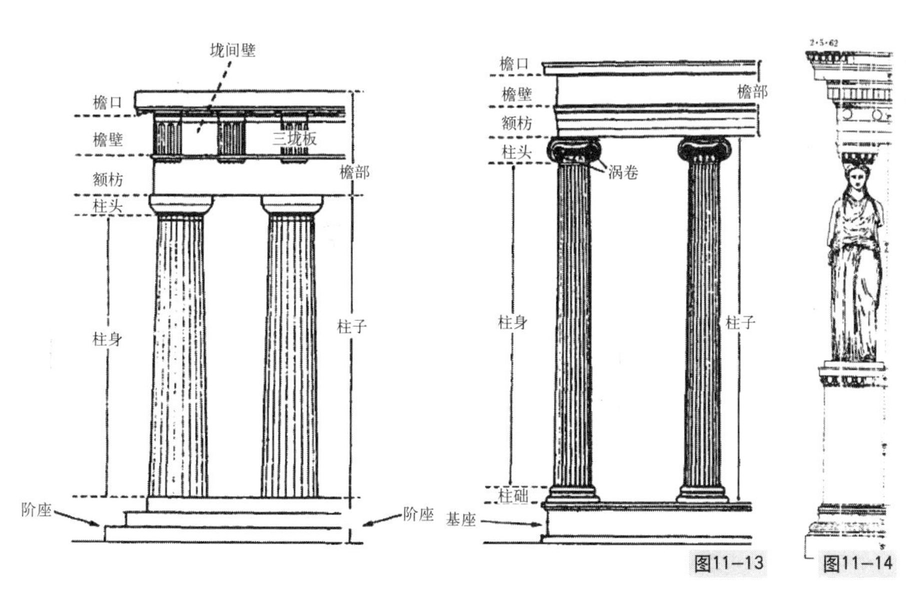

图11-13　多立克（左）与爱奥尼（右）柱式

图11-14　女像柱

图11–15 泰姬陵

水乡，经过近30年的建设洗礼，珠江新城从一片河网交错的田园变为高楼林立、极尽繁华的CBD。在珠江新城中南部至今仍保留着一个充满历史底蕴的水乡传统村落——猎德村以展现地区积年的历史底蕴。同时，珠江新城也承载了诸多新时代文化，广州城市地标小蛮腰，城市名片东塔、西塔，象征着艺术与文化的广州大剧院，象征着岭南文化百宝箱的广州图书馆以及被誉为广州“城市客厅”的花城广场都在此汇集，改革开放数十年的成果，恰似乱花如人眼，令人目不暇接。北京路是广州建城几千年以来从未改变的古代中轴线的组成部分，是广州历史文化名城的核心所在。它见证了广州古城的发展，历经了多个朝代的更替，饱经沧桑，历史底蕴深厚，文化资源丰富。北京路集秦番禺城遗址、秦汉造船工地遗址、西汉南越国宫署遗址、唐清海军楼遗址、南汉御花园等与一身，汇文化、娱乐、商业一体，自始至终都是广州重要的商业中心之一，是多元文化交流和融合的场所。在新的时代背景下，如今的北京路对文化资源进行保护、整合、开发和活化利用，亦有文化创意、艺术创作、民宿等保留岭南地域文化内涵和景观体验的业态，使人居环境品质进一步提升，培育了独有的街区文化，蜕变为一条贯通古今，存续历史的特色街区。高线公园是纽约历史文化交融的产物，不同的艺术在这里碰撞，在高线公园中，观者会时不时看到那些肆意挥洒的现代画派或艺术装置以及精彩纷呈的市民活动。在科帕卡巴纳海滩上，可观海水蔚蓝，可触沙滩洁净松软，可感温润舒适的气候，可听浪花拍岸，可品加冰和柠檬的甘蔗甜酒，加之海滩上的日光浴，让人从视、嗅、触、味、听五感上品味当地葡萄牙文化、非洲文化和亚马逊文化三者融合的文化风情和独特韵味。

3. 精神弘扬，彰显性格万象

城市地标建筑景观一般具有鲜明的地域符号或时代元素，带有城市独特的印记，因此可以带给城市居民以及外来的审美主体以强烈的情感体验以及深刻的记忆。地标建筑景观还是弘扬城市精神的媒介，不仅能够激发城市居民的自豪感、自信心和凝聚力，也能令外来的人们对城市精神有一个初步的感知，对城市风貌有一个主观的描摹和想象。城市地标建筑景观还是凝聚一个城市审美文化精神的所在。在主体对于某个城市地标建筑景观有一定认知的基础上，谈到该城市，就会激发主体对于城市、地标建筑景观和与之相关的事件或艺术作品之间的联想。譬如提到巴黎，人们会很自然地联想到埃菲尔铁塔（图11-16）、巴黎圣母院（图11-17、图11-18）以及与之相关的重要历史事件和作品——法国大革命100周年和维克多雨果的《巴黎圣母院》、音乐剧《歌剧魅影》，继而联想到巴黎的浪漫情调和浪漫下的坚毅执着。谈起悉尼，犹如即将乘风出海的白色风帆的悉尼歌剧院便会在脑海中浮现。又如忆起北京，中外人民都会瞬时联想到天安门广场（图11-19）、故宫、长城。天安门广场是中华人民共和国开国大典典仪之所，是标志着中国开辟历史新纪元迎来崭新未来的场所，是每个中国人心中的圣地；故宫是最能彰显古代中国人文品格的皇家宫殿，肃穆庄严，大气恢弘；长城在古代是坚实稳固的军事防御工事，“烽火戏诸侯”“孟姜女哭长

图11-16 埃菲尔铁塔

图11-17

图11-18

图11-17 巴黎圣母院1

图11-18 巴黎圣母院2

图11-19 北京天安门广场

城”“不到长城非好汉”等典故和俗语便由长城衍生而出，带给人们跨越历史的情感想象。它们是时代的底色，是北京发扬传统文化精神，享誉世界的重要地标景观。以上这类城市地标建筑景观的存在意义已不仅是在特定历史语境下所展现的独特魅力，而更在于经过长久的积淀后，它们已代表了一个城市的审美精神和审美个性。

与自然环境共生、与社会时代相携、传承人文品格是人类对于城市景观所共有的审美理想。城市景观审美的客体对象一是由蕴含真善、浪漫、质朴等审美特质的原生自然景观构成，原生景观所带来的自然的、诗意化的审美情境能够引发主体的审美联想和审美期待；二是由社会时代特色鲜明的高科技实用性景观构成，如公共建筑和设施、道路桥梁等交通景观以及城市绿化等，它们体现了现代化、集约化的审美价值；三则源于艺术品格突出的以人文景观为主导的地标建筑或构筑物，它们往往能结合城市文化内涵给主体以深刻的审美感受。

第十二讲 乡村景观审美

第一节　平原乡村景观审美
第二节　丘陵乡村景观审美
第三节　滨海乡村景观审美
第四节　河谷乡村景观审美
第五节　旱地乡村景观审美

本讲提要：

乡村景观审美是历史悠久、分布广泛、底蕴深厚的风景园林审美活动类型之一。乡村景观审美是人类最原始、最丰富的生命体验活动之一，蕴含丰富的人居环境美学思想。自然生态景观、生产经济景观、生活文化景观相辅相成，组成了丰富多彩的乡村聚落景观体系，体现了传统社群生存、居住和发展的需求，凝聚了乡村文明的生存智慧，展现了乡村文化的多样性存在和丰富性发展。依据人居环境的类型，乡村景观审美可以分为平原乡村景观审美、丘陵乡村景观审美、滨海乡村景观审美、河谷乡村景观审美、旱地乡村景观审美等五种典型类型。乡村景观审美活动是人的生命体验活动和情感价值活动，能够激发起人的丰富联想与创造性想象，进而使人沉浸在通过审美体验而产生的意义世界和情感世界之中，沉浸在对乡村景观传达出来的宇宙感、历史感和人生感的理解和体悟之中。

乡村景观同城市景观一样，是自然风景与社会景观相统一的聚落景观。乡村景观是以自然生态环境为基底，加之地形地貌、气候条件、人类生产及生活活动等条件而产生的满足生产、生活需求的景观类型。乡村景观中的生态、生产、生活景观呈现出自然生态多元性、经济产业适宜性、社会居住适应性、区域文化多样性四个方面的审美共通性。依据乡村人居环境地形特点，我们可以将世界范围内的乡村景观分为平原乡村景观、丘陵乡村景观、滨海乡村景观、河谷乡村景观、旱地乡村景观五种典型类型。除了上述五种基本典型的环境类型，它们之间还相互交叉形成复合型人居环境，如高原旱地、滨海平原、丘陵河谷等，这也恰恰说明了乡村景观审美的地域性、丰富性和多样性。

第一节　平原乡村景观审美

平原乡村景观是指依靠平原地形进行生产、生活的人居环境的景观类型。根据世界范围内平原的景观风貌，平原乡村景观涵盖了村舍田园、原始丛林、苍茫草原等乡村人居环境，世界范围内有诸如亚马逊平原、东欧草原等，我国的东北平原、成都平原、华北草原等地方。平原地区地势起伏平缓，耕地面积大，利于发展农业、牧业，尽显古朴淳和、生态诗意的乡村景观特色。自然、生产、生活场景在视线上连为一体，三者互为依存、相互影响，给人以质朴纯真、悠闲自在的田园生活的美好想象。平原乡村中自然风景与农耕文化景观相互交融，整体呈现“地势平阔、田原淳风”的乡村景观审美特征。

1．地势广阔，无垠淳美的生态景观

平原地区地形平坦广阔，且土质肥沃，非常适合大面积、连片式的农作物种植。远望无垠的田园景象使人视野开阔、心情愉悦。位于地球不同纬度地区的乡村也会因地域气候、光照等差异而呈现出不同的自然风景。

亚马逊平原位于赤道附近，以其庞大稳定的生态系统被誉为“地球之肺”，以其繁多的生物资源被誉为“绿色心脏”。平原内河网密布，终年高温多雨的热带雨林气候使得植被茂密，物种类型丰富，给人以丰富多样的审美感受。我国成都平原位于亚热带湿润气候区，因北部秦岭山脉对冬季风的阻隔，夏季时东南方暖风习习，一年四季气温变化幅度小。相比同纬度其他平原地区，气候湿润，孕育了其一年四季多云雾的自然景观特征。而我国的东北平原，其大部分区域为温带大陆性气候，冬季寒冷漫长，由此产生寒地景观，呈现千里冰封、万里雪飘的冰雪景观资源，奠定了辽阔壮美的乡村景观自然基底。毛泽东因此写下“北国风光，千里冰封，万里雪飘”，抒发对雪景风光的感叹（图12-1）。面对平原之平而远，洪皓感叹“满目烽烟归路远，萱亲不见泪潸潸”。面对平原之荒而冷，完颜亮写道“一挥截断紫云腰，仔细看，嫦娥体态”，抒发内心壮志满酬的军事抱负，笔下的明月也突破了以往的明亮以及人们赋予的相思之情而变得苍劲。这种苍劲既是东北平原地区独特的自然景观风貌，亦是其内心情感色彩的真实写照。

图12-1　北国风光

2. 肌理叠加，沃野千里的生产景观

广袤的平原大地上呈现的自然与人为活动的痕迹，两者肌理叠加，形成人为与自然景观和谐共融的生产景观审美特征。一方面，土地广阔且肥沃为人们进行物质生产活动奠定了坚实的基础条件。另一方面，由于洪涝灾害、气候因素等的不确定性，人们往往对大面积的土地资源加以升级改造，以求能更加稳定地进行农耕活动。如开展水利水渠的修建、规整农田形状、划分轮牧区域等，也因此在广袤的平原土地上留下了自然与人为相融合的景观痕迹。

以"都江堰"为代表的水利工程，是生产景观的典例。它的建成促进灌溉便利，更多作物适应此地生长环境（图12-2），大大缓解了建成前农耕劳作因水旱灾害等自然因素十分不稳定的情况。李白在《蜀道难》开篇的感叹"蚕丛及鱼凫，开国何茫然"，便是当时"恶劣"条件的真实写照。而后"旱则引水浸润，雨则杜塞水门"。建设者将岷江的水引进，化害为利，形成了高度网络化的水网体系景观，为乡村聚落的生活和生产用水提供保障。水旱从人，沃野千里，物产丰富，呈现祥和的农业景象。东欧草原、蒙古草原上分布着以游牧业为主要生产活动的民族，这种自给性农业生产方式形成了"逐草而居"的游牧乡村景观。"四季牧场四季草"，便是牧民利用四季牧草进行四季轮牧的生产景观特色。在放牧期间，人们会把草场划分为"放牧区"与"禁牧区"两类，两类草场在一时呈现出截然不同的景观，放牧区草场呈现自然随机的景观色彩与肌理，而禁牧区草场则是整齐划一的自然景观肌理与人工景观肌理的叠加。

平原地区的生产景观伴随着自然气候的变化而变化，农作物的播种、生长与收割均能体现四季的特征、时间的交替，蕴含着循环往复、生生不息的自然规律，充分体现着人们尊崇自然、利用自然的审美心理。一方面，不同气候区的乡村呈现不同的生产景观，另一方面，即使是同一片区域的农田，也因人为选择、种植时间、土壤条件的不同而呈现不同的景观肌理，给人以自在随和的审美感受。川西林盘种植随地形地势变化而不同，因此农田也随林盘格局的变

图12-2 都江堰水利工程景观

化而形状不一。黄绿相间的田野上种植着传统的农作物，黄色的油菜，绿色的小麦、水稻穿插，田园的布局依托于田埂、便道、水系进行划分，自然中有秩序，形成了独特的田园肌理。人们在不同的季节，栽种不同的农作物，农田的形状、色彩随之变化，“梅子金黄杏子肥，麦花雪白菜花稀”“绿遍山原白满州，子规声里雨如烟”。乡村田野以其丰富多彩的时空变幻激起人们对于乡间田野，返璞归真的审美冲动。

3．诗意园居，古朴纯真的生活景观

地域广阔，举目千里，人们建造房屋不用拘泥于地形地势的限制，因此形成了散点分布甚至不断移动的乡村建筑形态。大片田野、小溪河流，点缀其间的村落，给人以“诗意园居”的审美感受。

清朝举人王培荀曾在其《听雨楼随笔》中第一次提出林盘这个概念：“地少村市，每一家傍林盘一座，相隔或半里，或里许，为之一坝。”足以见川西地广而人稀的乡村人居环境特征。陶渊明在其《归园田居》中描绘“方宅十余亩，草屋八九间。榆柳荫后檐，桃李罗堂前”的美好田园生活与此类诗意栖居有着异曲同工之妙。特别是川西林盘中的各种宅院空间尺度宜人，不同于江南之秀、岭南之丽、西北之挺，自有其朴实飘逸之感。建筑的朝向根据采光和水系而变化，组合方式灵活，有线性组合、垂直组合、半围合组合、自由组合等多种方式，反映了人们随和豁达的审美生活态度。建筑群体形成了有序而自然的肌理特征，从平旷的原野远远望去，葱绿的树林掩映着斑斑屋宇，生活气息极其浓厚。位于日本砺波平原上的离散型聚落也同样显现着诸如川西林盘似的闲适散居的特点（图12-3）。

蒙古族、藏族等游牧民族的居住空间需要随着放牧地点的变化不断转移，可移动的蒙古包、帐篷成了最适宜此地的建筑形式。蒙古包洁白如玉，盛夏的草原上它们被形象地比喻成“绿色绒毯上扣着的银碗”。白色的蒙古包与白色的羊群、天上的白云融为一体，点缀于碧野之中，使人们赏心悦目、心旷神怡。在长期的游牧生活中，游牧民族形成了自身独有的游牧文化，一种以自然界万物有灵为信条的思想。游牧文化的产生，

图12-3　日本砺波平原——离散型聚落

离不开游牧生活的基础，游牧生活中的临时性居住、流动性迁徙等特性对游牧民族来说是一种“行”的游牧文化。“逐草迁徙”“黑车白帐”“四季牧场”，看似无规律的游荡生活，其实是最大限度地利用牧草资源又不破坏和使其退化的生产、生活方式。游牧民族敬重自然万物，尊重大自然规律，在保持水、草、畜的生态平衡中实现人与自然的和谐共存与审美升华。

第二节　丘陵乡村景观审美

丘陵乡村景观是指分布在以丘陵地形为主，涵盖高原、山地、盆地等复合地形的乡村人居环境。此类乡村景观依托山体环境，其起伏的地势加上人类活动的介入，整体呈现“山陵纵横、野趣横生”的乡村景观审美特征。

乡村聚落依山而居，在连绵起伏、纵横变化的山体映衬下，建筑或散落于青山绿林间，或镶嵌于砂岩峭壁中，自然环境与人文环境相互映衬，充满着原生野趣。丘陵地形地貌类型多样、变化多端，其形态呈现山谷、山坡、山地、沙漠等多种形式。相对于地形地势平坦的地区而言，山地受人们活动的影响较小，自然环境的改变程度较低，具有较大程度的原生性。

1. 山峦起伏，雄丽奇美的生态景观

一方面，丘陵地区地形高低起伏，形态万千；另一方面，丘陵地区土壤质地多样，自然气候也随地域、海拔变化而不同，孕育了形态万千的山体植被景观要素，千变万化的气候景观，各类景观要素随山就势，整体给人以雄丽奇美的视觉感受。丘陵起伏的景观变化，使得人们在观赏时需要不断切换视角，形成了时空的动态审美。景由时而现，时因景而知。所谓“横看成岭侧成峰，远近高低各不同”“一山有四季，十里不同天”等都是对丘陵山地自然景观、气候瞬息变化的审美观照。

自然山体作为形成山地乡村聚落的前提条件，其本身又因各地区地理环境、气候条件等的不同呈现各具特色的生态景观。主要分布在我国西南部哈尼族乡村聚落等，以及印度、越南等地区的傣族乡村聚落（图12-4），由于地处热带、亚热带，潮湿多雨，且经常处于静风状态，因此聚落绿树成荫，村寨融于葱葱郁郁的丛林之中，椰子、槟榔等热带植物在雾中若隐若现，低矮的建筑物掩映于其下，呈现出鲜明的热带山地乡村聚落的独特风光。蜿蜒流淌的溪水、随风摇曳的竹林，轻柔微晃的稻谷无不展示着傣族山地人居环境的风情画意。位于我国江南地区的丘陵乡村，则呈现一片淡雅清新的山地风光。这里四季分明，山高谷深，溪水潺潺。春天，山鸣水吟；万木皆峥嵘；夏季，重山叠翠，云影共徘徊；秋季，稻浪翻滚，风起千层涌；冬天，冰霜斑斓，宁静以怡然。

图12-4　云南哈尼族巴拉寨乡村聚落景观

“千叠层峦百转弯，鹤溪深山众峰环。竹里风光开画本，桃源仙境隔尘寰。”这首描写浙江传统村落小佐村的诗词将此地的丘陵乡村自然生态景观描述得淋漓尽致，构筑了江南丘陵乡村如诗如画的生态田园风光。与此同时，在瑞士安尼维尔的山地中，地势险要的阿尔卑斯山脉的冰川区域里，雪峰环绕，雨雪充沛，风光秀美。蓝天白云下俊俏的山峦披上青葱的绿衣，宁静优美的阿尔卑斯山脉若隐若现，淳朴的阿尔卑斯山山民与独特的冰川塑造了美轮美奂、烟雾飘渺的山居景观。

2．因地制宜，星罗棋布的生产景观

丘陵地形起伏较大，平坦土地较少，不像平原地区能够进行大面积、连片式的农业耕作，也不像滨海地区依托海洋资源，形成渔业生产景观。丘陵地区的人们对山地各处海拔土地、各土壤质地进行碎片化、针对性的利用，或开垦小片农田，或种植树木果林，形成了别具一格、星罗棋布的山地生产景观。

在地质较佳，植被茂密的山林地带，人们依山开垦田地、发展林业。于坡缓处开垦大田，于坡陡处开垦小田。早期，在我国南方丘陵地区，人们只是在山麓沟谷较缓的坡地修成水平梯田。随着农耕技术的提升，人们沿整个坡面修筑成逐级逐阶相连的成片梯田，加以人工修建蓄水塘、开挖沟渠等方式保证梯田灌溉，在视觉上给人以规整有序的审美感受；随着梯田的耕作范围扩大，人们将开垦梯田与治理山地环境结合起来，更加注重保育水土等生态理念。大小梯田随地势变化，展现出人与自然协作开拓的大地景观。法国人类学家欧也纳博士也曾这样称赞云南哈尼族梯田景观：“哈尼族的梯田是真正的大地艺术，是真正的大地雕塑，而本地人民就是真正的大地艺术家。”世界范围内的梯田景观十分丰富且各具特征，如菲律宾的伊富高梯田，山势陡峭直冲云霄；尼泊尔高山梯田层叠交错，袅袅炊烟；红河哈尼梯田曲折蜿蜒，气势浩瀚。在黔东南，为了应对该地区旱涝的灾害性天气，人们逐渐建立起一套水资源循环系统，即立体河网湿地。在随山体等高线上布置的一个个稻田里，通过稻鱼鸭共生模式使得稻田成为一个个微型水库，此处的梯田景观造型独特，明代杨慎的“高田如楼梯，平田如棋局。白鹭忽飞来，点破秧针绿”抒发了自然景色与农田景观和谐统一，有静有动，俨然一幅山乡水田的生活景象。

3. 依山而居，世外桃源的生活景观

地理环境因素的限制，使得丘陵乡村聚落更为独立，与自然环境联系更为紧密，如世外桃源一般，从气候寒冷的高原冰川到植物茂密的热带山林，都分布着人们生活的足迹。

山地自然环境较为复杂，分布在世界范围内的山地聚落受当地地理环境、气候温度等自然因素的影响呈现了形态各异的居住景观形态，体现了意蕴深厚的社会居住适应性。居住在我国高原地带的藏族、土族等民族，多结合当地材料采用土坯砖、泥土夯筑墙体，以应对当地寒冷多风的气候，建筑给人以粗犷厚重之感（图12-5）。而侗族、苗族、傣族等居住在湿热地区的村落，多用木材，给人以轻盈空灵之感。侗族的建筑单体形式多为高脚楼、矮脚楼、平地楼形式的干阑式建筑，以应对当地潮湿多雨的气候，不仅顺应了地形，还能减少对自然地形、植被的破坏（图12-6）。而作为一个因战争不断迁徙的民族，

图12-5　拉萨吞达村藏族砖石民居

图12–6　贵州宰拱村侗族矮脚楼民居

图12–7　日本白川乡合掌造民居

苗族村寨的选址则多“依山而建，择险而居”。苗族民居建筑多为半干阑式建筑，建筑一部分直接依靠山体，一部分架空与山体脱离，形成参差错落的景观特色。在日本白川乡，人们对于自然法则的高度尊重也形成了其“宛自天开”的乡村景观格局。“合掌造”是这里独特的传统民居建筑形式，一般向阳而建，与山脉相垂直，以求获得良好的通风和采光（图12–7）。建筑材料取自周围山里的树木，构成建筑全木质榫卯结构，屋顶一般呈六十度夹角的急斜面，以此避免严冬积雪。飞山浓水，红叶绿草装点的村落，恬静富饶的山村景观凝聚着浓浓的生活气息，人与自然的和谐景象让审美主体进入世外桃源般的审美理想境界。

第三节 滨海乡村景观审美

滨海乡村聚落依托港湾岛地、海洋水体等自然条件，或憩于港湾之内，或建于海岛崖边，或飘浮于海水之上，人们进行着艰险的海上渔业劳作，与海相伴的生活充满挑战。人们在面临自然较为恶劣的环境下，适应地域条件，塑造了与其他类型乡村极具差异性、形象感染力的滨海乡村形态，孕育了“港湾岛地、于海嘹歌”的乡村景观审美特征。正如日本建筑师原广司所说：“有意思的是如果自然条件过于优越，相反却找不到如此令人感动的聚落。”独具海域风情的乡村景观则将这份人与自然的协作共进表现得淋漓尽致。

1. 依水傍海，广阔壮美的生态景观

世界各地分布着众多港湾、海岛，它们在自然环境共同作用下，形成一种相对封闭的生态系统，海岸线曲折不绝、港湾环绕绵延、海岛环海傲立，广阔壮美。天气变化左右人们出海劳作，但优渥的海洋生物、光照等自然资源，是滨海乡村聚落从事生产活动的直接动力。人们在与自然环境相生、相斗争中形成了相对稳定的系统结构，塑造了和谐壮阔的生态景观。

曲折的海岸线上，分布着被海浪长期侵蚀的礁石，形态万千；海面辽阔浩瀚、天水一色，置身于此，产生“日月之行，若出其中；星汉灿烂，若出其里”的审美联想。海洋作为滨海乡村聚落巨大的外部环境，瞬息变化，从“海水无风时，波涛安悠悠”到“横风吹雨入楼斜”只需片刻。因此聚落一般选择背山面海的海湾地带，依靠山地丘陵，既可避开海风的侵袭，又可方便出海作业，体现了人与自然和谐共处的生态智慧。海岛作为海洋景观资源的一部分，其所孕育的岛屿聚落也成为一种特殊的聚落类型。一般海岛指四面环海并在海水涨潮时高于水面的自然形成的区域。海岛聚落远离海岸，如漂浮在爱琴海上的圣托里尼岛（Santorini）就是火山沉入海底之后，遗留在海面以上的山体部分以及中央的火山丘的统称。岛外天海相接，岛内宁静安详，被古希腊哲学家柏拉图称之为“自由之地”，俯瞰岛屿，仿佛一颗遗落在海中的明珠，其上的乡村聚落经历数百年仍熠熠生辉。

2. 围海而生，千帆相竞的生产景观

在海上劳作风险大的同时，海洋也带来了多元资源，聚落通过发展海洋捕捞、浅海滩涂养殖等经济形式获取生产资源。聚落围海劳作，形成渔业生产为主、农业为辅的生产方式。珠三角的疍民就是长期生活在海上的水上居民，他们分布在沿海港湾或河道上，从事渔业、水上运输业，乘舟出行，随潮来往。

图12-8 疍家渔船

疍家人没有寸土片瓦，船只既是他们从事生产活动的工具，也是生活起居的集中场所（图12-8）。《太平寰宇记》载："船首尾皆尖高，船身平阔，其形似蛋，故称疍船。"《广州杂录》载："疍户以舟为宅，捕鱼为业，或编篷濒水而居。"耕海是疍民的主要产业形态，根据耕海形式的不同，形成了近海捕捞景观、远洋捕捞景观、滩涂养殖景观、渔排养殖景观等产业景观类型。天色微亮，便可看见千船相竞出海，夜幕降临，亦可欣赏渔火纷飞，向人们展示着一幅和谐壮丽的海上风景。

滨海聚落除了发展渔业外，在临海的山地、田地上开垦种植，形成水陆两地生产景观。如位于意大利的五渔村，由于地形条件和天气气候的限制，五渔村耕地资源贫瘠，人们必须在悬崖峭壁上开垦有限的农田种植农作物。因此，人们为了集约土地、防止水土流失，运用当地石材搭建干石墙，在维护好的梯田上种植葡萄、橄榄等传统作物，形成层层而上的梯田文化景观。

3. 滨海而居，以歌颂情的生活景观

滨海乡村聚落土地资源极其有限，人们往往在滨海的山地上建房居住，或者“以船为家”。由于远离内地，乡村聚落有着较强的独立性，聚落形态、色彩等方面也更加自由奔放。

在形体上的独特性，使得滨海乡村聚落可识别性强，也更易引发审美主体的情感联想。圣托里尼岛上的斐拉、里尔乡村聚落建在贴近悬崖边的、面向内侧的山壁面上（图12-9、图12-10）。一座座横穴式的民居沿着山体向内开凿，并随等高线散布。同时顺着等高线设置生活道路。建筑墙体、道路都被涂刷成突显于自然环境的白色基调，穿插一些粉红、黄、蓝等颜色，自然与人工形成强烈反差，激发审美主体的视觉冲击感。碧蓝的天空下葡萄酒色的大海一望无际，从中央火山丘眺望斐拉、里尔乡村聚落，红褐色的山崖犹如覆盖了厚厚的白雪一般，是那么清晰而又纯洁，一种敢于挑战极限的气魄给人以深深的震撼，让人不禁感叹个体生命力的顽强以及群体力量的伟大。

图12-9

图12-10

图12-9 圣托里尼岛上斐拉乡村聚落

图12-10 圣托里尼岛上里尔乡村聚落

如果说斐拉乡村聚落是安静地与大海对话，那意大利的“五渔村”则是华丽地向大海宣誓。在意大利人心中，五渔村就是“彩色圣托里尼”。意大利五渔村基本保持着原始风貌，立于黑色山崖之上的彩色房屋展现着生活气息浓厚的地域风情，似乎流露着极大的热情拥抱地中海。这些彩色建筑外墙的颜色丰富多样，红、黄、蓝、绿等，各种颜色交相辉映，人们常以“上帝打翻在地中海的调色盘”抒发见到此景的震撼之感。

另外由于多种原因，世界上也有很多直接生活在海上的乡村聚落，人们在海洋的特殊条件下，形成了既亲水又防水的双重心理。位于北极地区的因纽特人，以及我国疍家人都是典型的海上人家。因纽特人生活在北极冰川之上，因缺乏建筑材料，因纽特人利用冰雪、皮革或者鲸骨建造圆顶的房屋。这些就地取材的冰屋具有保温防风的优点，能抵御极寒的气候，在茫茫冰原上，与环境融为一体，成为一道极地奇观。疍家人的疍船摇曳在江面，停泊在港湾内，聚集形成了独特的舟居景观。而日本京都丹后半岛东北角海湾的渔村——伊根，

人们于山底海边之处建造连体房屋，称为“舟屋”，一层停放渔船，向上为居住空间。塑造的独特的滨海人居环境，凝聚着人们劳动与智慧的结晶。

在海上劳作中，疍家人发展出对大海的审美艺术。面对波涛浪涌，他们从不畏缩胆怯，以咸水歌唱响疍家人与海为生的峥嵘岁月。海上生活条件十分艰苦，他们常年漂泊于海面，与风浪搏斗。独立自强的疍家人时常以歌颂情，随口而唱，以此来抒解胸臆。这种自由随性的曲调逐渐发展成了咸水歌。他们见山吟山，见水唱水，歌风颂月，以此表达自己对美好生活的追求与向往。甚至婚丧嫁娶、节庆祭祀等活动都必须唱咸水歌，这种非物质文化经过一代代人的传颂，已成为疍家文化重要的组成部分。

第四节　河谷乡村景观审美

河谷是河流长期经地质作用，在地表形成的一种河流地貌表现形态。人们依山而居，依河劳作，依靠山水形成农业耕作、林业种植、畜牧养殖等生产景观类型。这种自然与人为需要相契合，与水相生的过程孕育了“两山夹河、一脉情深”的河谷乡村景观审美特征。河谷作为一种独特的人居环境，与其他地形类型组合也会形成高原河谷、丘陵河谷、平原河谷等多种河谷人居环境类型。对于河谷乡村景观审美的解读同样需要我们把握其生态、生产、生活景观三个方面的审美特征。

1. 河地交织，绮丽秀美的生态景观

河谷地区生态景观具有明显的延伸性和垂直性，形成了显著的“两山夹一河”“谷内有四时”的景观特色，整体呈现“蓝脉绿网”的生态景观基底，高低错落的山峰、绵亘不绝的河流孕育了河谷地区壮美秀丽的景观风貌。

河流是河谷乡村生态景观中的核心要素，滋养了河谷人居环境的形成。水环境作为河谷乡村景观的重要组成部分，其不仅具有很强的实用功能，更有极其深厚的审美属性和生态审美价值。水作为媒介联系着河谷山地、植被、生物等众多景观要素，形成一个有机整体，维护着河谷生态景观的稳定。从河谷纵剖面来看，上游河谷狭窄多为飞流直下的瀑布；中游河谷渐宽多为漫滩阶地；下游多为曲流和汊河。从河谷横剖面来看，河谷谷底河流穿行，河岸曲折蜿蜒；河谷两岸森林植被茂密，维育着物种多样性、涵养着水源水质；再向上则为冰川雪峰，景象万千。

在我国新疆地区的荒芜戈壁沙漠中，河谷却生机盎然，花草繁茂，形成了沙漠中的绿洲。阿勒泰地区的喀纳斯河谷，由于海拔较高，夏季干热、冬季严寒，因此夏季雨水充沛，冬季降雪丰富。冰雪融水汇聚形成若干条河流，河滩

绿草如茵，河岸林木丛生，牛羊漫游寻觅，构成一幅山河秀美的画卷。漫步白桦林中，不禁令人产生恬淡悠远的审美感受。同样位于新疆西北部的伊犁河谷，其北部、东部、南部三面高山环绕，河谷向西部敞开，这种地形条件使得海洋暖流可以顺利进入谷地，河谷内部雨水充沛，草场辽阔、森林茂密，成就了其“塞外江南”的美誉。这里生态景观要素丰富多样，既有雄伟壮阔的雪峰冰川，也有清奇俊秀的河川；既有绿草如茵的牧场，也有深耕易耨的农田。置身于此，使人全身心沉浸在一份宁静悠闲之中。法国卢瓦尔河谷有着同样优越的生态景观，被人们形象地称为“法国花园”。谷底河流时而平静流淌，时而湍急奔腾，其随季节变化形成的沼泽、河塘、河岔等形态不一的景观基底，给人以生生不息的情感触动。

2．立体开垦，山沐水泽的生产景观

河谷地区地形多变，既有山区丘陵、河流蜿蜒的平缓地带，又有高山峡谷挺拔、河流湍急的狭长地带。水源、林地、草地等为人们进行农耕、畜牧业等为主的生产活动提供了充实的条件，形成了因地制宜的垂直性、多样性生产景观特色。

谷底距离河流近，地势较平坦，一般被开垦形成较大片的农耕景观。水源的供给便于人们在河谷地区进行农耕灌溉、放牧饮水，大大提高了人们生产活动的效率。春夏成片的绿油油的小麦、水稻等农作物随着大地苏醒描绘出生机盎然的世界；秋冬黄墨尽染，金色与银光照耀，生生不息的河水流淌着诗情画意。我国青藏高原地区可利用的土地资源十分有限，因此耕地主要分布在河谷之中。河湟谷地由黄河干流及其支流湟水河冲积而形成河谷地带，因其优越的自然地理环境，自古以来就是重要的农牧混合区。羌人早在四五千年之前就在这里开垦进行生产活动，形成了稳定的农牧兼营的劳作方式，孕育了我国早期的农耕文明（图12-11）。我国贵州白水河谷地区的布依族等众多少数民族数百年来一直以稻作农业作为赖以生存的生产方式。两岸山脉逶迤形成“两山夹一河”的白水河谷地形，人们被这种山水形象所感染，结合日常生活体验，形象地称之为“扁担山槽子”。白水河流从山口冲出在此冲积形成平缓河谷地带，河水同时夹带着上游的泥沙，积淀了厚实的土壤，为水稻耕作奠定了良好的基础。人们在稻田间挖沟筑渠，形成水网格局，塑造了“水满田畴稻叶齐，日光穿树晓烟低”的稻作生产景观。

谷坡地势相较于谷底更加陡峭，因此，人们除了耕作农田之外，还开展果树种植业，形成依山就势的生产景观。法国卢瓦尔河谷中，谷底土壤肥沃，人们在此开垦农田、种植蔬菜，在以草地为基底的谷底中塑造了大小嵌套的农业景观，形成了自由多变的景观肌理，使人不禁获得“田园牧歌”般宁静的审美

图12–11 河湟谷地——青海班前村传统村落

感受。而在两岸谷坡，人们充分地利用地形、气候条件，在此种植果树，开垦了层次多样的葡萄园、果园。河谷冲刷形成了复杂的土壤质地，石灰岩、火石岩、火成岩等类型多样，培育了葡萄、果树等繁多的品种，形成了多姿多彩的产业生产景观。从谷底到谷顶，人文风光与自然基底的巧妙结合在卢瓦河两岸沉淀，诉说着千年来河谷人居环境的变迁。

3．沿河而居，生生不息的生活景观

河谷地带既近水，又可以规避洪水灾害，同时茂密的林地适宜狩猎，土地肥沃便于农耕，河谷无疑成为人类聚居的摇篮。河谷乡村聚落充分利用地形条件，沿着水系在河谷两岸山地上呈散点式、纵向分布的特点。河谷乡村聚落在河谷中形成和发育，纵观河谷乡村聚落的演变，其与河流的发展变化息息相关，形成了具象的、复杂的、动态的群体审美活动。对于河谷地区乡村聚落的建筑、人文等生活景观审美适应性的分析可以从因地制宜和因势利导两个方面理解。

首先是其因地制宜。河谷乡村聚落充分利用所处地形坡度平缓程度，在坡度较陡峭的地区，建筑顺着等高线依次排开，整体呈现“散点分布”“带状分布”形态；在坡度较缓的地区，建筑会选择海拔更高的位置，将更多的平缓地带留给农田，同时建筑方向多变，聚集形成“组团分布”形态。这种因地制宜，与地形巧妙结合的生存智慧塑造了河谷乡村建筑形态万千的审美特征。

其次是其因势利导。以我国河湟谷地的乡村聚落为例，可以发现在河谷特殊地理环境下，建筑与地理环境不断结合，不断适应的审美过程。起初，河湟谷地人少地广，人们选择临水、地势相对平坦的地区进行定居。位于青海省循

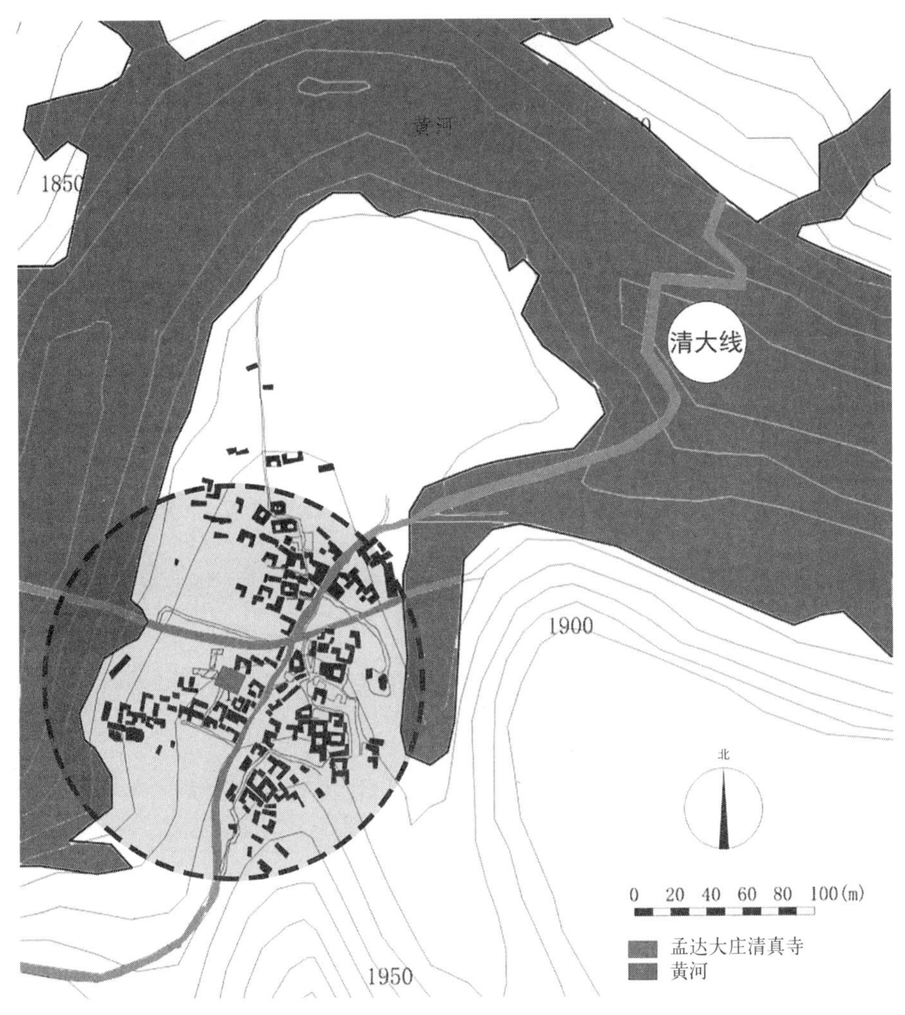

图12-12 大庄村村落环境

化撒拉族自治县的大庄村，便是选择黄河南侧的坡地之中。村落紧挨黄河，撒拉族人就地取材，以土、木、石为建筑材料，塑造独具地域特色的民居建筑。同时，为了节约土地，建筑大都建成布局紧凑的四合院或三合院式的庄廓院，成片聚集，呈现上述所说的“组团分布”特征（图12-12）。河湟地区的莫色勒村等代表性传统村落地处高原河谷之中，村落受地形限制较大。村落将距离水系较近、地势相对平坦的地方开发为耕地，将坡地用于房屋建造。生活在此的藏族人们融合了藏汉建筑风格，平面布局上采用典型的“四合院”式院落，局部装饰经幡等藏族符号。人们同样采用当地生土、砖石等地域性材料，外墙相对厚实封闭，以适应当地严寒气候。建筑依山就势，沿着等高线呈“散点状”布局。俯瞰整个村落，宛同星空倒影，建筑似一颗颗星辰点缀于山河之间，给人以胸怀广阔的审美感受（图12-13）。

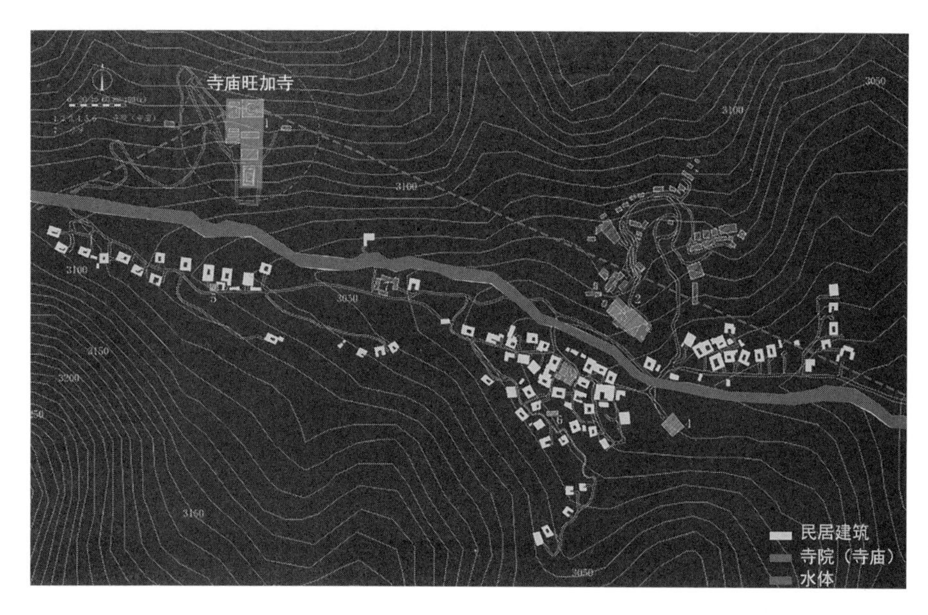

图12-13　莫色勒村村落环境

第五节　旱地乡村景观审美

世界范围的旱地和半干旱地区主要分布在亚洲西部以及澳大利亚中部和非洲北部，这些区域土地退化，水资源匮乏。乡村选址或在沙漠绿洲地带里的河岸旁，或靠于戈壁滩的山丘上，或逐于水草地周围。人们在沙漠绿洲里培育耐旱农作物，在草场间放牧，在岩石滩地发展葡萄种植业。自然环境和人文环境相互交融，充满着粗犷原始的野性，塑造了整体呈现“沙地漠野，粗犷雄浑”的旱地乡村景观审美特征。这种适应旱地环境，坚韧不拔的精神也塑造了旱地乡村景观的差异性、多样性和地域性。

1．沟壑绵延，壮阔雄浑的生态景观

干旱地区沟壑绵延，适宜聚居的绿洲较少，展现了沟壑绵延的景观特征。马里中部的邦贾加拉山地，地处撒哈拉沙漠的南端，与热带雨林的过渡地段矗立着巨大的锯齿状砂岩峭壁，黄土沟壑绵延千里。这种峭壁看起来就像一堵无尽的墙，高高耸立在谷底的灌木丛上。多戈族仅靠高原砂岩中的泉水或井水灌溉土地，种植耐旱的作物，给人以粗犷奇特的审美感受（图12-14）。

水资源的保护和利用是旱地乡村进行生产生活的首要前提，是关乎生存与发展的重要资源。勤劳的人民适应旱地环境发展特色农业产业，充分利用旱地绿洲加以改造完善。居住在新疆克拉玛地区依雅河两岸的达里亚博依人，水源成为关乎生存的首要问题，夏季水源相对充沛，其他季节则依靠地下水生活。当地人村落选址布局尽量选择离水源近的地方，河流两岸分布着他们的村落，绿洲点缀，在金黄色沙漠背景下，如宝石般闪烁。其间支流穿插而过，村落镶

图12-14 撒哈拉沙漠多贡人聚落景观

嵌其间，犹如沙漠之海中的翡翠项链，烈日下晶莹般耀眼。生机盎然的情景给人以生机盎然的审美感受。我国宁夏地区北河滩村属于典型半干旱气候区，位于黄河岸旁，黄河形成180度转弯，尤为壮观。土地退化、荒漠化自古以来较严重，早在明清时候这里依靠黄河水源得以生存并慢慢发展商业贸易，村子整体靠黄河沿岸，黄河和村落间有一片较大面积的绿洲，绿洲不仅起着调节微气候作用，而其间隔形成了一定的防洪安全距离。村落内建筑之间布局较紧密，建筑多为木夯土结构体系，厚重的建筑材料耐热性好，较小的窗户开口，使得建筑整体防热性能良好。村落前绿洲上种植耐旱农作物，比如花生和红薯等（图12-15），一片绿意在周围的荒寂中更易引起审美主体的情感触动。同样，位于甘肃省藏族聚居的高走村，水源是乡村依赖的重要生态资源。村落背靠一个山包，住居以及农田均围绕村落中心的汲水井展开，住宅并肩地沿“一”字

图12-15 宁夏旱地景观

图12–16　甘肃村落布局形态

形排列，依次排开的平屋顶彼此相连接，中间几乎没有分割形成一个条形的屋顶广场，以便将雨水快速收集再次利用（图12–16）。

2．奇丽粗旷，沙漠绿洲的生产景观

旱地乡村地区沟壑绵延，可耕种用地和水源十分有限，即便如此，人们依然在崖壁和滩地上开垦种植耐旱农作物，构筑水网系统以充分利用水资源，留下了人与自然协作互动的生产痕迹，展现了“生机盎然”的生产景观。旱地恶劣的生存条件激发了这里的人们最本能的生存欲望并塑造了他们坚韧的性格，在长期的利用与改造环境中形成了独具“沙漠绿洲”特色的旱地乡村生产景观。

我国西北部的黄土高原由于历代战乱、盲目开荒放牧及乱砍滥伐导致高原的植被遭到严重的破坏，同时降水强度大，加之黄土的土质疏松，水土流失与草原退化极为严重，便形成了“千沟万壑”的黄土地貌。在这样贫瘠而干旱的土地上，西北人民顽强地与自然做着斗争，在黄沙漫天的土地上种植果树、枣树、核桃等耐旱作物，在高差较大的黄土高坡地区，则开垦旱坡耕地，以此来适应此地干旱贫瘠的土地，千沟万壑却也驼峰拥翠，给人以雄浑壮美的视觉感受（图12–17）。西班牙阿尔曼索拉地区的加尔各林村落背靠着雄伟的悬崖，260多个石窟分散在崖壁上。光秃秃的崖壁在斜阳下闪耀着赭石、黄色、米色等色彩。靠近地面稍微平缓的山坡上，参差的石块杂乱生长着耐旱的灌木，在悬崖脚下的景象和前者截然不同，平缓的低地上长满了果树和桉树，大片的旱作农田，使得一切颇像沙漠中的自然绿洲。同样，在邻近河西走廊的灵州干旱地区，盛产葡萄美酒。元代诗人在灵州荒凉黄沙之地看到人们种植葡萄、放牧形成的边塞绿洲，不禁引发起审美联想：“乍入西河地，归心见梦余。蒲萄怜酒美，苜蓿趁田居。少妇能骑马，高年未识书。清明重农谷，稍稍把犁锄。”描写了半干旱地区生活的人民亦农亦牧的生产场景。

图12-17 黄土高坡旱坡耕地景观

在伊朗的沙漠中，人们通过地下挖掘的坑道将周边的山岳地带泉水引导至村落，流入田地果园里，形成“沙漠绿洲”。为了使水源能够有效到达，人们挖掘的坑道甚至长达80公里，坑道每隔几十米就有竖井通向地面，竖井周围用挖掘坑道形成的土方垒起，以阻止地面的沙子流入，除了竖井，水路上还设置有半圆形拱顶的储水槽，这些凝聚着当地人们生存发展的朴素智慧，确保了稳定的水量供应，使得村落的农业在沙漠地带得以发展（图12-18）。在沙漠中，这些附属的生产设施形成沙漠绿洲中一道独特的景观，让人赞叹生命的坚韧和顽强，功能性的生产景观和大自然景观相互映衬融为一体，这种粗犷野性的景观意向，不禁让人产生无限的审美联想。

图12-18 伊朗乡村地下水路系统露出地面的竖井

3．漠野戈壁，苍茫自由的生活景观

旱地地区自然环境较复杂，干旱炎热成为人们聚居生活的不利条件。但人们因地制宜，在追求苍茫自由中塑造了适应地域气候、形态各异的居住生活景观。伊朗沙漠中的乡村在适应干热的自然环境过程中形成了自己独特的土坯住宅，住宅从屋顶到墙壁全部为土坯材料，同时在屋顶朝向季风的方向修筑通风塔。风塔巧妙地将沙漠中的季风引入室内，改善了室内热舒适性，这些迎风耸立的通风塔也不禁让人联想起沙海中出海的风帆，场面十分壮观。位于摩洛哥的南部黄土平原小山丘上的托基里赫乡村，依靠地势形成了一个立体的空间布局。村落内建筑也是土木结构体系，并且作为维护结构的墙体很厚，这样不仅可以在白天高温下隔热，在夜晚气温急剧下降时墙体可以蓄热。整个乡村远远望去如同一个巨大的横卧在干旱大地上的沙丘，在阳光的照耀下金光闪闪，犹如沙漠中的一座座金字塔（图12–19）。

图12–19　摩洛哥的南部托基里赫乡村

信奉伊斯兰教的贝都因人生活在西亚北非人迹罕至的沙漠荒原地带上，过着游牧的沙漠生活。居住在传统的贝都因帐篷之中，分散在茫茫的荒原之上。帐篷是他们的文化记忆载体，融合了独特的生活习俗和审美精神。夕阳的余晖将本来红色的沙漠慢慢染成了酒红色。贝都因的帐篷渐渐散落在其中，人们领着驼队缓缓而归，使得这幅辽阔壮美的景象得以精神层面上的升华。

人们在地适宜性的生存智慧孕育了丰富多样的旱地建筑形态，也使得我们至今仍可窥见“穴居”这一直接利用山体本身而形成的居住景观。西班牙的阿尔曼索拉一带的加尔各林乡村聚落背靠着雄伟的悬崖，在崖壁上分散布置，被人们形象地称作“横穴住宅”。横穴石窟的门窗洞都直接在崖壁上开凿，交通空间位于石窟内部，上下用旋转楼梯贯通，甚至多达五层。这与我国西部地区的窑洞有异曲同工之妙，人们凿洞而居，具有十分浓厚的地域乡土气息（图12–20）。“穴居”这一原始的居住形式，无论其是否能够使人联想到房屋，其具有防御性的、因地制宜的原始朴素生存智慧都让人惊叹。厚实金黄的土地、略呈灰色的天空、千沟万壑的悬崖，几抹几乎脱落的白灰，与环境浑然一

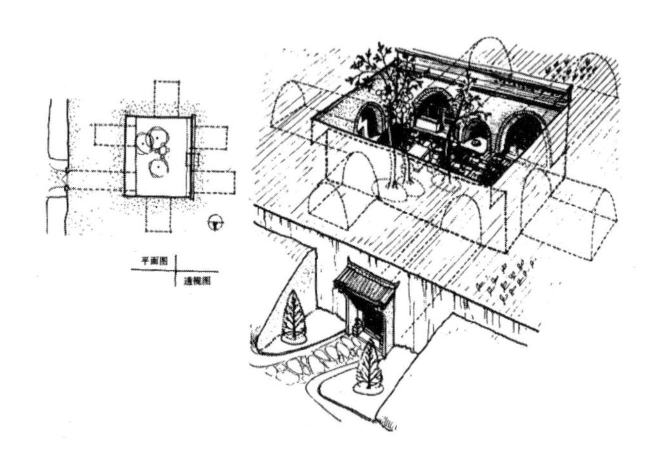

图12–20 典型下沉式窑洞分解图

体的洞窟，不同种族信仰的人在此来来往往。生活的痕迹渐渐被洪流、时间所湮没。历时沧桑和沉淀扑面而来，唯有这雄厚的景象带给我们深层的思索。

相比于恢宏大气的城市聚落景观，乡村聚落景观总是亲切宜人，两者互为补充，凝聚着人类文明，构成了社会景观审美的重要组成部分。人类社会在数百万年迁徙、定居的动态格局中，在世界众多地区留下踪迹。从西非白沙广袤上珍贵的绿洲，到太平洋上丛林广布的原始海岛，从数千米海拔的雪山冰川到温暖优美的平原腹地，人们顺应自然，尊重自然环境，利用有限的自然资源和族群共同的生存智慧，营造适意的居住环境、发展适宜的产业模式、建构适应的村落建筑，最终展现了舒适的人居环境和丰富多样的文化景观。

第十三讲 世界自然遗产景观审美

第一节　世界自然遗产景观概述
第二节　世界自然遗产景观的形式审美
第三节　世界自然遗产景观的意境审美
第四节　世界自然遗产景观的生态审美

本讲提要：

世界自然遗产景观审美是风景园林美学的重要内容。世界自然遗产在全球分布广泛，景观类型丰富多样，其评选涉及美学、科研、生态等诸多方面，标准严格，百里挑一，是风景园林审美客体中不可或缺的组成部分。审美价值是所有自然遗产都具有的内在价值。世界自然遗产景观审美活动就是对其突出普遍价值的发掘活动、体验活动。研究世界自然遗产景观审美有助于主体更好地开展世界自然遗产审美活动，同时更全面地把握这些全球范围内重要自然景观资源的内在价值，为其保护与发展提供思路与指引。

世界自然遗产景观审美活动是人类和世界自然遗产双向互动的情感价值活动和生命体验活动。本讲首先以审美客体出发探讨世界自然遗产的评选状况、空间分布，阐明世界自然遗产景观的三个主要类型，即具有突出自然特征的地区、具有突出自然现象的地区以及重要的生物自然栖息地。进而回到审美活动的主题，讨论世界自然遗产的景观特征、审美特点。最后从形式审美、意境审美、生态审美三个主要维度出发，结合世界自然遗产景观典型案例，从审美感受、审美联想、审美想象、审美理解、审美超越等方面深入阐释世界自然遗产景观审美活动。

第一节　世界自然遗产景观概述

自1972年通过《保护世界文化和自然遗产公约》以来，截至2021年，联合国教科文组织已经评选出了217处世界自然遗产（不计入已被除名的遗产），39处自然与文化双遗产。被评为世界自然遗产即意味着对该地区突出普遍价值的高度肯定，这些价值包括审美价值、科研价值以及生态价值。近年来世界自然遗产景观的审美价值正在得到越来越多的关注，并非作为生物学研究物种和生态系统演化的标本，也不是作为地质学研究地质、环境变迁的范例，而是作为审美活动的对象的世界自然遗产是风景园林审美客体中不可或缺的组成部分。具体来说，由于目前的评价标准将自然和人文要素严格区分，世界自然遗产景观应该属于风景园林三类主要审美客体中自然风景的一部分。

世界自然遗产空间分布广泛，在除南极洲外的各大洲均有分布。世界遗产委员会根据其所在区域进行了分类，其中亚洲及太平洋区域70处；欧洲及北美区域66处；非洲区域39处；拉丁美洲及加勒比区域37处；阿拉伯区域5处（未计入已被除名的一处)。从分布国家来看,目前全球共有85个国家拥有世界自然遗产,中国目前拥有14处世界自然遗产和4处自然文化双遗产(图13-1)。

这些遍布全球的自然遗产的地质学、生态学特征随着纬度、海拔、地质环境的不同显示出了极大的差异性、多样性与丰富性,为世界自然遗产景观审美提供了极其丰富的景观资源。狭义上说,世界自然遗产中满足标准(vii):绝妙的自然现象或具有罕见自然美和美学价值的地区是自然遗产景观审美的主要对象。这样的自然遗产共有121处,从比例上占全部自然遗产的55.8%,其中仅因标准(vii)而入选的只有8处,占比6.6%。这意味着绝大多数满足标准(vii)的自然遗产同时还符合其他标准,具有科研、生态等其他价值。

不以标准(vii)入选世界自然遗产也并不意味着该遗产地没有审美价值。既然“自然美概念的本质是主观的和社会建构的”,那么从广义上说所有世界自然遗产都有成为审美客体的可能,即有着被不同的审美主体挖掘出审美价值的可能。例如,20世纪90年代以来兴起的生态审美反映在世界自然遗产景观审美上,就主要针对满足标准(x):是生物多样性原址保护的最重要的自然栖息地的遗产地来进行。而在《保护世界文化和自然遗产公约》通过的年代,人们还并没有普遍意识到自然遗产景观审美的生态维度,拥有生态美学价值的自然遗产自然不会以标准(vii)入选。我们应该以更开放的视角考察世界自然遗产景观,不局限于世界遗产委员会对自然遗产所确定的美学标准,而是充分运用风景园林美学的研究方法积极开展审美感知和审美体验,从客体中提取出更丰富的美学要素,发掘出更多样的审美价值。

世界自然遗产景观类型丰富多样,可以按照多种不同的标准对其进行分

时间	名称	国家	类型	地区	编号	满足标准
1992	九寨沟风景名胜区	CN	N	APA	637	(vii)
1992	武陵源风景名胜区	CN	N	APA	640	(vii)
1992	黄龙风景名胜区	CN	N	APA	638	(vii)
2003	云南三江并流保护区	CN	N	APA	1083	(vii)(viii)(ix)(x)
2006	四川大熊猫栖息地	CN	N	APA	1213	(x)
2007	中国南方喀斯特	CN	N	APA	1248	(vii)(viii)
2008	三清山国家公园	CN	N	APA	1292	(vii)
2010	中国丹霞	CN	N	APA	1335	(vii)(viii)
2012	澄江化石遗址	CN	N	APA	1388	(viii)
2013	新疆天山	CN	N	APA	1414	(vii)(ix)
2016	湖北神农架	CN	N	APA	1509	(ix)(x)
2017	青海可可西里	CN	N	APA	1540	(vii)(x)
2018	梵净山	CN	N	APA	1559	(x)
2019	黄渤海候鸟栖息地	CN	N	APA	1606	(x)

图13-1 中国世界自然遗产名录(截至2021年)

类。例如从尺度上可分为结构、结构群、区域，从形成原因来看可分为地质景观、生物景观、混合成因景观。本讲从审美的一般规律出发，参考世界自然遗产的评价标准，将世界自然遗产按照审美客体的不同分为三个类型。

第一个类型是具有突出自然特征的地区。这一类自然遗产景观审美客体具有静态的自然特征，涵盖世界自然遗产评价标准中的标准（vii）和标准（viii）。能够入选世界自然遗产地大多有惊人的规模尺度、极大的数量或极高的密集度的自然特征，因此往往能够很好地吸引审美主体的审美注意，具有极高的审美价值。根据其拥有的自然特征突出程度的差异，该类型的自然遗产景观又可分为三小类：①拥有某一极其突出特征的遗产地，这一特征拥有世界之最的级别，或在一定的空间范围内表现出数量多、密度高的特点。例如位于尼泊尔的拥有世界最高峰珠穆朗玛峰的萨加玛塔国家公园以及位于美国拥有世界上现存最大红杉树林的红杉国家公园。此外，位于土耳其的卡帕多西亚石林虽然石柱高度普遍只有10～15米，但是石林集中分布于沟壑与谷涧之中相对较小的区域内，同时石柱冲天而立，形态奇特，因此亦能列入世界自然遗产。②同时拥有多种突出自然特征的遗产地。例如位于中国以密集的湖泊、瀑布、石灰岩梯田闻名的九寨沟风景名胜区以及同时拥有壮观雪峰、冰川、沙漠、森林、草原的新疆天山。③拥有代表地球演化史的自然特征的遗产地。例如位于阿根廷的展示了第四纪更新世发生的冰川作用的冰川国家公园以及位于韩国的体现了苏特西扬（surtseyan）型火山喷发特征的济州火山岛和熔岩洞。

第二个类型是具有突出自然现象的地区。这一类型的自然遗产景观的审美对象为动态的自然现象，涵盖世界自然遗产评价标准中的标准（vii）。相比于静态的自然特征，诸如角马迁徙、火山爆发一类的动态自然现象更具视觉刺激性并且经常伴随听觉、嗅觉、触觉等其他感觉体验的加入，因而对审美主体更具吸引力，同样具有极高的审美价值。根据其所包含的自然现象的类型又可分为：①拥有动物高度集中和迁移现象的遗产地。例如有着大规模海洋生物聚集的澳大利亚宁格罗海岸以及每年上演的大规模藏羚羊迁徙的中国青海可可西里保护区。②拥有高级别品质地质过程的遗产地。例如位于美国拥有最多最密集间歇泉的黄石国家公园以及位于俄罗斯拥有高密度活火山群的堪察加火山。

第三个类型是重要的生物自然栖息地。这一类型的自然遗产景观的审美客体为生物自然栖息地，涵盖世界自然遗产评价标准中的标准（ix）和标准（x）。相较于其他两类遗产地集中于自然特征或自然过程的审美模式，该类型遗产地的审美对象主要是栖息地里的特殊物种，以及生态系统中的生物与生物、生物与环境之间相互依存的和谐关系。能够入选世界自然遗产的自然栖息地拥有极高的典型性，其中的生物或者生态系统类型具有稀缺性，因此对于审美主体来说有着很高的审美价值与教育意义。根据其包含自然栖息地的类型又可分为：①突出代表了群落发展演变过程的自然栖息地。例如拥有暖温带高山岛屿生态系统的日本屋久岛以及拥有岛屿热带雨林遗迹的苏门答腊热带雨林。②濒危物种的最重要自然栖息地。例如世界上最大最完整的大熊猫栖息地——四川大熊猫栖息地以及位于印度尼西亚庇护着濒危的科莫多巨蜥的科莫多国家公园。③生物多样性原址保护的最重要的自然栖息地。例如拥有地球上最复杂生态系统之一的澳大利亚大堡礁；被誉为“鸟类和动物天堂”的欧洲最大湿地多瑙河三角洲；生长着2000余种植物、801种动物，被誉为“动植物基因库”“人类的宝贵遗产”的中国梵净山。

世界自然遗产景观品质极高，具有独特的景观特征与出类拔萃的景观效果，是自然风景之精华。自然遗产因其自然形成的特性，相比人为而为人的文化遗产，尺度、体量一般较人而言会显得非常巨大，加之其形态肌理往往记录并反映了促使其形成的巨大自然力，因此在进行审美活动时就容易引发主体壮观、崇高的情感体验。又由于世界自然遗产评价标准中对突出价值的要求，其在形态、肌理、色彩、材质、动态现象、景观序列方面的独特性与美感较同类型景观而言鹤立鸡群，更容易引发审美主体的新奇惊喜之感。世界自然遗产的巨大体量或精巧造型还暗示了其背后的自然伟力。远古先民通常将这种远高于人的无法理解的存在视作神明或神迹加以崇拜，进而根据自己的审美欲望和审美期待对其进行更加深入地理解与解读，展开更深层次地审美演进和情感体验，最终赋予了这些伟大的自然景观形式本体以外的价值与意义。这些价值与意义往往与神话、宗教相联系，是世界自然遗产景观审美过程中审美超越的重要基础。此外，自然栖息地类型的自然遗产拥有独特的原生性、高度的生物多样性以及整体有机性，可以说是生态审美的绝佳案例与自然教育的最佳范本，徜徉其间，审美主体能够感受到美学上和智性上的双重愉悦。

世界自然遗产景观类型丰富、景观特征明显，内在价值多元，世界自然遗产景观审美具有形式审美、意境审美、生态审美三个主要维度。

第二节　世界自然遗产景观的形式审美

形式审美是世界自然遗产景观审美的第一个基本维度。自然遗产首先因其形象特征吸引审美主体的注意，其评选标准（vii）也基本依照形式审美来进行评价。自然遗产景观类型丰富，具有多种多样的尺度、体量、肌理、形态、色彩、材质，有些是静态的自然特征，有些是动态的自然过程；有些只有单一类型的景观；有些则由若干连续的景观形成景观序列。自然遗产景观的形式审美就是从自然遗产的外在形式出发，按照比例与尺度、均衡与稳定、韵律与节奏、重复与再现、对比与协调等形式美法则开展的审美活动。

在中国的新疆天山遗产地，审美主体可以体会到体量巨大的山脉带来的震撼。天山山脉在中亚绵延约2500公里，是全球最大的孤立的东西向山脉。天山在新疆的部分位于其东段，是天山的主体部分，西临7443米高的天山最高峰，东面为5445米的博格达峰。观者身处山脚下平坦的草原上远眺这些连绵起伏的银白雪山，不禁被其拔地而起的气势深深打动。除了冰雪覆盖的壮观山峰，新疆天山还拥有多样的景观类型，高耸山地与广袤沙漠结合，南坡的裸露岩石与北部茂密的森林、草地共存。冷与热、干燥和潮湿、荒凉与茂盛在此形成鲜明的对比，这种对比给审美主体以更加震撼的审美体验，亦有高耸入云的连绵雪峰，在其近处山脚下林木、牛羊、砂石的衬托下显得更加巍峨壮丽，呈现出超脱凡尘的气质，令人感叹自然的伟大（图13-2）。

图13-2　新疆天山景观

位于中亚的伊朗的卢特沙漠遗产地也具有独特的形态，它给人以水平方向上的广袤无垠之感。该遗产地以其一系列壮观的地貌而闻名，它在相对较小的地区拥有各种各样的沙漠地貌类型，是全球公认的标志性炎热沙漠景观。其西部矗立着巨大的波纹山脊，而东部是浩瀚无垠的沙海，二者具有截然不同、反差强烈的形态特征，给人以不同的审美感受。波纹状山脊饱经沧桑，由长时间的风蚀作用形成，呈破碎的锯齿状，让人感叹时间的流逝与大自然的伟力，而东侧的沙海由风塑形，形态柔顺、曲线优美，富有独特的韵律感，观之使人心神宁静，忘却时间（图13-3）。

中国南方喀斯特自然遗产景观则不以宏伟的体量动人，而是用千奇百怪的造型激发审美主体的审美联想与想象。中国南方喀斯特是一系列连贯的遗产地的总称，其中奇峰怪石密度最高的区域被冠以“石林”之名，以“雄、奇、

波纹状山脊景观

沙丘景观

图13–3　卢特沙漠景观对比

险、秀、幽、奥、旷”著称。景观密度尤高的云南石林是其中的典型，漫步其中，石牙、峰丛、溶丘、溶洞、溶蚀湖、瀑布、地下河分布错落有致，这些奇特的构造有的像动物，有的像云朵，有的像草木，还有的像高楼，在不同的审美主体眼中呈现出不同的奇异景象（图13–4）。奇石细微之处的肌理亦殊为可观，溶蚀作用在石灰岩上刻画出的细密纹理和层层嵌套的孔洞令人目不暇接。小石块仿佛是某座更大石峰的微缩版，具有数学上分型的特质，凝视这些石块的细部会让人丧失尺度感，仿佛将群山握于股掌之间。也正因在大小两个尺度上形态的相似性，石林做到了处处皆有景，触目皆是景。石林之中，审美主体被身边复杂多变的怪石包围，眼花缭乱，注意力被充分调动，审美联想和想象得以充分展开，获得令人印象深刻的审美体验。

图13–4　云南石林

北爱尔兰巨人堤道及其海岸遗产景观则以其自然界中少见的精致几何形态引起审美主体的惊叹。该遗产地位于北爱尔兰安特里姆高原边缘海岸的玄武岩悬崖脚下，以近40000根巨大的黑色玄武岩柱而闻名。火山熔岩在不同时期分若干次溢出，形成多层次结构。大量玄武岩柱排列紧密，形成石柱林，气势惊人。组成巨人堤道的典型石柱宽约0.45米，密铺排列，延续6公里长。有的石柱高出海平面6米以上，最高者达12米左右，还有的大量淹没于水下或与海平面持平。这样戏剧性的景象使得巨人大步越过大海到达苏格兰的传说被谱写和流传，北爱尔兰巨人堤道也由此得名。不同于喀斯特地貌变动无方的形态之美，巨人堤道展现出几何般精确的秩序性与规律性（图13–5）。建筑师安东

图13-5 巨人堤道景观

图13-6 黄石国家公园间歇泉景观

尼·高迪说过“直线属于人类，曲线属于上帝”，而巨人堤道中的石柱具有自然界中少见的直线规整造型，这就是其千年来一直震撼观者的重要原因。

相较于静态的自然景观，动态的自然景观会带给观者别样而生动的审美体验。美国黄石国家公园的西及西南的间歇泉区，遍布间歇泉、温泉、蒸气池、热水潭、泥地和喷气孔，汇聚了地球上间歇泉总数的三分之二（图13-6）。其中，蒸汽船间歇泉喷出的水柱可达91.4米高，使其成为喷水最高的活跃间歇泉。但公园里最著名的间歇泉还是老忠实喷泉，它不像其他喷泉那样爆发没有规律，它每隔几十分钟喷出一次，每次历时约4分钟，因此在它身边总是聚集着拿着计时工具的游人，等待着它一次次守时而精彩的喷发。在变幻莫测的自然中，始终如一重复喷发的“老忠实”算得上是个异数，也令游人发挥审美想象将其拟人化，欣赏它忠厚守时的性格。

在黄石国家公园还可以欣赏到绚丽多彩的温泉景观，其彩色的环带层层嵌套，在水面之下清晰可见。这些颜色是由耐高温细菌和藻类产生的色素形成的，会随季节而变化。其中最著名的是直径超过百米的大棱镜温泉，因从中心向外呈现出蓝、绿、黄、橙、红等不同的颜色，故又称“大彩虹温泉”。在自然界中很难再找到第二处规模如此巨大、色彩纯度如此之高、色彩种类如此丰富的温泉景观。走上栈桥靠近欣赏，观者仿佛身处彩虹之中，兴奋激动之情溢于言表，获得非凡的审美体验。

南美洲的阿根廷冰川国家公园，一片银装素裹，拥有着冰这一景观要素，材质不甚奇特的冰如果以冰川的形态出现在山脉间，就将产生压倒性的景观气势。阿根廷冰川国家公园拥有世界上少有的、现在仍然“活着”的冰川，在这里每天都可以看到冰崩的奇观。公园所在的阿根廷湖接纳了来自周围几十条冰川的冰流和冰块，其中最著名的是佩里托莫雷诺冰川，冰崩在佩里托莫雷诺冰川与阿根廷湖相遇时发生，缓慢而不断移动的冰川的巨大锋面高度可达60米，一面冰雪构成的悬崖绝壁以压倒性的存在感吸引着人们的目光，靠近观察会感受到无与伦比的震撼。当像房屋一样巨大的流冰带着雷鸣般的轰响冲入湖中，激起滔天的巨浪，真有“泰山崩于前”之感，必会引发审美主体的惊喜、壮观之感（图13-7）。

图13–7 莫雷诺冰川与阿根廷湖

中国的九寨沟自然遗产地拥有高山湖泊、溪涧、瀑布景观串联而成的优美景观序列，沿山沟漫步游览令人流连忘返。整个自然遗产地内有108个高山湖泊，它们大部分成群分布，面积大小不同，小的半亩，大的千亩以上，水体富含矿物质，终年碧蓝澄澈、明净见底。当风平浪静之时，远山近树、白云蓝天倒映池中，与池底蓝绿色的石灰岩钙化相交叠，仿佛一幅印象派画作，激发着游人的联想与想象。九寨沟由三条主沟构成，游线呈“Y”字形，其中则查洼沟是九寨沟内距离最长、平均海拔最高的一条游览路线，游线的起始是宽约270米的诺日朗瀑布，景观效果壮丽，能充分调动起游人的注意力；沿山沟缘水而上，其间水面开合收放极尽变化，空间体验时旷时奥，产生“承”“转”效果。游人的审美感受亦随着水体的转折、空间的变化而改变；最后到达海拔3000米以上的长海，视野开阔程度达至最大，游人视线被湖水引导到远处高耸的山峰，以及更高处的白云青天。这里是整段游线的结束，也是最高潮，游人的审美愉悦程度也达到极致，令人不禁感叹，能见此胜景，之前的辛苦攀登也都是值得的。九寨沟自然遗产地整个景观游线如古典园林一般起承转合兼备，是自然遗产景观中具有景观序列的典型代表（图13–8）。

起·诺日朗瀑布

承/转·上季节海

承/转·五彩池

合·长海

图13–8 九寨沟则查洼沟景观序列

第三节　世界自然遗产景观的意境审美

世界自然遗产景观审美的第二个维度是意境审美。自然遗产的形成年代大多早于人类文明，在有人类欣赏之前，它们本是无所谓美或不美的。长久以来，生活在其周围的人类，根据自己的审美欲望和审美期待，对这些自然景观的形式进行更加深入的理解与解读，展开更深层次的审美演进和情感体验，最终赋予了这些伟大的自然景观形式美感以外的价值与意义，并将其融入自己的文化当中。因此处于特定文化环境中的审美主体，在对自然遗产景观进行形式审美的基础上还能对其进行进一步的意境审美。此外，人们对于同一片自然遗产地的态度并不是一成不变的，而是不断演进的，体现出历时性的特征。

中国三清山自然遗产地具有典型的道教名山景观审美特征。三清山又名少华山，古诗中有“江南何处是仙家？孤柱擎空见少华”的记载，又有“少华之奇，不让天台雁荡”的说法，可见它早已受到旅行家和方士们的注意。道教祖师葛洪也选定三清山修炼，表明三清山具道教追求的“天人合一”仙道灵性。三清山因玉京、玉墟、玉华三峰峻拔犹如道教所尊的玉清、上清、太清三教祖列坐其巅而得名。游人在观赏三清山高耸挺拔的山峰时，不仅感叹其形态的奇绝，还能根据相关命名、典故体会到仙气与灵性（图13-9）。作为自然文化双遗产的泰山，自古以来被视作通天的神山。据《史记集解》所载，“天高不可及，于泰山上立封禅而祭之，冀近神灵也”，这种由皇帝借助山岳沟通天地的仪式也是“天人合一”的中国文化精神的典型代表。当游人在摩崖石刻旁驻足，一览众山小，就能体会到这种玄妙的意境。

欧洲阿尔卑斯地区景观的意境审美，与其先民独特的自然观密不可分。该地区的神话来自民间的口耳相传，人们有着朴素的自然崇拜，认为阿尔卑斯山中存在着某种化身为大型岩石、石块、水泉、山洞及树木的山神形象。瑞士少女峰自然遗产地位于瑞士的腹地伯尔尼地区，是一块云集着众多雄伟峰峦的云中之地，其中的艾格尔山、明希山和少女峰是这片皑皑雪山中最为璀璨的三颗明珠。传说天使来到凡间，在一座美丽的山谷里居住下来，为它铺就了无尽的鲜花和绵延的森林，镶嵌了银光闪烁珠链，还为它许愿：“从现在起，人们都会来亲近你、赞美你，并爱上你。”这座天使都留恋的山峰正是少女峰（图13-10）。这一传说为这

图13-9　三清山“众仙万态”

图13-10 瑞士少女峰

处欧洲最美丽、最壮观的山景的成因提供了一个富于神话色彩的解释，当游人从向导口中听到这个美丽的故事时，眼前的雪峰、峡谷、森林、草地也都会染上一层神圣的底色，从而体会到别样的审美意境。

有着传统神道信仰的日本先民为古木参天的屋久岛赋予了独特的审美意境。屋久岛位于日本九州鹿儿岛南端，岛上最为典型的自然景观属古屋久杉树，它们的树龄均超过一千年，其中一些树木的直径可以达5米。在屋久岛云雾环绕的环境中生长的屋久杉，它们的树根有时候会从叶子或树干中长出来，蔓延盘旋成古怪的形状。1996年，人们在海拔1350米高处发现了一棵特别的杉树，据推测这应该是全世界最大、最古老的杉树，树身周长16.4米，被称为绳文杉。日本先民对大自然充满敬畏，将植物和树木视为神灵的化身。人们相信，正是它们为天降的神灵提供了栖身之地。屋久岛在当地人看来无疑就是充满了古老而神秘的力量的神明的乐土，在这种文化背景的渲染下，游人就不会再将屋久杉林视作普通的树林，行走其间，也仿佛能感受到某种古老而神圣的意境。

坦桑尼亚人也为他们崇拜的乞力马扎罗山创造了独特的审美意境。乞力马扎罗山是一个高达5895米的火山丘，它终年积雪，在大草原上孤峰耸立，被自然遗产委员会认为是“最高级的自然现象的杰出代表”，给人以崇高的审美感受（图13-11）。乞力马扎罗山是坦桑尼亚人心中的骄傲，它们认为它是“上帝的宝座”，对其敬若神明。在当地流传着的许多精彩而美丽的传说故事中，有一个故事是这样的：远古时期，天神在高山之巅俯视和赐福他的子民们，盘踞在山中的妖魔为了赶走天神，在山腹点起一把大火，化作滚烫的熔岩喷涌而出。天神则呼来了瓢泼大雨把大火扑灭，又唤来了飞雪冰雹把冒着烟的山口填满，形成了如今的赤道雪山。这个古老而美丽的故事在坦桑尼亚人中世代传

图13–11　乞力马扎罗山

诵，很多部族每年都要在山脚下举行传统的祭祀活动，拜神祈福。即使是游人，在看到乞力马扎罗那庄严的形体以及当地人虔诚的祈祷后，也会对这座赤道雪峰肃然起敬，在其巨大体量带来的震撼感之余感受到某种神圣崇高的意境。

自然遗产景观意境审美还具有历时性特征，即同一文化背景下的人们对于同一自然遗产地的看法亦有变迁。桂林山水便是记录意境审美历时性特征的典型案例，同时，桂林山水也因诗歌等艺术形式被赋予了丰富的审美意境。广西桂林地区的喀斯特风貌是前述中国南方喀斯特自然遗产二期项目的一部分。虽然在2014年才入选世界自然遗产，但其早在千百万年之前就形成了侵蚀风貌。在漫长的岁月中，因无审美主体以审美态度对其进行欣赏，它的审美价值一直都被掩埋着。清光绪《临桂县志》卷首《山川志序》记载："桂林山水名天下，发明而称道之，则唐、宋诸人之力也。"可见桂林山水的美感与魅力并不是预成固有的，而是在遇到真正的知音之后才能展现，这也正如柳宗元所说"美不自美，因人而彰"。桂林山水的意境生成经历了漫长的过程。秦汉以后，桂林山水的原始性审美属性才开始逐渐走入大众视野。至魏晋，山水游赏成为一种文人风尚，此时人们对桂林山水的欣赏以自然山水的形态气韵为主，最早涉及桂林山水的诗句是南朝颜延之的"未若独秀者，峨峨郛邑间"。观其诗句，主要是对山峰形态的描述，还未上升到意境层面。桂林山水真正迎来审美自觉，被赋予形式外的意境是在唐代，这时桂林作为流放之地汇聚了大量被贬的中原官员，为排遣抒怀，他们在桂林题记、作诗和造园，无心插柳地赋予这自然山水以意境。唐敬宗元年（公元825年）任桂林刺史的李渤，喜游山水，探幽南溪（今桂林南溪山公园），曾作《南溪诗》中记录了他对南溪山的开拓，序中言："溪左屏列崖巘，斗丽争高，其孕翠曳烟，逦迤如画；右连幽墅，园田鸡犬，疑非人间。"一句"疑非人间"表达出对其风景的高度赞美。李渤还依照自己的审美进行了园林营建："既翼之以亭榭，又韵以松竹，似宴方丈，如升瑶台，丽如也！畅如也！"这里对景物的论述就已不再是单纯的客观描写，而更包含了诗人的审美想象：作者以方丈、瑶台等仙家之地做比，呼应了前文“疑非人间”的赞美，为桂林山水注入了仙人居所的意境。“丽如也！畅如也！”丽，是风景带来的审美感受，畅，则是由感生情之后的审美体验，由此实现了由“景”到“境”的提升。此后经两宋、明清历代文人墨客的游览题记、诗咏吟赏、园林营建，桂林山水终于以其奇美的风光和灵秀的意境名满天下，近代以来更是作为中国旅游的一张亮丽名片而享誉世界。

第四节　世界自然遗产景观的生态审美

世界自然遗产景观审美还具有生态维度，这是由其评价标准对生物现象和生物自然栖息地的重视决定的，在根本上则是由自然遗产地的自然属性所决定。自然遗产生态审美的开展受到生态伦理学的影响，生态伦理学将传统伦理的“人—人”关系扩展到生态伦理的“人—物”关系，在“爱己”“爱人”的同时也“爱物”——即关爱地球生命共同体（即生物圈）中的所有生命。从理论上看，小至一个相对独立的池塘，大到作为一个整体的星球生态系统，每一类型、每一层级的生态系统都具有生态审美价值。其中能够入选世界自然遗产的“重要的自然栖息地”更是拥有极高的生态审美价值。流连其中，审美主体会惊叹于生物对当地特殊地理气候条件的惊人适应性，亲眼目睹极其复杂的生物多样性，细细理解体会其中精妙生态平衡，想象着生物的生存与繁殖，生物间的竞争与合作，种群数量的周期性消长，欣赏者会感到其中存在着某种深刻的和谐性，感到与这些生灵共同存在于这个星球的神奇与美妙。总之，生态审美的审美客体并不局限于一颗高大美丽的树木或是一群优雅觅食的水鸟，更在于生态系统的原生性、多样性和整体有机性。

在原生性层面，被评为自然遗产即意味着当地的自然环境没有受人类活动较大影响，原生性保留得较好。我们能够发现这些自然遗产地的生态系统与该地地理气候条件高度契合，这种契合在一些地理气候条件相对恶劣的地区表现得尤为突出，当地的生命需要付出更多的努力与代价才能生存繁殖，这体现了生命的顽强与不屈。

青海可可西里自然遗产地中的生态系统体现了惊人的原生性。这片广阔的高山山脉和草原系统位于海拔4500多米处，全年平均气温低于零摄氏度。这样的极端的地理和气候条件，理论上是不适合生物生存的，但可可西里仍孕育了独特的生物多样性。这里超过三分之一的植物物种和所有的食草哺乳动物都是高原特有的，其中的代表就是有着“高原精灵”之称的藏羚羊，它们有着在栖息地和产仔地间迁徙的习性。藏羚羊迁徙是世界范围内最为气势恢宏的有蹄类动物大迁徙之一，藏羚羊的每次迁徙都会吸引大量的游人前来观赏拍摄。每年，来自西藏羌塘、新疆阿尔金山以及青海三江源和可可西里保护区内的数万只藏羚羊在11月至12月交配后，于次年5月开始前往可可西里卓乃湖、太阳湖等地产仔，7月至8月产仔结束后陆续返回原栖息地与雄羊合群，完成一次迁徙过程。这些高原精灵们漫步于银色雪峰间的贫瘠荒原，为了完成生命的延续向着它们的产仔地坚定地进发，此情此景令人心生敬畏（图13-12）。可可西里仿佛一曲由生命谱写的献给生命的赞歌，在如此极端的环境下，高原生态系统依然顽强地运行，孕育出藏羚羊这般坚强的生命，为它们和它们的幼崽提供着宝贵的水源与食物。

在多样性层面，自然遗产中除少量位于地理气候条件相对恶劣地区的自然栖息地之外，大部分都拥有极高的生物多样性，有些还具有生态系统多样性。

澳大利亚大堡礁拥有地球上几乎最复杂的自然生态系统。大堡礁由600座大陆岛及300座珊瑚岛组成，至少有30种鲸鱼和海豚，还是座头鲸产犊的重要区域。岛屿附近较浅的海洋区域包括世界上一半的红树林物种和多种海草物种。游人可以乘坐不沾水的玻璃船游赏海底世界，但要感受这里惊人的生物多样性，最好的方式还是潜水。深入蔚蓝的海面之下，近距离观赏五彩斑斓的珊瑚丛林，与海龟、热带鱼和蝠鲼一起在水中游弋。在伸手可达的距离内，形态丰富、色彩绚丽的海洋生物自由遨游，人也仿佛成为了这个光怪陆离的世界中的一员，物我两忘，获得审美超越。

图13-12

图13-13

图13-12　可可西里藏羚羊迁徙

图13-13　普拉塔诺河流域

中美洲洪都拉斯的雷奥普拉塔诺生物圈保留地拥有28个陆地生态系统和5个海洋生态系统，具有极高的生态系统多样性，蜿蜒的普拉塔诺河是其主要的特色景观和景观走廊，从山坡上奔流而下，奔向加勒比海的红树林、泻湖、沿海草地和海滩，连接着从崎岖的山脉到沿海平原的所有景观元素。如果从源头到河口，走遍普拉塔诺河的整个流域，就能欣赏到从热带到亚热带，从高山到海洋的迥异的生境，短时间内感受如此多样的生境变化，欣赏者将获得智性上和情感上的双重享受（图13-13）。不同的环境产生了独一无二的生态系统，但它们都与环境达成了无与伦比的和谐关系，植物的高矮大小、动物的外形习性无不与周围的生物和环境相互适应。

整体有机性是生态审美的又一个展开方向。在生态系统中，生物之间、生物与环境之间以食物链、食物网的形式交换着物质和能量，形成一个有机的整体。但有一些自然遗产地中生物与生物、生物与环境间的联系尤其复杂，具有更高的生态审美价值。例如罗马尼亚的多瑙河三角洲，流入黑海的多瑙河在这里形成了欧洲最大、保存最完好的三角洲，同时也是欧洲最大的湿地，拥有300多种鸟类以及45种淡水鱼类。多瑙河三角洲中，连植物都拥有创造“陆地”的能力，这里的芦苇类植物在水中连结形成厚约一米的“浮岛”是三角洲腹地的一大奇景，它就像一个巨大而美丽的花园漂浮在水面之上。据估计，这样的浮岛在整个三角洲中有10万公顷左右。春天，当多瑙河泛滥时，不受水位影响的浮岛就成了各类飞禽走兽的避难所，成为“鸟和动物的天堂”。整个遗产地被陆地和浮岛分割为繁密的水网，宛如迷宫，游人泛舟其中，欣赏着生机勃勃的、令人眼花缭乱的各种水生、陆生花卉，各色水鸟、林鸟翱翔天际的浮岛，和谐的景象令人陶醉。

第十四讲 世界文化遗产景观审美

第一节 世界文化遗产景观概述
第二节 世界文化遗产景观的形式审美
第三节 世界文化遗产景观的意境审美
第四节 世界文化遗产景观的环境审美

本讲提要：

世界文化遗产景观审美是风景园林美学的重要内容。世界文化遗产景观，分布广泛，类型多样，不论是遗址景观，还是聚落景观，抑或是人类伟业景观，都具有丰厚而独特的审美价值。本讲以阐明世界文化遗产景观主要类型为基础，结合世界文化遗产景观典型案例，基于形式审美、意境审美和环境审美的审美维度，从审美心理过程的审美感受、审美联想、审美想象、审美体验、审美超越等方面展开讨论。

世界文化遗产是人类历史留给今天并传承至未来的宝贵财富，拥有着不可替代性的文化资源，蕴含了丰富的景观审美价值，涵养了人类共同拥有的精神源泉。世界文化遗产景观存在广泛，类型丰富，承载着丰厚的历史文化价值和情感体验价值。研究世界文化遗产的景观审美有助于更好地开展世界文化遗产审美活动，同时更全面地把握这些全球范围内重要文化景观资源的内在价值，为其保护与发展提供思路与指引。

第一节　世界文化遗产景观概述

世界文化遗产是指具有突出的历史学、考古学、美学、科学、人类学、艺术价值的文物、建筑物、遗址等。世界文化遗产景观审美是审美主体出于自身审美需求对世界文化遗产中具有审美属性的景观进行的生命体验活动和情感价值活动。世界文化遗产景观见证了人类各个历史阶段的文明，从功能、意境、环境等方面展示了其丰富的审美价值和深厚的审美文化内涵。自《保护世界文化和自然遗产公约》1972年通过以来，截至2021年，联合国教科文组织已经评选出了897处世界文化遗产（不计入已被除名的遗产），39处自然与文化双遗产。世界文化遗产承载着丰富的历史文化，是历史流传下来的财富，具有物质性与精神性相统一的特点，具有不可替代的、不容忽视的历史价值。不同的历史条件下形成的文化遗产会带有特定的社会背景和时代精神，通过分析文化遗产景观，可了解到特定历史时期的生产力发展水平，社会组织结构和生活方式。

根据世界文化遗产的所在区域进行分类，世界文化遗产在亚洲及太平洋区域分布有195处；欧洲及北美区域468处；非洲区域54处；拉丁美洲及加勒比区域100处；阿拉伯区域80处。从分布国家来看，目前全球共有167个国家拥有世界文化遗产，中国目前拥有38处世界文化遗产和4处自然文化双遗产。

联合国教科文组织颁布的《执行世界遗产公约的操作规则》规定，凡提名列入《世界遗产名录》的文化遗产项目，必须符合下列一项或几项标准方可获得批准：(i) 作为人类天才的创造力的杰作；(ii) 在一段时期内或世界某一文化区域内人类价值观的重要交流，对建筑、技术、古迹艺术、城镇规划或景观设计的发展产生重大影响；(iii) 能为延续至今或业已消逝的文明或文化传统提供独特的或至少是特殊的见证；(iv) 是一种建筑、建筑或技术整体，或景观的杰出范例，展现历史上一个（或几个）重要阶段；(v) 是传统人类居住地、土地使用或海洋开发的杰出范例，代表一种（或几种）文化或人类与环境的相互作用，特别是当它面临不可逆变化的影响而变得脆弱；(vi) 与具有突出的普遍意义的事件、活传统、观点信仰、艺术或文学作品有直接或有形的联系。

文化遗产作为历史留给人类的宝贵财富。从时间性来看，文化遗产可分为传统遗产类型（文物、建筑群和遗址）与新兴遗产类型；从存在形态上分为物质文化遗产（有形文化遗产）和非物质文化遗产（无形文化遗产）；物质文化遗产之不可移动文物（古遗址、古建筑、古墓葬、石窟寺、石刻、壁画、近现代重要史迹及代表性建筑、历史文化名城、名镇、名村）、物质文化遗产之可移动文物以及非物质文化遗产。运用风景园林美学的研究方法并结合参考世界文化遗产的评价标准，我们将世界文化遗产景观审美客体分为三个类型：遗址景观、文化交流景观、人类伟业景观。

遗址景观是整个人类生产、生活活动的艺术成果和文化结晶，同时也是人类对自身发展过程的科学的、历史的、艺术的概括，符合世界文化遗产评价标准中的标准（i）、标准（iii）和标准（v）。人类文明遗址景观具有物质所固有的表象性，即人们肉眼可以看到、身体可以触摸到并具有审美情趣。人类文明遗址景观的影响因素多元化，划分方式也具有多样化的特点，为了更有条理地阐述遗址景观，我们又可将遗址景观分为三个小类。一是宗教遗址景观。这是一种较为综合且直观的文明特征体现，这一类型的审美客体兼具了宗教的神秘性与景观的世俗性，是宗教与世俗生活相结合的产物。布达拉宫是藏传佛教的圣地，于1994年被联合国教科文组织列入世界文化遗产名录。其集宫殿、城堡和寺院于一体，是世界上海拔最高，也是西藏最庞大、最宏伟、最完整的古代宫堡建筑群。深入其中令人向往的风景胜地，我们可以体会到人类文明与自然相互交融、密不可分的宗教文化景观的审美文化内涵。二是政治遗址景观。它因政治独特的约束力与表现力而具有独特的审美文化特征。政治遗址景观一般指在特定的场所和空间讨论公共事务的场景和遗址，以及形成或产生政治权力（公权力）的特定形制。例如圆明园、日本的百舌鸟和古市古墓葬群都是较为典型的政治遗址景观。秦始皇兵马俑1987年被联合国教科文组织批准列入《世界遗产名录》，并被誉为“世界第八大奇迹”、世界十大古墓稀世珍宝之一。

兵马俑的规模之巨大、场面之威武壮观，陶俑雕塑之神形兼备、精美生动，可感受出其逼真写实、深沉雄大的审美特征。这既是周代史书纪事求实及《诗经》崇质尚真审美观念的传承和弘扬，另一方面也是“秦王扫六合，虎视何雄哉”时代精神的充分体现。它是秦代独特审美文化的伟大制造，在中华审美文化史上具有空前的、独一无二的地位和价值。三是古城遗址景观。是人为自己创造出来的生活环境，是人们追求“宜居”的审美理念的体现。良渚古城位于浙江杭州，在2019年中国良渚古城遗址获准列入世界遗产名录。其映射出中国新石器时代晚期以稻作农业为经济基础、存在社会等级分化和统一信仰的早期区域性文明，体现了长江下游环太湖地区对中华文明起源的深刻影响。即使历经五千年的岁月洗礼，审美主体置身于良渚古城中所能观察到的山川、植被、地形等有形物体，乃至遗址空间的氛围，仍会使审美主体产生情感的触动，产生“以情知意”的移情效应，实现审美体验的升华。

文化交流景观是跨越时间和空间的多元文化景观的综合呈现，我们可以通过感知、分析、理解、体验遍布世界的、具有差异性、多样性和丰富性的独特文化景观。其符合世界文化遗产评价标准中的标准（ii）和标准（iii）以及标准（vi）。2014年6月22日，中国、哈萨克斯坦、吉尔吉斯斯坦三国联合申报的陆上丝绸之路的东段“丝绸之路：长安—天山廊道的路网”成功申报为世界文化遗产，成为首例跨国合作而成功申遗的项目。在漫长而广阔的历史时空中，丝绸之路审美文化融合了东西方不同文化精髓，贯通传统与当代不同价值思想，展示着人性的充盈。

人类伟业景观是人类为了生存与发展，将无数自然科学的理论运用到具体的工程之中，在利用自然、改造自然的过程中塑造了人化自然的形象，形成了多姿多彩的景观类型。此类文化遗产符合世界文化遗产评价标准中的标准（v）和标准（vi）。开平碉楼位于广东省江门市下辖的开平市境内，于2007年成为中国第35处世界遗产。开平碉楼兼具防御与居住功能，是在广东侨乡特定的地理空间和历史条件下形成的。它融合中西方建筑文化于一体，体现了当时追求中西合璧的社会时代精神。同时碉楼带着华侨“衣锦还乡”“寻根拜祖”的情怀，反映着人们独特的审美情趣。

世界文化遗产除了具有丰富多样的外在形态特征之外，还是璀璨的人类文明瑰宝，映射着人类意识形态演进的辉煌历程。相比于世界自然遗产，世界文化遗产更加具有深厚的人文属性，更加强调人类文化保护与传承的重要性。世界文化遗产的审美维度具备多元性，审美主体可以从多个方面选择和关注其审美属性，进而展开审美活动。围绕文化遗产的形态特征如色彩、形状、线条等内容展开的审美维度为形式审美；围绕客体特定的文化内涵与价值取向展开的审美维度为意境审美；围绕客体的环境营建与主体精神结合而展开的审美维度为环境审美。

第二节 世界文化遗产景观的形式审美

遗产景观的形式审美是指从遗产景观的自然属性如色彩、形状、线条、声音等，及其组合规律出发，审美主体关注遗产景观的形象属性展开的审美活动。任何具有审美价值的审美对象都一定程度上表现了形式的诸如韵律性、节奏性的审美特征。大多数世界文化遗产景观都有着显著的形象属性，如国内文化遗产景观当中的传统村寨开平碉楼、福建土楼、皖南古村落，皇宫遗址如明清皇宫、天坛，石窟遗址如敦煌莫高窟、龙门石窟；国外文化遗产当中的意大利规则式园林——梅蒂奇别墅花园、蒂沃利伊斯特别墅花园，法国规则式园林凡尔赛宫园林、枫丹白露宫殿园林等。无论是浓缩民间智慧的中国传统村寨，还是富丽堂皇、极尽璀璨的明清皇家园林，抑或是齐整端直、雄伟庄严的西方规则式园林，都在相对应的自然气候条件与文化背景下生成了极具特色的外在形态特征。

开平碉楼位于广东省江门市下辖的开平市境内，是中国乡土建筑的一个特殊类型，于2007年被联合国教科文组织评定为世界文化遗产。其主要审美价值体现在独特的建筑风格和装饰艺术上，其融合了中国传统硬山顶式、悬山顶式与欧洲哥特式、罗马式等建筑形式，成为了中外多种建筑风格艺术的组合。从传统民居聚落与景观的层面上看，现存的开平碉楼并不是独立存在的，而是与周边的古村落环境有着密切的联系，寄寓了侨乡人民的传统环境意识和风水观念。单体建筑与自然环境、人文理念巧妙地融合为一体，呈现出聚落整体的韵律美感。当人们以开平碉楼及古村落为客体进行审美活动时，首先被其建筑形式与民居聚落的整体韵律感所吸引，进而感知中国传统乡村建筑文化与西方建筑文化融合下的独特建筑艺术（图14-1）。

同样以建筑单体和组群形象独特性而著称的文化遗产景观还有福建土楼。土楼夯土筑墙，有圆形、半圆形、方形等多种规则几何形状，通常呈现集群式分布，其奇特的外形给人以极具神秘性的感受。闽南土楼墙建造以当地黏质红土为主，墙面呈橙黄色，很好地与自然环境融为一体，远远望去，仿佛从地上生长出来一般，令人惊叹“天上掉下的飞碟，地上长出的蘑菇”。建筑依托山形地势、错落有致地分布在自然山水之间，鳞次栉比，整体极具韵律性。如田螺坑土楼群就由五座土楼呈现组团式分布，相比土楼单体更加富有视觉冲击力，土楼组团契合地形地势，构成了人与自然的和谐盛景，放在区域景观的视角下极具审美价值（图14-2）。

明清故宫是中国明清两朝皇宫，是中国乃至世界现存规模最大、保存最完整的古代皇宫建筑群，1987年就已被列入世界遗产名录。其威严的城墙宫殿、精美的亭台楼榭、苑囿流水，极具中国皇家建筑和园林的审美特征。人们不由自主地被其精巧的木结构建筑、黄琉璃瓦顶、青白石底座和金碧辉煌的彩画等

图14-1 开平碉楼及古村落

图14-2 福建南靖田螺坑土楼群

外在形态所吸引，在其巍峨的形态和装饰艺术中停留，感受其背后浓郁的中国古典风格和东方格调。而西方规则式皇家园林则呈现端直庄严的审美特征。凡尔赛宫位于法国巴黎西南郊外伊夫林省凡尔赛镇，于1979年被列入世界遗产名录。三条放射形大道带来的强烈的视觉冲击使得凡尔赛宫呈现出不可撼动的绝对君权，宏伟壮丽的宫殿外观与齐整对称的几何式园林景观呈现出独特的形式美感。园林面积宽广，葱郁的林木、青翠的草坪、绮艳的花坛，水池、岩洞、喷泉、亭台、雕像等多种景观要素，布局规整而严谨，体现了西方园林在构图上强调布局均衡，注重比例和谐，讲究主从关系，追求理性与秩序感的审美特征。当时法国的政治、经济、文化得到了空前的发展，国王路易十四为了向世人展示自己的功绩，以及展示这种“人定胜天”的气概，将凡尔赛宫修建为坐东朝西，以宫殿为中心、中轴向东西延伸的空间布局，展示了君权至上的“伟大”风格。凡尔赛宫将理性主义美学观点展现得淋漓尽致，这种整齐划一的审美需求也契合了路易十四对集权的追求以及当时的王公贵族对“不给自然以自由”的精神追求（图14-3）。

图14-3 凡尔赛宫

文化遗产景观的审美属性是多层面的，人们总是在获得景观形象的感知之后，才会继续追问和感悟其中蕴含的文化精神。形式审美是最易引起人们审美观照，从而产生审美活动的审美阶段。国内外文化遗产景观在各自不同的历史文化背景与自然条件影响下，形成了适应当地自然和人文环境的地域性景观形态。不同的景观形态能够契合各种的审美心理需求，从而形成了丰富多样的审美活动。

第三节　世界文化遗产景观的意境审美

世界文化遗产景观大多都在特定的社会背景、文化特征或宗教信仰当中产生，无论何种社会条件孕育的文化遗产景观，都被赋予了特定的文化内涵与审美意蕴，表达了特定时代、特定族群的审美欲望与审美期待。世界文化遗产景观如国内承德避暑山庄，曲阜孔府、孔庙、孔林，武当山古建筑群；国外伊斯兰宗教建筑群，如伊斯兰开罗、萨那古城等，日本庙宇如古京都遗址、严岛神殿等，其文化内涵与审美意蕴往往能够跨越时间与空间的限制，激发强烈的情感共鸣与审美联想。

曲阜孔庙、孔府、孔林位于山东省曲阜市，是中国历代纪念孔子、推崇儒学的表征，于1994年被列入世界遗产名录。曲阜三孔的审美价值主要体现在其代表的儒家文化上，儒家文化经历了两千多年未间断发展，成为了整个中华文化的基石。在相似的民族文化熏陶下，中华儿女往往对儒家文化有着特殊的尊崇与情感，而对于外国友人来说，儒家文化则博大精深，还披着神秘的面纱。曲阜三孔这一文化遗产通过调动人对于儒学文化的认知与情感，从而产生联想，激发情绪上的文化认同感。人们往往身在疏林庙宇之间，思绪却早已突破了时空的限制，自由地蔓延至儒家文化引领下的盛世（图14-4）。

武当山古建筑群宫阙庙宇集中体现了中国元、明、清三代世俗和宗教建筑的艺术成就，于1994年被列入世界文化遗产名录。武当山古建筑群坐落在自然山水之间，连同周围的山水空间一起，被赋予了强烈的宗教含义，成为了宗教活动的重要场所，这样的宗教含义与文化氛围由历史的积淀一直延续至今。审

图14-4　曲阜孔庙、孔林和孔府

美主体在相对应的宗教背景与氛围下容易生发独特的审美意蕴，并产生意境联想，结合个体人生经历激发出丰富的个人情感。巍峨俊伟、云雾飘渺的山体让人联想至蓬莱仙境，山间自由自在的鸟、兽、虫、鱼让人放松心境、清净无为，乃至一树一花都被重新赋予了宗教内涵，引人无限深思。

苏州古典园林是中国古典园林的重要典范，其精雕细琢的设计折射出了中国文化中取法自然又超越自然的深邃意境。受中国文学和绘画艺术的影响，苏州古典园林在创作思想上更注重“写意”的表达，小巧自由、精致古雅的意境氛围营造成为其显著特征。园中的大量的匾额楹联、条石雕刻，除了优美的物质形态之外，还储存了大量的历史、文化和科学信息，人文内涵极其深广。借助古诗文及楹联匾额，对园景进行了点缀、生发、渲染，审美主体在游赏过程当中，化景语为情语，从而使人生发意境联想，获得独特的精神满足。另外，中国古典园林还与绘画艺术颇有渊源，园林当中所运用的写意山水的方法，受到唐宋文人写意山水画的影响。因此，游赏者赏景如观画，产生审美本体之外的勃勃生机的思绪。

国外世界文化遗产当中还有相当数量的宗教文化景观也以宗教信仰为依托，如古老的伊斯兰城市开罗古城、萨那古城、萨迈拉古城、扎比德历史古城，除了伊斯兰建筑的奇特外观之外，浓郁肃穆的宗教氛围与伊斯兰文化是能够感染人从而产生审美联想的重要因素。佛教文化景观吴哥窟位于柬埔寨，作为典型庙宇建筑既依托于完整的吴哥古迹遗址群，又是其中最为闪耀的部分。包含自然环境基底在内的古迹遗址群是景观意境审美的主要对象，现如今站在吴哥遗址群面前，其浓郁的宗教氛围与传达的艺术情感仍能使我们跨越历史长河联想至千年前的恢弘壮美。

建造于雅典黄金时期的卫城是最有名的希腊古代遗址。两千多年以来，雅典卫城一直是雅典市最壮美的风景，于1987年被列入《世界文化遗产名录》。战争的破坏，宗教的亵渎，文化的掠夺，这一切都无法减弱它的魅力。在卫城这块废墟里埋藏着希腊黄金时代的理想，苏格拉底的哲学和毕达哥拉斯的几何学。当人们以其为审美对象进行景观审美活动时，其所包含的文化内涵与历史故事都是意境生发之源，使人联想至古国昔日兴盛的文明、科学、艺术、神话与宗教，联想至人类文明宏大的发展历史，使人生发情感上的巨大共鸣与归属感（图14-5）。

意境是美学中的一个重要范畴，世界文化遗产景观的意境审美是将景观空间的艺术创作与所创立的意象相结合。相比于国外文化遗产景观，国内文化遗产景观如苏州古典园林在设

图14-5 雅典卫城景观

计过程中有意识地将园林景观空间设计与意境营造相结合，引导游赏者在特定的景观空间下生发丰富的情感。而国外文化遗产景观则多是通过特色建筑与景观的营造，推动审美主体在一定的宗教氛围或景观情境下自主生发联想与思考。无论是国内还是国外的世界文化遗产景观，能够从意境审美维度进行审美的景观类型多被赋予了深厚的文化内涵与精神内核，引发审美主体的情思。

第四节　世界文化遗产景观的环境审美

环境美学的主体思想在于人为构建可以安乐栖居的家园，也就是“人性化环境”。世界文化遗产景观大多与自然环境有着非常紧密的联系，将人的意志与自然环境紧密相融，反映了自然的文化性及文化的自然性。世界文化遗产景观在时间维度上印证了在人类发展史上不断实现与自然的平衡的过程，最终达成环境与人类生活融为一体，日常生活环境与人的个体健康、精神满足、幸福感及自我实现需求紧密相关的理想境界。体现环境审美的世界文化遗产景观包括前文已提及的传统民居聚落福建土楼、开平碉楼、皖南古村路，中国古典园林苏州古典园林、颐和园、承德避暑山庄，还包括名山景观泰山、黄山、武当山、峨眉山等，文明遗址景观良渚古城，社会工程景观都江堰、长城、大运河、杭州西湖，农业文化景观红河哈尼梯田，国外文化遗产如英国自然式景观英格兰湖区（The English Lake District）、意大利沿海民居聚落马泰拉的石窟民居和石头教堂花园（The Sassi and the Park of the Rupestrian Churches of Matera）、阿马尔菲海岸（Costiera Amalfitana）等。

良渚古城遗址是目前发现的中国最大的史前城址，于2019年正式获准列入世界遗产名录，代表了环太湖地区早期的国家权力与信仰中心的同时，人们还能从中发掘五千年前中国传统环境美学的核心价值。自良渚古城遗址被发现以来，古城防御系统夯筑技术、城市外围水利系统工程技术、城中河道交通规划等成为考古研究热点。古城利用周围环抱的山势，建造了巨大的圆角长方形城墙，围合出280多万平方米具有核心宫殿区、内城、外城的三重向心式完整结构的城市。同时利用天然水系和山体形态，修建了浩大的水利工程，有效防洪并引水灌溉农田，孕育了特有的稻作文明。良渚古城复杂又精妙的设计与组织，体现了先民对自然的全面认知，以及利用自然、改造自然以建设良好人居环境的意愿与能力，成为了古城遗址现今依然拥有古老神秘的吸引力的重要原因之一。良渚古城遗址在今日依稀能够重现五千年前的城市形态，因未被城市建设所破坏而呈现出一派天然野趣，目之所及皆是自然旷野，闭目则是鸟鸣清风。加之人们在现代多样的科普模式下领略古代先民合理利用自然的智慧，更加能够关注到古城遗址的环境意向，领略中华传统环境美学思想，认识到现代自然环境建设的重要性（图14–6）。

图14-6　良渚古城三重结构、重要台地和水系分布

图14-7　都江堰

都江堰是国内著名的世界文化遗产，是始建于秦昭王末年且遗留沿用至今的大型水利工程。都江堰所在的成都平原是一个水旱灾害十分严重的地方，恶劣的自然条件与频发的水患灾害与农业发展需要相违背，古人在汲取治水经验的基础上修筑都江堰这一历史工程，历经两千多年依然发挥着重要的实际作用。现如今，当人们于崇山峻岭之间俯瞰都江堰的庞伟壮阔，以及它所代表的古人改造自然的勇气与智慧。人们能够在环境审美过程当中对都江堰的创建历程产生宏大的联想，并对广袤深远的自然与历史产生澎湃的崇敬之情，身心逐渐与自然环境融为一体（图14–7）。

名山景观是环境审美的最主要审美对象之一，中国名山景观多体现了文化与自然的精妙结合。因此，泰山、黄山、峨眉山、武夷山皆被列为文化与自然双重遗产。名山景观除了巍峨壮观、气象万千的自然景观之外，还多融合宗教与文化，被赋予多重人文意蕴。中国名山多是百姓崇拜、帝王告祭的神山，山体间散落着古建筑群、碑碣石刻、绘画等，是古人游历山水、折服于广袤自然的精神传达，也体现了中国传统环境审美观念。现如今，当人们重走古人游历名山之路，行走古蹬道，观山间古桥、古亭、古寺、古塔，赏楹联诗文、碑碣石刻，从与古人一样的视角观摩山水自然，体会相同的环境意境。传统环境美学当中崇敬自然、欣赏自然，并希望能够与自然融为一体的思想穿越历史与人产生强烈共鸣。使现代人也逐渐改变将自然界一味看作资源的观念，意识到人与环境一体的重要性，从而适度开发自然资源，自觉保护生态环境。

国外的传统聚落与民居景观如马泰拉的石窟民居是人与环境和谐共存的写照。马泰拉的石窟民居位于地质地貌丰富多样的意大利南部，是地中海地区保存最为完好的穴居人遗址，于1993年被列入世界遗产名录。当地石窟民居依山而建，完全适应丰富多样的地貌环境，完美配合当地生态系统，显示了两千多年间连续性的文化演变历程，并一直与自然环境保持着和谐的关系。当地居民主要从事农牧业，随季节在山地和山谷之间迁徙，有地质罅隙的地带成为了人类居所。马泰拉岩居向人们展示了人类历史上的重要发展阶段，印证了人类发

图14–8　与自然相融合的严岛神社

展和自然环境之间的密切关系。除了奇特的建筑特征与浓厚的文化魅力之外，独特的自然环境，以及民居聚落与自然环境的巧妙结合是最能引发审美主体的情感关注，也是其富有地域吸引力的重要因素。

日本庙宇如古京都遗址、严岛神殿、纪伊山地的圣地与参拜道，都是日本民族神圣或世俗的自然信仰的写照，其环境认知层面的审美价值十分显著。严岛神社由于地理位置独特，加上岛屿秀丽的景致，自古就被人们认为是神明的住所，逐渐成为日本神道信仰的中心。神社坐落于潮间带之上，是日本唯一运用潮水的涨落原理设计的海上木造建筑物，涨潮时，神社宛若漂浮在海面。在列入世界文化遗产时，其建筑物和自然浑然一体的景观特征得到了高度的评价。将庙宇建筑置于自然环境当中，前景为大海，背景为山脉，代表了日本人不断发展的精神文化和审美观念，反映了他们深深植根于以多神自然崇拜为中心的古代神道教当中的精神生活（图14–8）。

世界文化遗产多表现了文化与环境的巧妙结合，是人与自然互动融合的生动写照，体现了环境美学的理论内核。无论是面对传统民居聚落、名山景观、农业景观，还是改造与利用自然的工程景观，人们在审美活动过程当中，除了关注景观形式与景观意境，自然地将人造肌理置于整体环境当中，将景观整体作为审美对象，并对古人传统的自然观与环境审美观念产生跨越时空的理解与共鸣。

第十五讲 我国风景园林审美实践

第一节　风景园林美学与美丽中国建设
第二节　风景园林美学与遗产保护发展
第三节　风景园林美学与城市双修战略
第四节　风景园林美学与乡村振兴战略

本讲提要：

推进美丽中国建设、加强遗产保护、落实城市双修战略和乡村振兴战略，是促进人与自然和谐共生，实现中国式现代化，全面推进中华民族伟大复兴的重要战略任务，是规模空前、别开生面的中国人居环境建设实践，更是内容丰富、层次多样、城乡融合高质量发展的风景园林实践活动。风景园林美学在美丽中国建设中从全面推进绿色发展、着力解决环境质量问题、加大生态系统保护力度三个方面的具体实践引导人与自然和谐共生的生态价值观；在遗产保护实践中有助于传承中华传统优秀文化、展现遗产当代价值、增强文化自信；在城市双修实践中为落实生态修复和城市修补的目标，延续城市文脉、加强城市特色建设提供理论参考；在乡村振兴实践中为保护乡村景观的多样性和乡村文化的丰富性，推进城乡融合的人居环境高质量发展发挥指导作用。

风景园林美学在回归到人的生命需求上探讨人类审美实践活动的本质、特征及发生，通过对人的自主性和能动性的引导，进而指导其实践活动。作为科学的美学理论指导，风景园林美学在美丽中国建设、遗产保护、城市双修和乡村振兴战略等具体建设实践活动中，有助于厘清建设实践中的美学取向，确立可持续发展的生态价值观，从而树立和而不同的审美思维，积极推进人居环境的全面建设和整体提升。

第一节　风景园林美学与美丽中国建设

1. 风景园林美学在美丽中国建设中的作用

在美丽中国建设的审美实践中，风景园林美学具有重要的指导意义。面对资源破坏、环境污染和生态系统退化等生态环境问题，中国共产党第十八次全国代表大会首次提出了“美丽中国”的创新概念，针对我国生态环境保护、生态文明建设等问题阐述了一系列新观点新思想，并在近年来不断完善与丰富其内涵与外延。美丽中国建设理念强调把生态文明建设放在新时代中国特色社会主义建设的突出地位，并融入到国家经济、政治、文化、社会建设各方面和全过程。体现了尊重自然、顺应自然和保护自然的生态文明观。

美丽中国建设理念确立了人与自然共生的绿色发展、提高环境质量、生态系统保护等三方面的建设目标，努力实现经济、社会、环境的协调发展，推动人与自然、人与人的和谐相处。我国风景园林美学主张崇尚自然、师法自然，最高境界是人与自然的和谐共生，把建筑、山水和植物有机地融合为一体，在有限的空间内利用自然、师法自然，经过加工提炼，将自然与人工相统一，创造出人与自然环境和谐共生的综合体。如同中国古典园林崇尚自然一样，对和谐的追求不在于对自然形态的简单模仿，而在于对自然中潜在的“道”与“理”的追求，把“山水之美”当作自然艺术品来欣赏，从而获得心灵的愉悦。由此可见，建设美丽中国与风景园林美学价值取向是完整统一的，是指导人与自然和谐关系的准绳。

2. 全面推进绿色发展

美丽中国建设的首要目标是全面推进绿色发展，建立健全绿色低碳循环发展的生态体系，促进社会发展绿色转型。人与自然和谐共生是风景园林美学理论的重要内容，风景园林美学认为人与自然之间的关系是人类社会最基本的关系，视人与自然为生命共同体，这已在我国古典园林实践中得到了印证。近年来，随着我国生态文明教育普及度的提升，国民的生态环境保护意识逐年增强，在开发利用自然过程中，将人与自然和谐共生价值取向与风景园林美学有机结合，已形成新的美学观念，引导人们在新时代美丽中国建设中构建多维度审美，确立生态平衡为先，保护优先，最少干预，坚持始终贯穿尊重自然、顺应自然、保护自然的价值取向，重视生态公正和生态效益，展现可持续发展的潜能。在这种美学思维下，人与自然的和谐共生不再局限于与外部自然的融合，而是将自然视为可以借鉴和应用于人居环境建设的生态过程，实现多方面的良性互动，尊重原有山水自然肌理，从自然与人共生共存关系出发，探究美的本质，把自然山水肌理引入人居环境建设中，最终促进人与自然共生的绿色发展。

在城市景观风貌建设中，由于追求人工创造时，往往忽略了对城市自然环境的大尺度考虑，这直接导致了城市空间与自然环境的分离，严重损害了人与自然的和谐关系，导致一些城市现代人居环境质量的阶段性下降。随着城镇化建设的高速发展，随之而来的人口压力、土地压力等直接导致城市空间面临着不断扩张的趋势，很多城市在景观风貌建设实践中，以风景园林美学理论生态审美为主导，注重城市绿地与自然绿地的整合、景观视廊的预留、景观风貌带的架构等方面，并提出绿色新思路，打破“千城一面”的城市建设束缚，突出城市景观的个性和特色，创造符合自然环境的城乡人居环境。通过生态绿廊的建设，充分利用景观资源的可视性和可达性，在城市与自然环境之间形成良好的视觉关系，促进城市与自然的融合，塑造人与自然交融、错落有致、富有立体感的现代魅力自然之城。

3．着力解决环境质量问题

美好生活的人居环境构建，首先需要着力解决环境质量问题。美丽中国建设理论将美丽中国的意义延展为承载人民美好生活需求的家园，建设现代化是人与自然和谐共生的现代化，创造物质财富和精神财富以满足人民日益增长的美好生活需要的同时，必须注重解决人居环境质量问题以满足人民日益增长的优美生态环境需求。在加快城镇化建设的过程中，人们的生活生产方式对人居环境造成了不同程度的影响，面临资源储备日益枯竭、环境污染日益严重等环境质量危机，人居环境建设倡导资源节约、有效利用的可持续发展方式，尊重环境的生命属性，以“仿自然”的科学建设理念与技术手段，重新对自然环境进行修补和调整，融入生态环境系统，营造朴实自然的栖居环境。在提升生活空间环境的审美品质同时，关注精神层面的建设。通过文化服务提供娱乐游憩、审美、文化和精神等层面的人居环境服务，使居住环境提升与精神环境提升两者并行，保障自然和人文功能正常运行，塑造美好的人居环境，实现追求美好生活的审美理想。

4．加大生态系统保护力度

建设美丽中国需要从理念上向生态审美维度转变，对生态系统的保护提出了新的要求，将生态系统视为支持生命的系统，以生态系统服务为导向，健全生态基础设施，加大生态系统保护力度，全面优化生态系统服务。在具体实践中，结合风景园林美学理论中“天人合一”思想，遵循生态美学内在逻辑，挖掘生态实践理念的审美深意，学习和理解自然系统的发展规律和运行机制，并利用这种规律和机制促进生命活动的运行，保护与创造可以支持各种生命形式和谐共生的可持续发展的环境生态系统；通过生态系统的供给、调节、支持等循环运转，重塑生境，缓解洪涝，改善空气质量，发展节约资源和保护环境的空间模式、产业结构、生产方法和生活方式，还自然以宁静、和谐与美丽。同时用审美性的语言从心理认同和文化熏陶的角度感染人民群众对生态环境保护的共鸣，贯彻落实到每位公民身上，用审美意识带动和引导人民群众的生态环保意识。

第二节　风景园林美学与遗产保护发展

我国幅员辽阔，各民族文化特色鲜明，自然遗产、文化遗产、历史文化名城名镇名村等遗产资源丰富。国务院在《关于加强文化遗产保护的通知》中指出，保护文化遗产，保持民族文化的传承，是连结民族情感纽带、增进民族团结和维护国家统一及社会稳定的重要文化基础，也是维护世界文化多样性、丰富性和创造性，促进人类共同发展的前提。1982年以来，我国陆续公布三批国家历史文化名城名录，出台、修订了《中华人民共和国文物保护法》。1985年加入《保护世界文化和自然遗产公约》，标志着我国的遗产保护工作与世界接轨，要求我们在保护遗产的真实性、整体性的同时合理利用遗产，对我国遗产保护工作提出了更高的要求。在遗产保护工作中充分运用、借鉴风景园林美学相关理论，是落实中共中央办公厅、国务院办公厅《关于加强文物保护利用改革的若干意见》的重要举措，也是推进社会主义文化强国建设的迫切需求。

1．风景园林美学在遗产保护中的作用

风景园林美学在我国的遗产保护中有重要作用。风景园林美学与遗产保护发展息息相关，风景园林审美活动是遗产保护观念诞生的源泉，遗产保护工作为风景园林审美活动的发生提供保障。出于教化目的或史迹保存需要，早期遗产保护常见于个人收藏和朝廷、地方官员的政令。中华人民共和国成立后，我国遗产保护的步伐不断加快，宗教遗址景观、政治遗址景观、古城遗址景观、文化交流景观、人类伟业景观、自然特征地区、自然现象地区、自然生物栖息地等遗产类型不断丰富。巍峨雄伟的布达拉宫完美地与山势结合，是西藏政教合一的历史见证；丝绸之路串联起函谷关、玉门关、高昌故城……，是我国与哈萨克斯坦、吉尔吉斯斯坦等国家贸易交流、文化融合之路；武陵源不仅有溶洞、落水洞、天窗组成的大片卡斯特地貌，孕育出成千上万种野生动植物，还是古往今来文人墨客灵感的源泉。风景园林美学作为风景园林学与美学的交叉学科，其理论能帮助我们更加系统、深入地分析遗产要素的构成，厘清遗产价值，有利于进一步加强历史文化保护。其次，遗产的诞生与遗产地的气候条件、地理环境和文化背景有着密切的关系，通过分析遗产的审美特征，探索人和遗产的风景园林审美活动，对挖掘、整理、展示中国文化遗产的当代价值和世界意义有重要作用。最后，风景园林美学在我国遗产保护工作中不仅可以帮助人们搭建遗产要素体系、挖掘遗产价值，还可以从设计思维、审美追求等方面阐释遗产景观的文化内涵，体现城乡遗产景观的文化特色、地域特征和时代特点，是坚定文化自信，提高民族认同的迫切需要。

2．加强历史文化保护

遗产保护的首要目标是加强历史文化保护，构建城乡历史文化保护传承体系。在风景园林美学理论中，风景园林审美活动将人与环境联系起来，在遗产价值的解读中运用风景园林美学理论，从遗产景观的形式属性、表现属性和启

示属性等角度，探讨遗产保护价值构成。中国大运河作为世界上开凿最早的运河，包括隋唐大运河、京杭大运河和浙东大运河三部分，是我国历史上伟大的水利建筑。由闸、坝、桥、水城门、纤道、码头等运河水工遗存共同构成了长2700公里，跨越北京、天津、河北、河南等8个省、直辖市的大运河，不仅具有历史、艺术、科学价值，还是我国城乡生态的重要组成部分；仓窖、衙署、驿站、会馆、历史文化街区等都是大运河沿岸的重要历史遗存，作为高感知度游憩资源，有广阔的发展前景；大运河沿线历史文化名城、名镇、名村众多，非物质文化遗产资源丰富，通过打造大运河文化带、大运河生态带，推动大运河遗产保护传承工作。在遗产保护中从风景园林审美活动出发，关注人与景观的作用机制，通过进一步普及遗产价值，提升审美主体的审美感知力、审美想象力与审美理解力。哈尼梯田作为文化景观遗产的杰出代表，不仅得益于高山深谷、沟壑纵横中形成的独特景观；连通山野的水沟水渠，凝聚着千百年来、数十代哈尼人的智慧；对地理条件和气候条件的充分运用，蕴藏着哈尼人“天人合一”的审美理想。

3. 展现遗产当代价值

遗产保护不仅要加强历史文化保护，还要注重挖掘、整理和展示遗产的当代价值和世界意义。在遗产保护中要重视建筑、城市肌理和自然环境等空间层级的保护，深刻落实“保护为主、抢救第一、合理利用、加强管理”十六字方针，避免把保护与发展放在对立面上。逐步疏解与遗产保护不相适应的工业、仓储物流、区域性批发市场等城市功能。针对城市区域内资源配比不均等问题，加强基础设施建设和公共服务设施建设，努力破解城乡二元结构，坚持以用促保，避免同质化，促进城乡融合发展。通过微改造的方法，使传统建筑满足现代人的使用需要，改善周围的交通状况，清除违章违规建筑，增加公共交通节点，提高人居环境水平。在安全、环保、健康条件满足的基础上，利用文化博览、现代服务业等为历史建筑、工业遗产、农业遗产注入新鲜血液。同时，还应加强对传统节日、禁忌习俗、社会组织等城市文化组成部分的研究，保护传统工艺、传统风俗等，如香港设立文物径，开展主题游的文化游，让更多人体验传统文化。注重非物质文化遗产的数据采集、保存与展示，保护非物质文化遗产赖以延续的文化土壤，发掘其当代价值和时代意蕴，使优秀传统文化得到有效传承，遗产内涵得到充分挖掘，进一步推广遗产的知名度和美誉度。

4. 增强文化自信

保护好文化遗产，传承好优秀传统文化，是坚定文化自信的要求。新时期遗产保护工作要求我们始终把保护放在第一位，确保各个时期的城乡历史文化遗产得到系统性保护，同时全面真实讲好中国故事、中国共产党故事。习近平总书记指出，要深入理解中华文明，在新时代推动中国优秀传统文化创造性转化和创新性发展。在具体遗产保护实践中，从气候、地理、材料等角度分析遗产景观的自然适应性，把握遗产景观的地域技术特征；从政治、经济、军事等方面分析遗产景观的社会适应性，解读遗产景观的社会时代精神；从选址布局、空间组织、意境营造等层面分析遗产景观的人文适应性，品味遗产景观的人文艺术品格。风景园林美学理论有助于理解遗产景观丰富的文化内涵，体现城乡遗产景观的文化特色、地域特征、时代特点，有助于传承优秀传统文化，弘扬中国精神、凝聚中国力量，增强文化自信。

第三节　风景园林美学与城市双修战略

“城市双修”是指“生态修复”和“城市修补”。改革开放以来，我国城市建设取得巨大成就，但也面临资源约束趋紧、环境污染严重、生态系统遭破坏等问题，严重制约城市发展模式和治理方式转型，2020年，我国的城镇化率已达到了63.89%，“城市双修”是为解决我国城市建设中基础设施不匹配、城市风貌不协调、城市自然资源污染严重等问题提出的全新概念，其目标是化解“千城一面”、治理“城市病”，通过转变城市发展理念，化“求量”为“求质”，是我国城市建设的重要指引。“城市双修”涉及生态学、建筑学、地理学等多个学科以及环保、规划、住建、文物等多个部门，是国家重要综合性工程，是推动供给侧结构性改革、补足城市短板的客观需要，是城市转变发展方式的重要标志。

1. 风景园林美学在城市双修中的作用

推进“城市双修”是改善人居环境、落实生态文明建设、实现“两个一百年”奋斗目标和中华民族伟大复兴的中国梦的重要需求。生态文明建设工作要求我们在城市工作中树立尊重自然、顺应自然、保护自然的理念，中共中央、国务院《关于进一步加强城市规划建设管理工作的若干意见》指出当前城市规划前瞻性、严肃性、强制性和公开性不足，城市建筑贪大、媚洋、求怪，城市特色缺失、文化传承堪忧。城市建设如何贯彻“适用、经济、绿色、美观”的方针，离不开美学理论的引导。风景园林美学从风景园林审美活动出发，关注城市中自然风景、社会景观、历史园林等客体的审美属性，结合市民的审美需要，改善城市生态功能，提升城市环境品质，提炼城市要素体系，从城市格局修复、城市肌理修补、城市要素保护等角度提供指导意见，力图延续城市文脉、协调城市景观风貌。

2. 城市格局修复

城市格局修复主要是指通过修复山体、河流、湿地、植被等重要的城市生态环境，保护城市整体格局，延续城市文脉。风景园林美学以美学为基础，对改善目前我国城市生态空间治理呈现出较为单一的工程思维有重要作用。“水绕郊畿襟带合，山环宫阙虎龙蹲”“据龙蟠虎踞之雄，依负山带江之胜”“洪河清渭天池浚，太白终南地轴横”“五岭北来峰在地，九洲南尽水浮天”，从古诗中我们可以看出自古我国城市营建与自然环境脱不开干系，城市格局往往蕴含着“山水比德”的哲学思想和“天人合一”的审美追求。广州依山水而建又依山水而生，整体城市格局呈现出“云山珠水滨海”的特色，是广州打造“美丽花城”的重要依托。从“白云晚望”“扶胥浴日”“海山晓霁”“珠江秋色”等“羊城八景”可以看出，广州“云山珠水滨海”的城市格局不仅是广州生态环境的概括，更是传统山水文化的载体，包含了广州人的自然认知和情感追求。从风景园林美学角度出发，重新审视广州市民的审美需要，重视人与“山”“水”“海”等空间环境的关系，通过生态修复、科学管控和视廊建设等手段，实现露山见林、亲水近河、临岸观海，修复广州传统城市格局。

3. 城市肌理修补

城市肌理的形成得益于漫长的历史浸润与积累，富含城市文化。在“城市双修”工作实践中运用风景园林美学的适应性理论，挖掘城市肌理的丰富内涵与变迁机制，有利于彰显城市特征，传承城市精神。分析城市街巷肌理体现出对气候、地理、环境等因素的自然适应性；对经济、政治、文化等因素的社会适应性；对设计哲理、价值取向、审美理想等层面的人文适应性。广州作为“千年商都”，形成了商业特征鲜明的城市空间肌理。广州古代中轴线沿线空间主要布置了政府官署机构和城市商铺集市，体现了商业空间需求是推动广州古代中轴线发展的主要动因；广州现代中轴线的天河CBD更是中国商业大厦最密集的区块之一，是广州拥有世界五百强公司密度最大的区域，发展能级和区域影响力极强；上下九、北京路等骑楼街，沿街商铺林立，商业活动频繁，是体验广州传统商业文化的重要去处。修补浓厚商贸文化的广州城市肌理，首先要牢牢抓住“商贸”这一城市文化特征，传递城市精神，其次针对特征突出的城市肌理，如轴线、街巷等，进行肌理强化，协调新旧风貌。找准城市定位，通过文化保育，传承城市精神，通过小规模渐进式的动态织补，有序实施城市修补和有机更新。首先通过环境改造，提升老城区环境品质，改善人居环境，协调新建建筑与老城区风貌；其次通过基础设施建设，满足城市建设扩容提质的内在需求；最后继承、发展原有空间肌理的、体现城市空间的社会时代精神。

4. 城市要素保护

风景园林美学理论是搭建城市历史文化保护体系的重要指导，文化地域性格理论是分析城市要素特色的重要依据。不同时期的审美主体受不同社会背景和人文思潮影响，建筑、小品等城市要素构成受审美主体的设计追求影响，展现出不同的审美理想和价值取向，主体与客体直接的互动关系促生了地域特色、唤起了集体记忆。广州作为岭南文化的中心地，城市要素建设发展过程受岭南自然因素影响，其风貌展现了岭南社会的发展历程，承载了岭南文化精神内涵，具有鲜明的岭南特色。广州城市要素的文化地域性格表现在建筑、小品、节点的地域技术特征、社会时代精神、人文艺术品格三个层面，如广州建筑结合岭南气候、地理、材料等地域条件，反映在建筑的平面开敞、空间通透、造型轻巧活泼等方面；作为对外交流的窗口，岭南本土建筑师勇于探索，建筑形式与国际接轨，创造出一批既满足功能需求又彰显时代特征的作品；在人文艺术品格层面，体现出重商务实、开拓创新的价值取向。广州当代城市建筑创作应与广州地域文脉结合，充分考虑广州建筑审美文化清新活泼、崇尚自然的特点，在建筑创作中引入自然元素，与庭园创作相结合，营造通透灵活的室内外开放空间，彰显广州精神。

第四节　风景园林美学与乡村振兴战略

1. 风景园林美学在乡村振兴中的作用

实施乡村振兴战略是实现中华民族伟大复兴中国梦的一项重要任务，关系着国家与民族的未来。乡村振兴核心问题是正确处理好传统与现代、城市与乡村、发展与保护等关系问题，而这些问题关乎生态伦理的核心价值，作为美丽中国与乡村振兴的共同抓手，乡村地区的美学问题日益成为乡村建设之关键。乡村建设离不开美学的引领，这种引领需要具有科学发展的理念指导，用科学的方法设计和实施。传统乡村社会人与自然和谐共生的理念，贯穿于乡村的生产生活方式以及乡民的信仰之中。借鉴风景园林美学理论，紧密联系乡村精神的、物质的、文化的实际需要，厘清生态美学逻辑，阐释人与自然和谐共生的审美取向，结合农村现代化发展的现实需求，引导科学合理的规划设计，在乡村人居环境建设、乡村特色风貌塑造、城乡地域景观营造等建设实践中发挥重要作用。

2. 美丽乡村人居环境建设

美丽乡村人居环境建设是一项涉及面宽、受众面大、影响广泛的重大系统工程，必须确立正确的美学取向，注重乡村人居环境构建的平衡性和适宜性，保护天然湿地、水域，扩大绿地等生态空间，真正践行“保护自然、顺应自然、尊重自然”的理念，努力实现生态区域、城市与乡村，以及人与自然和谐，全面改善和提升社会主义新农村居民的生活环境和生活水平。乡村人居环境是社会的、地理的、生态的综合体现，包括了地域空间环境、自然生态环境和人文环境。充分了解乡村人居环境在地理、生态、经济发展模式以及社会人文等资源属性，才能在人居环境建设中体现不同村庄的资源优势，进一步依托土地的生产与生活方式，表达人与环境之间天然质朴的关系，自然呈现生产、生活与生态的有机融合，从而使广大人民群众体验到美丽家园的获得感、幸福感和安全感。风景园林美学理论有助于在建设实践中着眼于乡村社会的发展变迁和乡村现代化的发展要求，正确认识山水林田湖与村落公共环境、村居及农业设施等要素，相互联系，有机融合，共同构成循环发展的生态系统，明确新时代乡村所蕴含的生产、生活、社会、生态、文化以及教化等一系列独特审美价值和功能，从而对乡村历史、人文、自然资源的合理认知及利用，以促进各产业良性发展，提高村民收入，改善居民生活品质，全面改善乡村人居环境品质。

3. 乡村特色风貌塑造

风景园林美学的文化地域性格理论是剖析乡村风貌特征、塑造乡村风貌的有效工具。当前乡村建设中存在乡村风貌特征不突出、乡村规划项目缺乏统筹、建设紊乱等问题。风貌是可观可感的风土、面貌的统一体，是构成乡村的隐形要素与显性要素的叠加显现。因此，正确认识乡村风貌内涵必须同时把握表层与里层的要素构成。在乡村特色风貌塑造过程中，利用风景园林美学的文化地域性格理论，从地域技术特征、社会时代精神、人文艺术品格三个维度，对乡村自然地理要素、人文资源特色，传统聚落及民居形态特征等方面进行叠合分析，解读乡村特色风貌的内涵和属性，科学归纳乡村风貌类型及特点，提取承载乡村风貌价值的特征要素，对乡村风貌控制要素进行分级细化，建立风貌控制体系，系统引导乡村风貌的塑造，有针对性的科学保护乡村特有风貌，延续文化的多样性，营造出独具特色的乡村风貌。

4. 城乡融合的地域景观规划

风景园林美学理论是城乡景观规划的重要设计依据，是实施城乡特色景观风貌规划及城乡特色景观完整性保护的关键。风景园林美学理论注重实践中地域文化的传承与转化。中国幅员辽阔，受到地理因素和历史背景的影响，不同地域逐渐形成相异的文化背景，人们在长期利用自然资源的过程中，以特有的生产技术、管理体系和生活方式不断塑造而形成了地域景观，它是一种区域地表形态，体现了人与自然和谐共处的关系，具有文化、历史和生态价值。城市是我国的政治、经济、文化中心，乡村是我国农业生产的广阔区域、乡风民俗的重要载体、生态保育的前沿阵地，通过城乡融合的地域景观设计，引导城乡要素合理高效流动，根据所在区域特色和市民共享的文化背景，挖掘地方文化中的审美倾向，并将其具化为人们偏爱的景观要素并运用到地域景观的设计和管理中，使环境建设审美展现更丰富的本土性和文化性，与人民生活产生更强的交互融合，使文化传承与地域景观实践在良性循环中得到交互提升。城乡融合的地域景观已不再是单纯城市或者乡村生活的写照，在发展需求的驱使下，还成为了环境整治、风貌改造、旅游开发、产业转型等方面的对象。在城乡融合发展过程中，多元利益相关者不同的审美方式积蓄了城乡地域景观建设的内在矛盾，由价值观偏差而产生的审美分异导致了地域景观的衰退及逐渐丧失，地域个性日趋普遍。通过风景园林美学理论引导，厘清地域景观的审美价值，建立正确的城乡文化塑形和审美倾向，对城乡融合的地域景观营造具有重要意义。地域景观的规划设计应当借助这一规律，引导人们与景观发生更加深入的情感联结，促进人们去理解景观现象背后的科学知识及文化底蕴，化解多元利益相关者之间的审美冲突，树立和而不同的地域景观美学品格。

图片目录

[1] 图1-1 汉代上林苑建章宫（来源：引自周维权．中国古典园林史[M]．北京：清华大学出版社，1990.）…… 003
[2] 图1-2 古埃及阿美诺菲斯三世时代一位大臣陵墓壁画中的奈巴蒙花园，壁画现存大英博物馆（来源：引自贡布里希．艺术的故事[M]．南宁：广西美术出版社，2008.）…… 003
[3] 图1-3 人居环境科学学术框架系统（来源：引自吴良镛．人居环境科学导论[M]．北京：中国建筑工业出版社，2001.）…… 004
[4] 图1-4 基于特点—目标—使命的风景园林学学科内涵（来源：引自杜春兰，郑曦．一级学科背景下的中国风景园林教育发展回顾与展望[J]．中国园林，2021，37（01）26-32.）…… 005
[5] 图1-5 风景园林三大基础理论体系 …… 005
[6] 图1-6 风景园林美学学科特点 …… 007
[7] 图2-1 美国大峡谷国家公园（来源：引自朱志敏．漫步在美国西岸[J]．照相机，2012.）…… 018
[8] 图2-2 灵台图（来源：引自毕沅．关中圣迹志[M]．张沛，校点．西安：三秦出版社，2004.）…… 019
[9] 图2-3 沃勒维贡特庄园 …… 021
[10] 图2-4 形态丰富的西南山地乡村景观 …… 022
[11] 图2-5 凡尔赛宫平面图（来源：引自丁绍刚．风景园林概论[M]．北京：中国建筑工业出版社，2018.）…… 023
[12] 图2-6 颐和园：山与水的对景关系 …… 024
[13] 图2-7 王维辋川图（局部）（来源：引自赵莎莎．禅宗王维诗画的结构空间——以《辋川集》和《辋川图》为例[J]．美术观察，2017（08）：118-119.）… 027
[14] 图2-8 世界自然和文化遗产梵净山 …… 028
[15] 图3-1 庐山五老峰（来源：引自庐山风景名胜区管理局官网）…… 031
[16] 图3-2 我国宇航员王亚平从太空拍摄祖国的长江和黄河（来源：引自人民日报）…… 031
[17] 图3-3 审美活动的本质和属性 …… 032
[18] 图3-4 审美心理要素系列 …… 034
[19] 图3-5 朗香教堂的五种意向联想（来源：引自查尔斯·詹克斯．后现代建筑语言[M]．李大夏，摘译．北京：中国建筑工业出版社，1986.）…… 035
[20] 图3-6 增城派潭镇汉湖村河大塘围（来源：引自王东，唐孝祥．广州府东路客家传统村落空间布局的类型变异探析[J]．南方建筑，2018，（05）：56-61.）035
[21] 图3-7 圆明园四十景之四宜书屋图（引自计成．园冶：破解中国园林设计密码[M]．胡天寿，译注．华滋出版，信实文化行销，2016.）…… 038
[22] 图3-8《竹石图》（来源：[清]郑板桥，真迹现藏于上海博物馆）…… 039
[23] 图3-9《落霞孤鹜图》（来源：[明]唐伯虎，真迹现藏于上海博物馆）…… 040
[24] 图3-10《拙政园十二景图》（现仅存八幅诗画，来源：[明]文徵明，真迹现藏于美国大都会博物馆.）…… 041

[25] 图4-1 彼得·沃克设计的哈佛大学唐纳喷泉（来源：引自（美）里尔·莱威，（美）彼得·沃克．彼得·沃克 极简主义庭园[M]．王晓俊，译．南京：东南大学出版社，2003.）…… 046
[26] 图4-2 欧洲被害犹太人纪念碑 …… 047
[27] 图4-3 黄土高原（来源：引自吴家林主编，《人与自然——中国摄影艺术精品展作品集》编委会．人与自然 中国摄影艺术精品展作品集[M]．昆明：云南美术出版社，2000.）…… 048
[28] 图4-4 坦桑尼亚热带草原（来源：引自吴常云．东非摄影之旅[M]．北京：中国旅游出版社，2006.）…… 048
[29] 图4-5 贵州黄果树瀑布（来源：引自于沛君．行走无疆[M]．北京：中国摄影出版社，2019.）…… 049
[30] 图4-6 雁荡山灵峰（来源：引自杨光松，张华吾，温州市雁荡山风景旅游管理局．雁荡山中英文本摄影集[M]．杭州：浙江摄影出版社，2000.）…… 050
[31] 图4-7 德国黑森林 …… 051
[32] 图4-8 傣族村寨（来源：引自江荣先．美景大观[M]．北京：中国建筑工业出版社，1999.）…… 052
[33] 图4-9 俗称"小蛮腰"的广州塔景观 …… 053
[34] 图4-10 罗马城的帝王广场群（来源：引自张京祥．西方城市规划思想史纲[M]．南京：东南大学出版社，2005.）…… 054
[35] 图4-11 吴哥窟宗教遗址景观（来源：引自江荣先．微妙世界[M]．北京：中国建筑工业出版社，1999.）…… 055
[36] 图4-12 平遥古城街景 …… 055
[37] 图4-13 港珠澳大桥景观（来源：引自《港珠澳大桥》纪录片摄制组．港珠澳大桥[M]．北京：新世界出版社，2018.）…… 056
[38] 图4-14 中国天宫空间站景观（来源：引自中国空间技术研究院官网）…… 057
[39] 图4-15 圆明园盛时鸟瞰图（来源：[英] 费利斯·比特摄于1860年）…… 058
[40] 图4-16 昌德宫景观（来源：引自周剑生．朝觐古文明 世界遗产视觉之旅[M]．北京：中国青年出版社，2004.）…… 059
[41] 图4-17 京外名刹隆兴寺（来源：引自刘珂理．中国寺庙大观[M]．北京：北京燕山出版社，1990.）…… 059
[42] 图4-18 巴塞罗那圣家族大教堂 …… 059
[43] 图4-19 金陵第一园——瞻园 …… 060
[44] 图4-20 兰特别墅园林景观（来源：引自张祖刚．世界园林发展概论 走向自然的世界园林史图说[M]．北京：中国建筑工业出版社，2003.）…… 061
[45] 图5-1 富丽的北方皇家园林——故宫 …… 065
[46] 图5-2 淡雅的南方私家园林——留园 …… 066
[47] 图5-3 云南元阳哈尼梯田（来源：引自孙运波．心影如画[M]．北京：中国摄影出版社，2012.）…… 066
[48] 图5-4 华北平原农业景观（来源：引自河北省旅游局．胜境河北[M]．石家庄：河北美术出版社，2016.）…… 067
[49] 图5-5 苏州留园冠云峰 …… 067
[50] 图5-6《怡园图册·石听琴室》（来源：[清]顾沄，真迹现藏于南京博物院藏）…068
[51] 图5-7 南迦巴瓦大桑树冥想台（来源：引自标准营造工作室官网）…… 069
[52] 图5-8 帕特农神庙（来源：引自汝信，王瑗，朱易．全彩西方建筑艺术史[M]．银川：宁夏人民出版社，2002.）…… 070
[53] 图5-9 君士坦丁凯旋门（来源：引自李璜．世界建筑百图[M]．北京：中国城市出版社，1995.）…… 070
[54] 图6-1《干草堆》（来源：[法]莫奈，真迹现藏于法国巴黎 塞美术馆）…… 079

[55] 图6-2《溪山行旅图》(来源:[北宋]范宽,真迹现藏于台北故宫博物院)…… 081
[56] 图6-3《松溪泛月图》(来源:[南宋]夏圭,真迹现藏于台北故宫博物院)…… 081
[57] 图6-4《渔庄秋霁图》(来源:[元]倪瓒,真迹现藏于上海博物馆)………… 084
[58] 图6-5《芦雁图》(来源:[清]朱耷,真迹现藏于北京故宫博物院)………… 084
[59] 图6-6 [汉]霍去病墓石刻伏虎(来源:引自中国美术全集编辑委员会. 中国美术全集秦汉雕塑[M]. 北京:人民美术出版社,2006.)………… 085
[60] 图6-7《玄秘塔碑》局部(来源:[唐]柳公权,真迹现藏于陕西西安碑林博物馆)………… 087
[61] 图6-8《浅绛山水图轴》(来源:[清]髡残,真迹现藏于天津博物馆)………… 087
[62] 图6-9《荷石水禽图》(来源:[清]朱耷,真迹现藏于旅顺博物馆)………… 088
[63] 图6-10《祭侄文稿》(来源:[唐]颜真卿,真迹现藏于台北故宫博物院)…… 089
[64] 图6-11《麦田上的乌鸦》(来源:[荷兰]梵高,真迹现藏于荷兰阿姆斯特丹梵高博物馆)………… 089
[65] 图7-1 古埃及赛努费尔墓室内壁画(来源:引自TOM·TURNER. 世界园林史[M]. 林菁,等,译. 北京:中国林业出版社. 2011.)………… 093
[66] 图7-2 阿锲美尼德王朝花园帕萨尔加德现存的石质水渠(来源:引自TOM·TURNER. 世界园林史[M]. 林菁,等,译. 北京:中国林业出版社. 2011.)………… 094
[67] 图7-3 阿尔罕布拉宫的狮子园(来源:引自张祖刚. 世界园林发展概论 走向自然的世界园林史图说[M]. 北京:中国建筑工业出版社,2003.)………… 095
[68] 图7-4 泰姬陵(来源:引自张祖刚. 世界园林发展概论 走向自然的世界园林史图说[M]. 北京:中国建筑工业出版社,2003.)………… 095
[69] 图7-5 凡尔赛宫的阿波罗泉池及其后的大运河(来源:引自朱建宁. 西方园林史——19世纪之前[M]. 北京:中国林业出版社,2013.)………… 097
[70] 图7-6 凡尔赛宫苑中的柑橘园及原初的瑞士人湖(来源:引自朱建宁. 西方园林史——19世纪之前[M]. 北京:中国林业出版社. 2013.)………… 098
[71] 图7-7 哈德良山庄鸟瞰模型 ………… 101
[72] 图7-8 哈德良山庄水景 ………… 101
[73] 图7-9 哈德良山庄特色圆形建筑 ………… 102
[74] 图7-10 埃斯特庄园层叠水景………… 103
[75] 图7-11 埃斯特庄园主体建筑………… 103
[76] 图7-12 埃斯特庄园百泉路………… 103
[77] 图7-13 斯托海德园的石拱桥和远处的先贤祠(来源:引自朱建宁. 西方园林史——19世纪之前[M]. 北京:中国林业出版社,2013.)………… 105
[78] 图7-14 纽约中央公园(来源:引自张祖刚. 世界园林发展概论 走向自然的世界园林史图说[M]. 北京:中国建筑工业出版社,2003.)………… 106
[79] 图7-15 金阁寺净土宗园林………… 107
[80] 图7-16 龙安寺方丈庭园枯山水园林………… 107
[81] 图8-1 颐和园昆明湖景 ………… 111
[82] 图8-2 颐和园夕阳 ………… 111
[83] 图8-3 个园太湖石假山 ………… 114
[84] 图8-4 扬州片石山房叠石 ………… 114
[85] 图8-5 "菰雨生凉"轩………… 115
[86] 图8-6 无锡寄畅园 ………… 116
[87] 图8-7 拙政园"香洲"………… 117
[88] 图8-8 网师园园景 ………… 117
[89] 图8-9 清晖园澄漪亭 ………… 120
[90] 图8-10 广州番禺余荫山房………… 120

[91] 图8-11 广州番禺余荫山房彩色玻璃 ……………………………………………120
[92] 图8-12 象牙色地砖………………………………………………………………120
[93] 图8-13 可园可湖水景……………………………………………………………121
[94] 图8-14 可园邀山阁………………………………………………………………122
[95] 图8-15 八角亭……………………………………………………………………124
[96] 图9-1 上海豫园 …………………………………………………………………128
[97] 图9-2 建章宫“一池三山”（来源：引自冯从吾．陕西通志[M]．明万历三十九刻本.）…………………………………………………………………130
[98] 图9-3 拙政园远香堂 ……………………………………………………………132
[99] 图9-4 避暑山庄平面图（来源：引自周维权．中国古典园林史[M]．北京：清华大学出版社，2008.）……………………………………………………134
[100] 图9-5 拙政园香洲 ………………………………………………………………135
[101] 图9-6 颐和园平面图（来源：引自周维权．中国古典园林史[M]．北京：清华大学出版社，2008.）……………………………………………………137
[102] 图9-7 十笏园平面图（来源：引自周维权．中国古典园林史[M]．北京：清华大学出版社，2008.）……………………………………………………138
[103] 图10-1 青藏高原（来源：引自辛树臣．进过西藏[M]．北京：中国摄影出版社，2013.）…………………………………………………………………144
[104] 图10-2 泰山（来源：引自泰山国际摄影艺术周组委会．泰山国际摄影艺术周[M]．北京：中国摄影出版传媒有限责任公司，2020.）………………145
[105] 图10-3 苏州留园冠云峰…………………………………………………………146
[106] 图10-4 长江三峡（来源：引自吴家林主编，《人与自然——中国摄影艺术精品展作品集》编委会．人与自然 中国摄影艺术精品展作品集[M]．昆明：云南美术出版社，2000.）………………………………………………147
[107] 图10-5 杭州西湖山水格局………………………………………………………149
[108] 图10-6《风雨归舟图》（来源：[明]戴进，真迹现藏于台北故宫博物院）……150
[109] 图10-7《星月夜》（来源：[荷兰]梵高，真迹现藏于纽约现代艺术博物馆）…151
[110] 图10-8《雪图》（来源：[五代]巨然，真迹现藏于台北故宫博物院）…………152
[111] 图10-9 日本富士山（来源：郑保垒．日本[M]．北京：中国旅游出版社，2003.）…………………………………………………………………………155
[112] 图11-1 波士顿公园体系（来源：引自陈烨．城市景观环境更新的理论与方法[M]．南京：东南大学出版社，2013.）……………………………………158
[113] 图11-2《清明上河图》（来源：[北宋]张择端，真迹现藏于北京故宫博物院）…159
[114] 图11-3《南都繁会景物图卷》（来源：[明]仇英，真迹现藏于中国国家博物馆）…………………………………………………………………………159
[115] 图11-4 广州府舆图（来源：引自邹爱莲．广州历史地图精粹[M]．北京：中国大百科全书出版社，2003.）……………………………………………160
[116] 图11-5 意大利威尼斯水景………………………………………………………161
[117] 图11-6 1724年的威尼斯版画和21世纪的卫星照片（来源：陈烨．城市景观环境更新的理论与方法[M]．南京：东南大学出版社，2013.）……………161
[118] 图11-7 梵蒂冈圣彼得广场………………………………………………………163
[119] 图11-8 威尼斯圣马可广场（来源：引自倪鑫．面向“十三五”规划精品教材 中外建筑史[M]．石家庄：河北美术出版社，2016.）………………163
[120] 图11-9 卢浮宫前玻璃金字塔……………………………………………………165
[121] 图11-10 东方明珠塔 ……………………………………………………………166
[122] 图11-11 巴黎香榭丽舍大道（来源：引自《世界知识画报》编辑部．世界名城 摄影集[M]．北京：世界知识出版社，1995.）…………………………168

[123] 图11-12 巴黎香榭丽舍大道与凯旋门、星形广场（来源：引自陈烨．城市景观环境更新的理论与方法[M]．南京：东南大学出版社，2013.）……………… 168
[124] 图11-13 多立克（左）与爱奥尼（右）柱式（来源：引自陈志华．外国建筑史19世纪末叶以前．第4版[M]．北京：中国建筑工业出版社，2009.）………… 169
[125] 图11-14 女像柱（来源：引自罗小未，蔡琬英．外国建筑历史图说[M]．上海：同济大学出版社，1986.）……………………………………………………… 169
[126] 图11-15 泰姬陵（来源：引自张祖刚．世界园林发展概论 走向自然的世界园林史图说[M]．北京：中国建筑工业出版社，2003.）…………………………… 170
[127] 图11-16 埃菲尔铁塔 ……………………………………………………………… 171
[128] 图11-17 巴黎圣母院1（来源：引自《世界知识画报》编辑部．世界名城摄影集[M]．北京：世界知识出版社，1995.）…………………………………………… 171
[129] 图11-18 巴黎圣母院2（来源：引自胡升高．欧洲城市景观艺术[M]．长春：吉林科学技术出版社，2002.）……………………………………………………… 171
[130] 图11-19 北京天安门广场（来源：引自《北京市建筑设计研究院有限公司作品集1949—2019》编委会．北京市建筑设计研究院有限公司作品集 1949—2019[M]．上海：同济大学出版社，2020.）…………………………………………… 172
[131] 图12-1 北国风光（来源：引自夏燕平．中国村落[M]．北京：中国广播影视出版社，2019.）……………………………………………………………………… 175
[132] 图12-2 都江堰水利工程景观（来源：引自三木环亚．多彩都江堰 精品之旅[M]．成都：电子科技大学出版社，2015.）…………………………………… 176
[133] 图12-3 日本砺波平原——离散型聚落（来源：引自原广司．世界聚落的教示100[M]．北京：中国建筑工业出版社．2003.）…………………………… 177
[134] 图12-4 云南哈尼族巴拉寨乡村聚落景观（来源：引自王昀．向世界聚落学习[M]．北京：中国建筑工业出版社，2011.）…………………………………… 179
[135] 图12-5 拉萨吞达村藏族砖石民居（来源：引自中国传统村落数字博物馆）… 180
[136] 图12-6 贵州宰拱村侗族矮脚楼民居（来源：引自中国传统村落数字博物馆）……………………………………………………………………………… 181
[137] 图12-7 日本白川乡合掌造民居（来源：引自周剑生．周剑生世界遗产摄影集[M]．北京：文物出版社，2004.）…………………………………………… 181
[138] 图12-8 疍家渔船……………………………………………………………………… 183
[139] 图12-9 圣托里尼岛上斐拉乡村聚落（来源：引自藤井明．聚落探访[M]．宁晶，译．王昀，校．北京：中国建筑工业出版社，2003.）……………………… 184
[140] 图12-10 圣托里尼岛上里尔乡村聚落（来源：引自王昀．向世界聚落学习[M]．北京：中国建筑工业出版社，2011.）…………………………………………… 184
[141] 图12-11 河湟谷地——青海班前村传统村落（来源：引自中国传统村落数字博物馆）……………………………………………………………………………… 187
[142] 图12-12 大庄村村落环境（来源：改绘自张萍．河湟地区民族建筑地域适应性研究[D]．西安：西安建筑科技大学，2017.）……………………………… 188
[143] 图12-13 莫色勒村村落环境（来源：改绘自张萍．河湟地区民族建筑地域适应性研究[D]．西安：西安建筑科技大学，2017.）……………………………… 189
[144] 图12-14 撒哈拉沙漠多贡人聚落景观（来源：引自周剑生．周剑生世界遗产摄影集[M]．北京：文物出版社，2004.）…………………………………………… 190
[145] 图12-15 宁夏旱地景观（来源：引自肖彭．宁夏景象[M]．北京：中国言实出版社，2017.）……………………………………………………………………… 190
[146] 图12-16 甘肃村落布局形态（来源：引自刘奔腾．甘肃传统村落[M]．南京：东南大学出版社，2018.）………………………………………………………… 191
[147] 图12-17 黄土高坡旱坡耕地景观（来源：引自周剑生．周剑生世界遗产摄影集[M]．北京：文物出版社，2004.）…………………………………………… 192

[148] 图12-18 伊朗乡村地下水路系统露出地面的竖井（来源：引自藤井明. 聚落探访[M]. 宁晶，译. 王昀，校. 北京：中国建筑工业出版社，2003.）……… 192
[149] 图12-19 摩洛哥的南部托基里赫乡村（来源：引自王昀. 向世界聚落学习[M]. 北京：中国建筑工业出版社，2011.）……… 193
[150] 图12-20 典型下沉式窑洞分解图（来源：引自侯继尧. 窑洞民居[M]. 北京：中国建筑工业出版社，1989.）……… 194
[151] 图13-1 中国世界自然遗产名录（截至2021年）（来源：引自世界遗产中心官网）……… 197
[152] 图13-2 新疆天山景观……… 200
[153] 图13-3 卢特沙漠景观对比（来源：引自世界遗产中心官网）……… 201
[154] 图13-4 云南石林（来源：引自吴家林，《人与自然——中国摄影艺术精品展作品集》编委会. 人与自然 中国摄影艺术精品展作品集[M]. 昆明：云南美术出版社，2000.）……… 201
[155] 图13-5 巨人堤道景观（来源：引自周剑生. 朝觐古文明 世界遗产视觉之旅[M]. 北京：中国青年出版社，2004.）……… 202
[156] 图13-6 黄石国家公园间歇泉景观（来源：引自瑧真，石释. 美国黄石国家公园写实影册[M]. 北京：中国环境科学出版社，2013.）……… 202
[157] 图13-7 莫雷诺冰川与阿根廷湖（来源：引自良卷文化. 全球最美的国家公园[M]. 北京：人民邮电出版社，2013.）……… 203
[158] 图13-8 九寨沟则查洼沟景观序列（来源：引自九寨沟管理局官网）……… 203
[159] 图13-9 三清山“众仙万态”（来源：引自王颖撰文，王寓帆，许景辉，等. 雄险奇秀三清山（中英文本）[M]. 北京：中国旅游出版社，2005.）……… 204
[160] 图13-10 瑞士少女峰（来源：引自谢隆岗，李慧. 畅游世界系列 畅游瑞士[M]. 北京：中国轻工业出版社，2015.）……… 205
[161] 图13-11 乞力马扎罗山（来源：引自高旭. 印象非洲[M]. 郑州：河南人民出版社，2008.）……… 206
[162] 图13-12 可可西里藏羚羊迁徙（来源：引自李景生，陈旭霞. 走进可可西里[M]. 南宁：广西人民出版社，2005.）……… 208
[163] 图13-13 普拉塔诺河流域（来源：引自世界遗产中心官网）……… 208
[164] 图14-1 开平碉楼及古村落（引自余沛连. 心像·影像·开平碉楼[M]. 广州：广东教育出版社，2006.）……… 215
[165] 图14-2 福建南靖田螺坑土楼群……… 215
[166] 图14-3 凡尔赛宫（来源：引自世界文化遗产中心官网）……… 215
[167] 图14-4 曲阜孔庙、孔林和孔府（来源：引自《中国的世界遗产》编委会. 中国的世界遗产[M]. 北京：五洲传播出版社，2003.）……… 216
[168] 图14-5 雅典卫城景观（来源：引自江荣先. 微妙世界[M]. 北京：中国建筑工业出版社，1999.）……… 217
[169] 图14-6 良渚古城三重结构、重要台地和水系分布（来源：引自良渚博物院，良渚研究院. 良渚[M]. 南京：东南大学出版社，2020.）……… 219
[170] 图14-7 都江堰（来源：引自《旅游天地》杂志社. 中国世界遗产图典[M]. 上海：上海文化出版社，2002.）……… 219
[171] 图14-8 与自然相融合的严岛神社（来源：引自李璜. 世界建筑百图[M]. 北京：中国城市出版社，1995.）……… 220

本文图片除具体引用外，均来自编写组自绘/自摄。

参考文献

[1] 梁思成．中国建筑史[M]．北京：百花文艺出版社，1998.

[2] 朱光潜．谈美谈文学[M]．北京：人民文学出版社，1988.

[3] 吴良镛．人居环境科学导论[M]．北京：中国建筑工业出版社，2001.

[4] 周维权．中国古典园林史[M]．北京：清华大学出版社，1999.

[5] 孟兆祯．园衍[M]．北京：中国建筑工业出版社，2012.

[6] 彭一刚．中国古典园林分析[M]．北京：中国建筑工业出版社，1986.

[7] 潘谷西．中国建筑史[M]．北京：中国建筑工业出版社，2001.

[8] 陈志华．外国建筑史（19世纪之前）（第4版）[M]．北京：中国建筑工业出版社，2010.

[9] 叶朗．现代美学体系[M]．北京：北京大学出版社，1999.

[10] 张法，王旭晓．美学原理[M]．北京：中国人民大学出版社，2005.

[11] 张法．美育教程[M]．北京：高等教育出版社，2006.

[12] 尤西林．美学原理[M]．北京：高等教育出版社，2015.

[13] 金学智．中国园林美学[M]．北京：中国建筑工业出版社，2000.

[14] 唐孝祥．近代岭南建筑美学研究[M]．北京：中国建筑工业出版社，2004.

[15] 陆琦．岭南造园与审美[M]．北京：中国建筑工业出版社，2005.

[16] 曹林娣．东方园林审美论[M]．北京：中国建筑工业出版社，2012.

[17] 刘滨谊．现代景观规划设计（第三版）[M]．南京：东南大学出版社，2010.

[18] 杨锐．国家公园与自然保护地研究[M]．北京：中国建筑工业出版社，2016.

[19] 罗小未，蔡琬英．外国建筑历史图说[M]．上海：同济大学出版社，1986.

[20] 张祖刚．世界园林发展概论——走向自然的世界园林史图说[M]．北京：中国建筑工业出版社，2003.

[21] 朱建宁．西方园林史——19世纪之前[M]．北京：中国林业出版社，2013.

[22] 张法.中西美学与文化精神 [M]．北京：中国人民大学出版社，2010.

[23] 洪亮平．城市设计历程[M]．北京：中国建筑工业出版社，2002.

[24] 唐孝祥．建筑美学十五讲[M]．北京：中国建筑工业出版社，2017.

[25] 文震亨．长物志校注[M]．陈植，校注．南京：江苏科学技术出版社，1984.

[26] 郭熙．林泉高致[M]．鲁博林，编著．南京：江苏凤凰文艺出版社，2015.

[27] 北京大学哲学系外国哲学史教研室．古希腊罗马哲学[M]．北京：生活·读书·新知三联书店，1961.

[28] （英）汤姆·特纳．世界造园史[M]．林菁，等，译．北京：中国林业出版社，2011.

[29] （美）查尔斯·詹克斯．后现代建筑语言[M]．李大夏，摘译．北京：中国建筑工业出版社，1986.

[30] （英）杰弗瑞·杰里柯．图解人类景观：环境塑造史论[M]．刘滨谊，主译．上海：同济大学出版社，2015.

[31] （德）黑格尔．美学（第一卷）[M]．朱光潜，译．北京：商务印书馆，1979.

[32] （英）克莱夫·贝尔．艺术[M]．马钟元，周金环，译．北京：中国文联出版社，2015.

[33] (美) 凯文·林奇. 城市意象[M]. 项秉仁, 译. 北京: 华夏出版社, 2001.
[34] (英) 罗素. 罗素道德哲学[M]. 李国山, 等, 译. 北京: 九州出版社, 2004.
[35] (日) 原广司. 聚落之旅[M]. 陈靖远, 金海波, 译. 北京: 中国建筑工业出版社, 2019.
[36] Walker P, Simo M L. Invisible gardens: the search for modernism in the American landscape [M]. MIT Press, 1996.
[37] Corner J. Recovering landscape: Essays in contemporary landscape theory [M]. Princeton Architectural Press, 1999.
[38] Bourassa S C. The Aesthetics of landscape [M]. Belhaven Press, 1991.
[39] Carlson A. Aesthetics and the environment: the appreciation of nature, art and architecture [M]. Routledge, 2002.
[40] Berleant A. The Aesthetics of environment [M]. Temple University Press, 2010.

后 记

我自2001年为建筑美学方向研究生开设《建筑美学专题》课程开始，不断收集整理有关中外园林审美的教学资料，2009年又增开建筑美学方向博士生选修课。2011年风景园林学被增设为一级学科，构建了建筑学、城乡规划学、风景园林学三个一级学科整合发展的人居环境科学的学科体系，从而在客观上要求推进并强化有关风景园林美学的课程建设。2012年以来，我一直在思考如何结合研究生和本科生《风景园林美学》课程教学，组编一本体现学科理论体系性的风景园林美学著作。这是编撰《风景园林美学十五讲》的初衷和缘起。

2020年我结合《风景园林美学》线上线下混合式国家一流本科课程申报工作，拟出了《风景园林十五讲》的章节目录，邀请了华南理工大学的高占盈教授和郑莉副教授、华南农业大学的郭焕宇副教授、贵州理工学院的王东副教授以及我指导的在读博士研究生冯惠城、徐应锦、白颖、冯楠、王鑫、苏逸轩、黎颢，在读硕士生袁月、马嘉雯、赵晗、张静怡、徐舒晨、乔忠瑞、马海超、曾灿旭、颜沁怡，参加初稿撰写、修改交流、统稿研讨和资料整理等工作。本书参阅了国内外诸多专家学者的相关研究成果，未能在参考文献中全部列出，特此说明并诚挚致谢。

感谢中国建筑工业出版社将《风景园林美学十五讲》推荐成为住房和城乡建设部“十四五”规划教材、教育部高等学校风景园林专业教学指导分委员会规划推荐教材。感谢华南理工大学教务处为《风景园林美学十五讲》立项支持。

华南理工大学建筑学院励吾科技楼803工作室